循序渐进

Vue.js 3.x

前端开发实战

• 张益珲　曹艳琴　编著 •

清華大学出版社
北京

内 容 简 介

本书以一个多年前端"老司机"的视角，循序渐进地介绍流行前端框架Vue.js 3.x全家桶与周边工具在商业项目开发中的应用。全书共15章，第1~6章介绍Vue.js 3的模板、组件、交互处理等基础知识；第7章介绍Vue.js 3框架的响应式编程及组合式API；第8章介绍使用Vue.js 3框架开发前端动画效果；第9章介绍开发大型项目必备的脚手架工具Vue CLI和Vite；第10章介绍基于Vue.js 3的UI组件库Element Plus；第11~13章分别介绍网络请求框架vue-axios、路由管理框架Vue Router、状态管理框架Vuex；第14章和第15章介绍两个项目的开发——学习笔记网站和电商后台管理系统。同时，还精心设计了实践和练习，录制了45集教学视频，提供了完整源代码。

本书通俗易懂，范例丰富，原理与实践并重，适合Vue.js初学者和前端开发人员使用，也可以作为网课、培训机构与大中专院校的教学用书。

图书在版编目（CIP）数据

循序渐进Vue.js 3.x前端开发实战 / 张益珲，曹艳琴编著. —北京：清华大学出版社，2023.7
ISBN 978-7-302-64121-6

Ⅰ.①循… Ⅱ.①张… ②曹… Ⅲ.①网页制作工具－程序设计 Ⅳ.①TP393.092.2

中国国家版本馆CIP数据核字（2023）第131434号

责任编辑：王金柱
封面设计：王　翔
责任校对：闫秀华
责任印制：沈　露

出版发行：清华大学出版社
　　　　　网　　址：http://www.tup.com.cn，http://www.wqbook.com
　　　　　地　　址：北京清华大学学研大厦A座　　　　　邮　　编：100084
　　　　　社 总 机：010-83470000　　　　　　　　　　邮　　购：010-62786544
　　　　　投稿与读者服务：010-62776969，c-service@tup.tsinghua.edu.cn
　　　　　质量反馈：010-62772015，zhiliang@tup.tsinghua.edu.cn
印 装 者：三河市龙大印装有限公司
经　　销：全国新华书店
开　　本：190mm×260mm　　　　印　　张：21　　　　字　　数：567千字
版　　次：2023年8月第1版　　　　　　　　　　　　印　　次：2023年8月第1次印刷
定　　价：98.00元

产品编号：102409-01

前　言　PREFACE

本书说明

本书是笔者《循序渐进 Vue.js 3 前端开发实战》一书的修订升级版，上一版在 2022 年 1 月出版后，受到了读者的广泛赞誉，一年多时间连续加印了 8 次，这期间收到了读者的很多来信，一些初学者使用了本书练习做项目，并求职成功，但也建议本书更新为 3.x 版本，并希望对一些内容进行更细致的讲解，还有一些院校老师使用本书作为实践课教材，也发来了改进的建议。本书新版正是基于上述建议改进而来。新版书除保持上一版书的知识结构和核心内容外，主要在以下几个方面进行了改进：

（1）修正了描述不当的部分细节，重构了一些难以理解的内容的讲解方式。

（2）对书中代码新增了索引，方便读者在源文件中找到对应的代码片段。

（3）在源代码中补充了大量注释，方便读者学习理解。

（4）对原书中使用的 Element Plus、Vue Router 等库进行更新，对过时的 API 进行了清理，并替换为新接口。

（5）根据本书读者的反馈，修正了部分错误。

（6）根据一线教师反馈，对语义双关和描述不清的部分知识点进行了补充。

内容特色

本书共 15 章。从前端基础讲起，深入浅出地介绍 Vue.js 框架的功能、用法及部分实现原理。同时，几乎每一章的最后都安排了实践与练习，力求使读者边学边练，快速且扎实地掌握 Vue.js 框架的各种知识，并可以使用它开发出商业级别的应用程序。

第 1 章简单介绍了前端开发必备的基础知识，包括 HTML、CSS 和 JavaScript 这 3 种前端开发必备的技能。这些虽然不是本书的重点，但却是学习 Vue 前必须掌握的基础知识。

第 2 章介绍 Vue 模板的基本用法，包括模板插值、条件与循环渲染的相关语法。这是 Vue.js 框架提供的基础功能，使用这些基础功能能使我们在开发网页应用时事半功倍。

第 3 章介绍了 Vue 组件中属性和方法的相关概念，将使用面向对象的思路来进行前端程序开发，本章的最后介绍了一个功能简单的登录注册页面的开发。

第 4 章介绍前端应用中用户交互的处理方法，一个网页如果不能进行用户交互，那么将如一潭死水，用户交互为应用程序带来灵魂。

第 5 章和第 6 章由浅入深地讲解 Vue.js 中组件的相关应用。组件是 Vue.js 框架的核心，在实际的应用开发中，更是离不开自定义组件技术。

第 7 章介绍 Vue.js 框架的响应性原理，以及 Vue.js 3.0 版本引入的组合式 API 的新特性。本章是对读者开发能力的一种提高，引导读者从实现功能到精致逻辑设计的进步。

第 8 章介绍通过 Vue.js 框架方便地开发前端动画效果。动画技术在前端开发中非常重要，前端是直接和用户面对面的，功能本身只是前端应用的一部分，更重要的是带来良好的用户体验。

第 9 章介绍开发大型项目必备的脚手架 Vue CLI 和 Vite 的基本用法。

第 10 章介绍样式美观且扩展性极强的基于 Vue.js 的 UI 框架 Element Plus；第 11 章介绍网络请求框架 vue-axios；第 12 章介绍一款非常好用的 Vue 应用路由管理框架 Vue Router；第 13 章介绍强大的状态管理框架 Vuex，使用该框架，开发者可以更好地管理大型 Vue 项目各个模块间的交互。这几章内容是开发商业应用程序的必备技能。

第 14 章和第 15 章将通过两个相对完整的应用项目来全面地对本书所涉及的 Vue.js 技能进行综合应用，帮助读者学以致用，更加深入地理解所学习的内容。

配书资源

为了方便读者学习本书，本书还提供了源代码、视频教学、PPT 课件。扫描下述二维码即可下载源代码和 PPT 课件，扫码书中各章节的二维码可以直接观看教学视频。

如果读者在学习和下载本书的过程中遇到问题，可以发送邮件至 booksaga@126.com，邮件主题写"循序渐进 Vue.js 3.x 前端开发实战"。

最后，对于本书的出版，要感谢支持笔者的家人和朋友，还要感谢清华大学出版社的王金柱编辑的勤劳付出。

希望本书可以带给读者预期的收获。

编者

2023年5月

目　录　CONTENTS

第1章 ← Chapter 1

从前端基础到 Vue.js 3

前端技术是互联网大技术栈中非常重要的一个分支，前端技术本身也是互联网技术发展的见证，其就像一扇窗户，展现了互联网技术的发展与变迁。

前端技术通常是指通过浏览器将信息展现给用户这一过程中涉及的互联网技术，随着目前前端设备的泛化，并非所有的前端产品都是通过浏览器来呈现的，例如微信小程序、支付宝小程序、移动端应用等被统称为前端应用，相应的，前端技术栈也越来越宽广。

讲到前端技术，虽然目前有各种各样的框架与解决方案，最基础的技术依然是前端三剑客：HTML5、CSS3 与 JavaScript。随着 HTML5 与 CSS3 的应用，现代的前端网页的美观程度与交互能力都得到了很大的提升。

本章将作为准备章节，向读者简单介绍前端技术的发展过程，以及前端三剑客的基本概念与应用，并简单介绍响应式开发框架的相关概念。本章还将通过一个简单的静态页面来向读者展示如何使用 HTML、CSS 与 JavaScript 代码来将网页展示到浏览器界面中。

本 章 学 习 内 容

- 了解前端技术的发展概况。
- 对 HTML 技术有简单的了解。
- 对 CSS 技术有简单的了解。
- 对 JavaScript 技术有简单的了解。
- 认识渐进式界面开发框架 Vue，初步体验 Vue 开发框架。

1.1 前端技术演进

说起前端技术的发展历程，我们还是要从 HTML 说起。1990 年 12 月，计算机学家 Tim Berners-Lee 使用 HTML 语言在 NeXT 计算机上部署了第一套由"主机—网站—浏览器"构成的 Web 系统，我们通常认为这是世界上第一套完整的前后端应用，将其作为 Web 技术开发的开端。

1993 年，第一款正式的浏览器 Mosaic 发布，1994 年年底 W3C 组织成立，标志着互联网进入了标准化发展的阶段，互联网技术将迎来快速发展的春天。

1995 年，网景公司推出 JavaScript 语言，赋予了浏览器更强大的页面渲染与交互能力，使之前的静态网页开始真正地向动态化的方向发展，由此后端程序的复杂度大幅度提升，MVC 开发架构诞生，其中前端负责 MVC 架构中的视图层（V）的开发。

2004 年，Ajax 技术在 Web 开发中得到应用，使得网页可以灵活地使用 HTTP 异步请求来动态地更新页面，复杂的渲染逻辑由之前的后端处理逐渐更替为前端处理，开启了 Web 2.0 时代，由此，类似于 jQuery 等流行的前端 DOM 处理框架相继诞生。其中最流行的 jQuery 框架几乎成为网站开发的标配。

2008 年，HTML5 草案发布，2014 年 10 月，W3C 正式发布 HTML5 推荐标准，众多流行的浏览器也都对其进行了支持，前端网页的交互能力大幅度提高。前端网站开始由 Web Site 向 Web App 进化，2010 年开始相继出现了 AngularJS、Vue.js 等开发框架。这些框架的应用开启了互联网网站开发的 SPA 时代，即单页面应用（Single Page Application，SPA）程序时代，这也是当今互联网 Web 应用开发的主流方向。

总体来说，前端技术的发展经历了静态页面阶段、Ajax 阶段、MVC 阶段，最终发展到 SPA 阶段。

在静态页面阶段，前端代码只是后端代码的一部分，浏览器中展示给用户的页面都是静态的，这些页面的所有前端代码和数据都是后端组装完成后发送给浏览器进行展示的，页面响应速度慢，只能处理简单的用户交互，样式也不够美观。

在 Ajax 阶段，前端与后端实现了部分分离。前端的工作不再只是展示页面，还需要进行数据的管理与用户的交互。当前端发展到 Ajax 阶段时，后端更多的工作是提供数据，前端代码逐渐变得复杂。

随着前端要完成的功能越来越复杂，代码量也越来越大。应运而生的很多框架都为前端的代码工程结构管理提供了帮助，这些框架大多采用 MVC 或 MVVM 模式，将前端逻辑中的数据模型、视图展示和业务逻辑区分开来，为更复杂的前端工程提供了支持。

前端技术发展到 SPA 阶段，意味着网站不再只是用来展示数据，其是一个完整的应用程序，浏览器只需要加载一次网页，用户即可在其中完整地使用多页面交互的复杂应用程序，程序的响应速度快，用户体验也非常好。

1.2 HTML 入门

HTML 是一种描述性的网页编程语言。HTML 的全称为 Hyper Text Markup Language，我们通常也将它称为超文本标记语言。所谓超文本，是指它除了可以用来描述文本信息外，还可以描述超出基础文本范围的图片、音频、视频等信息。

虽然说 HTML 是一种编程语言，但是从编程语言的特性来看，HTML 并不是一种完整的编程语言，它并没有很强的逻辑处理能力，更确切的说法为 HTML 是一种标记语言，它定义了一套标记标签用来描述和控制网站的渲染。

标签是 HTML 语言中非常重要的一部分，标签是指由尖括号包围的关键词，例如 <h1>、<html> 等。在 HTML 文档中，大多标签都是成对出现的，例如 <h1></h1>，在一对标签中，前面的标签是开始标签，后面的标签为结束标签。例如下面就是一个非常简单的 HMTL 文档示例：

```
<html>
<body>
<h1>Hello World</h1>
<p>HelloWorld 网页 </p>
</body>
</html>
```

上面的代码中共有 4 对标签，即 html、body、h1 和 p，这些标签的排布与嵌套定义了完整的 HTML 文档，最终会由浏览器进行解析渲染。

1.2.1 准备开发工具

HTML 文档本身也是一种文本，我们可以使用任何文本编辑器进行 HTML 文档的编写，只需要其文本后缀名使用 .html 即可。使用一款强大的 HTML 编辑器可以极大地提高代码编写效率，例如很多 HTML 编辑器都会提供代码提示、标签高亮、标签自动闭合等功能，这些功能都可以帮助我们在开发中十分快速地编写代码，并且可以减少因为笔误所产生的错误。

Visual Studio Code（VSCode）是一款非常强大的编辑器，其除了提供语法检查、格式整理、代码高亮等基础编程功能外，还支持对代码进行调试和运行，以及进行版本管理。通过安装扩展，VSCode 几乎可以支持目前所有流行的编程语言。本书的示例代码的编写也将采用 VSCode 编辑器完成。用户可以在如下网站下载最新的 VSCode 编辑器：

https://code.visualstudio.com

目前 VSCode 支持的操作系统有 macOS、Windows 和 Linux，在网站中下载适合自己操作系统的 VSCode 版本进行安装即可，如图 1-1 所示。

图 1-1 下载 VSCode 编辑器软件

下载并安装 **VSCode** 软件后，我们可以尝试使用它创建一个简单的 HTML 文档，新建一个名为 test.html 的文件，在其中编写如下测试代码：

【源码见附件代码 / 第 1 章 /1.test.html】

```html
<!DOCTYPE html>
<html lang="en">
<head>
    <meta charset="UTF-8">
    <meta name="viewport" content="width=device-width, initial-scale=1.0">
    <title>Document</title>
</head>
<body>
    <h1>HelloWorld</h1>
</body>
</html>
```

示例代码中的标签含义当前无须深究，用户只需要知道 h1 标签用来定义标题，上面的代码可以在网页上显示一行文本为"HelloWorld"的标题即可。相信在输入代码的过程中，用户已经能够体验到使用 **VSCode** 编程带来的畅快体验，并且在编辑器中关键词的高亮和自动缩进也使代码结构看起来更加直观，如图 1-2 所示。

图 1-2 VSCode 的代码高亮与自动缩进功能

在 **VSCode** 中将代码编写完成后，我们可以直接对齐进行运行，对于 HTML 的源文件的运行，**VSCode** 会自动将其以浏览器的方式打开，选择 **VSCode** 工具栏中的 Run → Run Without Debugging 选项，如图 1-3 所示。

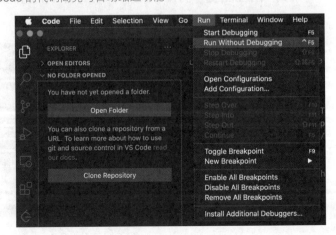

图 1-3 运行 HTML 文件

之后会弹出环境选择菜单，我们可以选择一款浏览器进行预览，如图 1-4 所示。建议安装 Google Chrome 浏览器，该浏览器有很多强大的插件可以帮助用户进行 Web 程序的调试。

预览效果如图 1-5 所示。

图 1-4 使用浏览器进行预览　　　图 1-5 使用 HTML 实现的 HelloWorld 程序

1.2.2 HTML 中的基础标签

HTML 中预定义的标签很多，本小节通过几个基础标签的应用实例来向读者介绍标签在 HTML 中的简单用法。

HTML 文档中的标题通常使用 h 标签来定义，根据标题的等级，h 标签分为 h1 ～ h6 共 6 个等级。使用 VSCode 编辑器创建一个名为 base.html 的文件，在其中编写如下代码：

【源码见附件代码 / 第 1 章 /2.base.html】

```html
<!DOCTYPE html>
<html lang="en">
<head>
    <meta charset="UTF-8">
    <meta name="viewport" content="width=device-width, initial-scale=1.0">
    <title> 基础标签应用 </title>
</head>
<body>
    <h1>1 级标题 </h1>
    <h2>2 级标题 </h2>
    <h3>3 级标题 </h3>
    <h4>4 级标题 </h4>
    <h5>5 级标题 </h5>
    <h6>6 级标题 </h6>
</body>
</html>
```

后面的大多示例，HTML 文档的基本格式都是一样的，代码的不同之处主要在 body 标签内，后面的示例只会展示核心的 body 中的代码。

运行上面的 HTML 文件，浏览器渲染效果如图 1-6 所示。可以发现，不同等级的标题文本的字号是不同的。

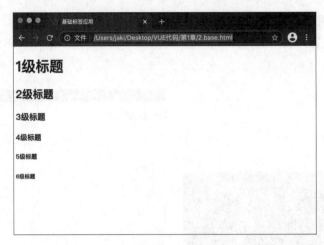

图 1-6　HTML 中的 h 标签

HTML 文档的正文部分通常使用 p 标签定义，p 标签的意义是段落，正文中的每个段落的文本都可以被包裹在 p 标签内，如下：

【源码见附件代码 / 第 1 章 /2.base.html】

```
<p> 这里是一个段落 </p>
<p> 这里是一个段落 </p>
```

a 标签用来定义超链接，a 标签中的 href 属性可以指向一个新的文档路径，当用户单击超链接的时候，浏览器会跳转到超链接指向的新网页，例如：

【源码见附件代码 / 第 1 章 /2.base.html】

```
<a href="https://www.baidu.com"> 跳转到百度 </a>
```

在实际的应用开发中，我们很少使用 a 标签来处理网页的跳转逻辑，更多时候使用 JavaScript 来操作跳转逻辑。

在 HTML 文档中显示图像也很方便，我们向 base.html 文件所在的目录中添加一个图片素材（demo.png），使用 img 标签来定义图像，如下：

【源码见附件代码 / 第 1 章 /2.base.html】

```
<div><img src="demo.png" alt=" 图片 "
width="400px"></div>
```

需要注意，之所以将 img 标签包裹在 div 标签中，是因为 img 标签是一个行内元素，如果我们想让图片单独另起一行展示，则需要使用 div 标签包裹，示例效果如图 1-7 所示。

图 1-7　HTML 文档效果演示

HTML 中的标签可以通过属性对其渲染，或通过交互行为进行控制，例如上面的 a 标签，href 就是一种属性，其用来定义超链接的地址。在 img 标签中，src 属性定义图片素材的地址，width 属性定义图片渲染的宽度。标签中的属性使用如下格式进行设置：

```
tagName = "value"
```

tagName 为属性的名字，不同的标签支持的属性也不同。通过设置属性，我们可以方便地对 HTML 文档中元素的布局与渲染进行控制，例如对于 h1 标签来说，将其 align 属性设置为 center 后，就会在文档中居中展示：

【源码见附件代码 / 第 1 章 /2.base.html】

```
<h1 align = "center">1 级标题 </h1>
```

效果如图 1-8 所示。

图 1-8 标题居中展示

HTML 中还定义了一种非常特殊的标签：注释标签。编程工作除了要进行代码的编写外，优雅地撰写注释也是非常重要的，注释的内容在代码中可见，但是对浏览器来说是透明的，不会对渲染产生任何影响，示例如下：

```
<!-- 这里是注释的内容 -->
```

1.3 CSS 入门

通过 1.2 节的介绍，我们了解到 HTML 文档通过标签来进行框架的搭建和布局，虽然通过标签的一些属性也可以对展示的样式进行控制，但是其能力非常有限，我们在日常生活中看到的网页往往是五彩斑斓、多姿多彩的，这都要归功于 CSS 的强大能力。

CSS 的全称为 Cascading Style Sheets，即层叠样式表。其用处就是定义如何展示 HTML 元素，通过 CSS 控制网页元素的样式极大地提高了编码效率，在实际编程开发中，我们可以先将 HTML 文档的整体框架使用标签定义出来，之后使用 CSS 来对样式细节进行调整。

1.3.1 CSS 选择器入门

CSS 代码的语法规则主要由两部分构成：选择器和声明语句。

声明语句用来定义样式，而选择器则用来指定要使用当前样式的 HTML 元素。在 CSS 中，基本的选择器有通用选择器、标签选择器、类选择器和 id 选择器。

1 通用选择器

使用 * 来定义通用选择器，通用选择器的意义是对所有元素生效。创建一个名为 selector. html 的文件，在其中编写如下示例代码：

【源码见附件代码 / 第 1 章 /3.selector.html】

```
<!DOCTYPE html>
<html lang="en">
<head>
    <meta charset="UTF-8">
    <meta name="viewport" content="width=device-width, initial-scale=1.0">
    <title>CSS 选择器 </title>
    <style>
        * {
            font-size: 18px;
            font-weight: bold;
        }
    </style>
</head>
<body>
    <h1> 这里是标题 </h1>
    <p> 这里是段落 </p>
    <a> 这里是超链接 </a>
</body>
</html>
```

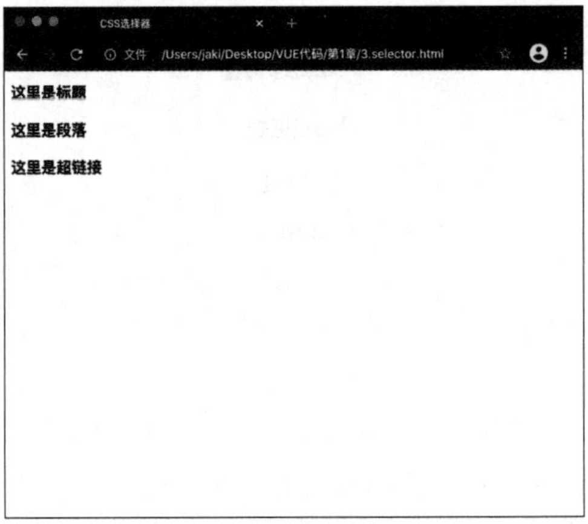

图 1-9 HTML 渲染效果

运行代码，浏览器渲染效果如图 1-9 所示。

如以上代码所示，使用通用选择器将 HTML 文档中所有的元素选中，之后将其内所有的文本字体都设置为粗体 18 号。

2 标签选择器

使用标签选择器，我们可以通过标签名对此标签对应的所有元素的样式进行设置。示例代码如下：

【源码见附件代码 / 第 1 章 /3.selector.html】

```
p {
    color:red;
}
```

上面的代码将所有 p 标签内部的文本颜色设置为红色。

3 类选择器

类选择器需要集合标签的class 属性进行使用，我们可以在标签中添加 class 属性来为其设置一个类名，类选择器会将所有设置对应类名的元素选中，类选择器的使用格式为 ".className"。

4 id 选择器

id 选择器和类选择器类似，id 选择器会通过标签的 id 属性进行选择，其使用格式为 "#idName"，示例如下：

【源码见附件代码 / 第 1 章 /3.selector.html】

```html
<!DOCTYPE html>
<html lang="en">
<head>
    <meta charset="UTF-8">
    <meta name="viewport" content="width=device-width, initial-scale=1.0">
    <title>CSS 选择器 </title>
    <style>
        * {
            font-size: 18px;
            font-weight: bold;
        }
        p {
            color:red;
        }
        .p2 {
            color: green;
        }
        #p3 {
            color:blue;
        }
    </style>
</head>
<body>
    <h1> 这里是标题 </h1>
    <p> 这里是段落一 </p>
    <p class="p2"> 这里是段落二 </p>
    <p id="p3"> 这里是段落三 </p>
    <a> 这里是超链接 </a>
</body>
</html>
```

运行上面的代码，可以看到"段落一"的文本被渲染成了红色，"段落二"的文本被渲染成了绿色，"段落三"的文本被渲染成了蓝色。

除了上面列举的 4 种 CSS 基本选择器外，CSS 选择器还支持组合和嵌套，例如我们要选中如下代码中的 p：

【源码见附件代码 / 第 1 章 /3.selector.html】

```html
<div><p>div 中嵌套的 p</p></div>
```

可以使用后代选择器如下：

【源码见附件代码 / 第 1 章 /3.selector.html】

```
div p {
    color: cyan;
}
```

对于要同时选中多种元素的场景，我们也可以将各种选择器进行组合，每种选择器间使用逗号分隔即可，例如：

【源码见附件代码 / 第 1 章 /3.selector.html】

```
.p2, #p3 {
    font-style: italic;
}
```

此外，CSS 选择器还有属性选择器、伪类选择器等，有兴趣的读者可以在互联网上查找相关资料进行学习。本节只需要掌握基础的选择器的使用方法即可。

1.3.2　CSS 样式入门

掌握了 CSS 选择器的应用，要选中 HTML 文档中的任何元素都非常容易，在实际开发中最常用的选择器是类选择器，我们可以根据组件的不同样式将其定义为不同的类，通过类选择器来对组件进行样式定义。

CSS 提供了非常丰富的样式供开发者进行配置，包括元素背景的样式、文本的样式、边框与边距的样式、渲染的位置等。本节将简单介绍一些常用的样式配置方法。

1　元素背景配置

在 CSS 中，与元素背景配置相关的属性都是以 background 开头的。使用 CSS 对元素的背景样式进行设置，可以实现相当复杂的元素渲染效果。常用的背景属性配置如表 1-1 所示。

表1-1　CSS背景属性配置

属 性 名	意 义	可配置值
background-color	设置元素的背景颜色	这个属性可以接收任意合法的颜色值
background-image	设置元素的背景图片	图片素材的URL
background-repeat	设置背景图片的填充方式	repeat-x：水平方向上重复 repeat-y：垂直方向上重复 no-repeat：图片背景不进行重复平铺
background-position	设置背景图片的定位方式	可以设置为相关定位的枚举值，如top、center等，也可以设置为长度值

2　元素文本配置

元素文本配置包括对齐方式配置、缩进配置、文字间隔配置等，下面的 CSS 代码演示这些文本属性配置的方式。

【源码见附件代码 / 第 1 章 /3.selector.html】

HTML 标签：

```
<div class="text"> 文本属性配置 HelloWorld</div>
```

CSS 设置：

```
.text {
    text-indent: 100px;
    text-align: right;
    word-spacing: 20px;
    letter-spacing: 10px;
    text-transform: uppercase;
    text-decoration: underline;
}
```

效果如图 1-10 所示。

3 边框与边距配置

使用 CSS 可以对元素的边框进行设置，例如设置元素的边框样式、宽度、颜色等。示例代码如下：

【源码见附件代码 / 第 1 章 /3.selector.html】

HTML 元素：

```
<div class="border"> 设置元素的边框 </div>
```

CSS 设置：

```
.border {
    border-style: solid;
    border-width: 4px;
    border-color: red;
}
```

上面示例代码中的 border-style 属性用于设置边框的样式，例如 solid 将其设置为实线，border-width 属性用于设置边框的宽度，border-color 属性用于设置边框的颜色。上面的代码运行后的效果如图 1-11 所示。

图 1-10 使用 CSS 对文本元素进行配置

图 1-11 边框设置效果

使用 border 开头的属性默认对元素的 4 个边框都进行设置，也可以单独对元素某个方向的边框进行配置，使用 border-left、border-right、border-top、border-bottom 开头的属性进行设置即可。

元素定位是 CSS 非常重要的功能之一，我们看到的网页之所以多姿多彩，都要归功于 CSS 可以灵活地对元素进行定位。

在网页布局中，CSS 盒模型是一个非常重要的概念，其通过内外边距来控制元素间的相对位置，盒模型结构如图 1-12 所示。

可以通过 CSS 的 height 和 width 属性控制元素的宽度和高度，padding 相关的属性可以设置元素内边距，可以使用 padding-left、

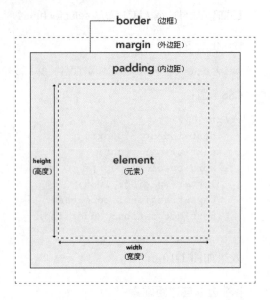

图 1-12　CSS 盒模型示意图

padding-right、padding-top 和 padding-bottom 控制 4 个方向上的内边距。margin 相关的属性用来控制元素的外边距，同样的，使用 margin-left、margin-right、margin-top 和 margin-bottom 控制 4 个方向的外边距。通过 margin 和 padding 的设置可以灵活地控制元素间的相对位置。示例如下：

【源码见附件代码 / 第 1 章 /3.selector.html】

HTML 元素：

```
<span class="sp1">sp1</span>
<span class="sp2">sp2</span>
<span class="sp3">sp3</span>
<span class="sp4">sp4</span>
```

CSS 设置：

```
.sp1 {
    background-color: red;
    color: white;
    padding-right: 30px;
}
.sp2 {
    background-color: blue;
    color: white;
    padding-left: 30px;
}
.sp3 {
    background-color: green;
    color: white;
    margin-left: 30px;
}
.sp4 {
```

```
    background-color: indigo;
    color: white;
    margin-right: 30px;
}
```

页面渲染效果如图 1-13 所示。

图 1-13　控制元素内外边距

需要注意，上面的元素之所以在一行展示，是因为 span 标签定义的元素默认为行内元素，不会自动换行布局。

元素的绝对定位与浮动相关内容，这里不重点讲解，在本书后续的测试案例中，我们会逐步使用这些技术为读者演示。

1.4 JavaScript 入门

学习 Vue 开发技术，JavaScript 是基础。本书的后续章节都需要读者能够熟练使用 JavaScript。JavaScript 是一门面向对象的强大的前端脚本语言，如果要深入学习 JavaScript，可能需要一本书的厚度来介绍，这并不是本书的重点，因此，如果读者没有任何 JavaScript 基础，建议学习完本书的准备章节后，先系统地学习一下 JavaScript 语言基础，再继续学习本书后续的 Vue 章节。

本节将只介绍 JavaScript 最核心、最基础的一些概念。

1.4.1　为什么需要JavaScript

如果将一个网页类比为一个人，HTML 构建了其骨架，CSS 为其着装打扮，而 JavaScript 则为其赋予灵魂。不夸张地说，JavaScript 就是网页应用的灵魂。通过前面的学习，我们知道，HTML 和 CSS 的主要作用是对网页的渲染进行布局和调整。要使得网页拥有强大的功能，并且可以与用户进行复杂的交互，就需要使用 JavaScript 来完成。

首先，JavaScript 能够动态改变 HTML 组件的内容。创建一个名为 js.html 的文件，在其中编写如下示例代码：

【源码见附件代码 / 第 1 章 /4.js.html】

```
<!DOCTYPE html>
<html lang="en">
<head>
    <meta charset="UTF-8">
    <meta name="viewport" content="width=device-width, initial-scale=1.0">
```

```
    <title>Document</title>
    <script>
        // 定义名为 count 的变量
var count = 0
        // 定义一个函数，功能为调用时，修改 HTML 文档中 h1 标签中的内容
function clickFunc() {
        // 每次调用都将 count 变量的值进行自增
document.getElementById("h1").innerText = '${++count}'
        }
    </script>
</head>
<body>
    <div style="text-align: center;">
        <h1 id="h1" style="font-size: 40px;">数值 :0</h1>
        <button style="font-size: 30px; background-color: burlywood;"
onclick="clickFunc()">单击 </button>
    </div>
</body>
</html>
```

上面的代码中使用了几个核心的知识点，在 HTML 标签中可以直接内嵌 CSS 样式表，为其设置 style 属性即可，内嵌的样式表比外联的样式表优先级更高。button 标签是 HTML 中定义按钮的标签，其中 onclick 属性可以设置一段 JavaScript 代码，当用户单击按钮组件时会调用这段代码，如以上代码所示，当用户单击按钮时，我们让其执行 clickFunc 函数。clickFunc 函数定义在 script 标签中，其实现了简单的计数功能，document 对象是当前的文档对象，调用其getElementById 方法可以通过元素标签的 id 属性的值来获取对应的元素，调用 innerText 可以对元素标签内的文本进行设置。运行代码，可以看到网页上渲染了一个标题和一个按钮，通过单击按钮，标题上显示的数字会进行累加，如图 1-14 所示。

图 1-14 使用 JavaScript 实现计数器

使用 JavaScript 也可以方便地对标签元素的属性进行设置和修改，例如，在页面中再添加一个图片元素，通过单击按钮来设置其显示和隐藏状态：

【源码见附件代码 / 第 1 章 /4.js.html】

HTML 标签：

```
<div id="img" style="visibility: visible;">
    <img src="demo.png" width="200px">
```

```
</div>
```

JavaScript 代码：

```
<script>
    var count = 0
    function clickFunc() {
        document.getElementById("h1").innerText = '${++count}'
        // 根据 count 的值来设置 img 标签的可见状态，若 count 是偶数，则可见，否则隐藏
document.getElementById("img").style.visibility = count % 2 == 0 ? "visible" :
"hidden"
    }
</script>
```

可以看到，使用 JavaScript 获取标签的属性非常简单，直接使用点语法即可，同理，我们也可以通过这种方式来灵活地控制网页上元素的样式，只需要修改元素的 style 属性即可。运行上面的代码，在网页中单击按钮，可以看到图片元素会交替进行显示与隐藏。

使用 JavaScript 也可以非常容易地对 HTML 文档中的元素进行增删，有时一个非常简单的 HTML 文档能够实现非常复杂的页面，其实都是通过 JavaScript 来动态渲染的。

1.4.2　JavaScript 语法简介

JavaScript 语言的语法非常简单，入门很容易，对于开发者来说上手也非常快。其语法不像某些强类型语言那样严格，语句格式和变量类型都非常灵活。

1 变量的定义

JavaScript 使用 var 或 let 来进行变量的定义，使用 var 定义和 let 定义会使得变量的作用域不同。在定义变量时，无须关心变量的类型，示例如下：

【源码见附件代码 / 第 1 章 /4.js.html】

```
<script>
    var a = 100          // 定义变量 a，其存储的值为数值 100
    var b = "HelloWorld" // 定义变量 b，其存储的值为字符串
    var c = {
        name:"abc"
    }                    // 定义键－值对（对象）变量 c
    var d = [1, 2, 3]    // 定义列表变量 d
    var e = false        // 定义布尔变量 e
</script>
```

JavaScript 中的注释规则与传统的 C 语言类似，我们一般使用 "//" 来定义注释。

2 表达式

几乎在任何编程语言中都存在表达式，表达式由运算符与运算数构成。运算数可以是任意类型的数据，也可以是任意的变量，只要能够支持我们指定的运算即可。JavaScript 支持很多常规的运算符，例如算数运算符 +、-、*、/ 等，比较运算符 <、>、<=、<= 等，示例如下：

【源码见附件代码 / 第 1 章 /4.js.html】

```
var m = 1 + 1              // 算数运算
var n = 10 > 5             // 比较运算
var o = false && false     // 逻辑运算
var p = 1 << 1             // 位运算
```

3　函数的定义与调用

函数是程序的功能单元，JavaScript 中定义函数的方式有两种，一种是使用 function 关键字进行定义，另一种是使用箭头函数的方式进行定义，无论是使用哪种方式定义的函数，其调用方式都是一样的，示例如下：

【源码见附件代码 / 第 1 章 /4.js.html】

```
// 使用 function 关键字定义函数
function func1(param) {
    console.log(" 执行了 func1 函数 " + param);
}
// 使用箭头函数定义函数
var func2 = (param) => {
    console.log(" 执行了 func2 函数 " + param);
}
// 对函数进行调用
func1("hello")
func2("world")
```

运行上面的代码，在 VSCode 开发工具的控制台可以看到输出的信息。console.log 函数用来向控制台输出信息。

4　条件分支语句

条件语句是 JavaScript 进行逻辑控制的重要语句，当程序需要根据条件是否成立来分别执行不同的逻辑时，就需要使用条件语句，JavaScript 中的条件语句使用 if 和 else 关键词来实现，示例如下：

【源码见附件代码 / 第 1 章 /4.js.html】

```
var i = 0               // 定义变量 i，赋值为 0
var j = 1               // 定义变量 j，赋值为 1
if (i > j) {            // if 为条件判断语句，其中表达式为 true 时执行后面大括号内的语句
    console.log("i > j")
} else if (i == j) {    // else if 进行连续条件判断
    console.log("i == j")
} else {                // 当所有的 if 条件语句都不为 true 时，执行 else 后大括号内的语句
    console.log("i < j")
}
```

JavaScript 中也支持使用 switch 和 case 关键字多分支语句，示例如下：

【源码见附件代码 / 第 1 章 /4.js.html】

```
var u = 0               // 定义变量 u，赋值为 0
switch (u) {            // 对变量 u 进行匹配判定
```

```
    case 0:                  // 当 u 为 0 时执行此 case 后的语句
        console.log("0")
        break                // 直接跳出 switch-case 结构
    case 1:                  // 当 u 为 1 时执行此 case 后的语句
        console.log("1")
        break                // 直接跳出 switch-case 结构
    default:                 // 没有任何 case 被匹配到时，执行 default 后的语句
        console.log("-")
}
```

5 循环语句

循环语句用来重复执行某段代码逻辑，JavaScript 中支持 while 型循环和 for 型循环，示例代码如下：

【源码见附件代码 / 第 1 章 /4.js.html】

```
var v = 10                   // 定义变量 v，赋值为 10
while (v > 0) {               // while 条件判断为 true 时，进入后面的循环体执行
    v -= 1                   // 每次执行修改循环变量
    console.log(v)
}
// for 循环语句
// 1．先将循环变量 v 赋值为 0
// 2．进行循环条件的判断，v 小于 10 时进入循环体执行
// 3．执行完一次循环体内的代码后，将循环变量进行自增，再次判断是否继续循环
for(v = 0 ; v < 10; v ++) {
    console.log(v)
}
```

除此之外，JavaScript 还有许多非常强大的语法与面向对象能力，我们在后面的章节中使用时会详细介绍。

1.5　渐进式开发框架 Vue

Vue 的定义为渐进式的 JavaScript 框架，所谓渐进式，是指它被设计为可以自底向上逐层进行应用。我们可以只使用 Vue 框架中提供的某层功能，也可以与其他第三方库整合进行使用。当然，Vue 本身也提供了完整的工具链，使用其全套功能进行项目的构建非常简单。

在使用 Vue 之前，需要掌握基础的 HTML、CSS 和 JavaScript 技能，如果读者对本章前面介绍的内容都已经掌握，那么对于后面使用 Vue 的相关例子会非常容易理解。Vue 的渐进式性质使其使用方式变得非常灵活，在使用时可以使用完整的框架，也可以只使用部分功能。

1.5.1　第一个 Vue 应用

在学习和测试 Vue 的功能时，我们可以直接使用 CDN 的方式来进入 Vue 框架，本书将全

部采用 Vue 3.0.x 的版本来编写示例。首先，使用 VSCode 开发工具创建一个名为 Vue1.html 的文件，在其中编写如下模板代码：

【源码见附件代码 / 第 1 章 /5.Vue1.html】

```html
<!DOCTYPE html>
<html lang="en">
<head>
    <meta charset="UTF-8">
    <meta name="viewport" content="width=device-width, initial-scale=1.0">
    <title>Vue3 Demo</title>
    <script src="https://unpkg.com/vue@3/dist/vue.global.js"></script>
</head>
<body>
</body>
</html>
```

其中，我们在 head 标签中加入了一个 script 标签，采用 CDN 的方式引入了 Vue 3 的新版本。以之前编写的计数器应用为例，我们尝试使用 Vue 的方式来实现它。首先在 body 标签中添加一个标题和按钮，代码如下：

【源码见附件代码 / 第 1 章 /5.Vue1.html】

```html
<div style="text-align: center;" id="Application">
    <h1>{{ count }}</h1>
    <button v-on:click="clickButton"> 单击 </button>
</div>
```

上面使用了一些特殊的语法，例如在 h1 标签内部使用了 Vue 的变量替换功能，{{ count }} 是一种特殊语法，它会将当前 Vue 组件中定义的 count 变量的值替换过来，v-on:click 属性用来进行组件的单击事件绑定，上面的代码中将单击事件绑定到了 clickButton 函数上，这个函数也是定义在 Vue 组件中的，定义 Vue 组件非常简单，我们可以在 body 标签下添加一个 script 标签，在其中编写如下代码：

【源码见附件代码 / 第 1 章 /5.Vue1.html】

```javascript
<script>
    // 定义一个 Vue 组件，名为 App
    const App = {
        // 定义组件中的数据
        data() {
            return {
                // 目前只用到 count 数据
                count:0
            }
        },
        // 定义组件中的函数
        methods: {
            // 实现单击按钮的方法
            clickButton() {
```

```
                this.count = this.count + 1
            }
        }
    }
    // 将 Vue 组件绑定到页面上 id 为 Application 的元素上
    Vue.createApp(App).mount("#Application")
</script>
```

如以上代码所示，我们定义 Vue 组件时实际上定义了一个 JavaScript 对象，其中 data 方法用来返回组件所需要的数据，methods 属性用来定义组件所需要的方法函数。在浏览器中运行上面的代码，当单击页面中的按钮时，计数器会自动增加。可以看到，使用 Vue 实现的计数器应用比使用 JavaScript 直接操作 HTML 元素方便得多，我们不需要获取指定的组件，也不需要修改组件中的文本内容，通过 Vue 这种绑定的编程方式，只需要专注于数据逻辑，当数据本身修改时，绑定这些数据的元素也会同步修改。

1.5.2　范例演练：实现一个简单的用户登录页面

本节尝试使用 Vue 来构建一个简单的登录页面。在练习之前，我们先来分析一下需要完成哪些工作：

（1）登录页面需要有标题，用来提示用户当前的登录状态。

（2）在未登录时，需要有两个输入框和登录按钮供用户输入账号、密码以及进行登录操作。

（3）在登录完成后，输入框需要隐藏，需要提供按钮让用户登出。

仅完成上面列出的 3 个功能点，使用原生的 JavaScript DOM 操作会有些复杂，而借助 Vue 的单双向绑定和条件渲染功能完成这些需求非常容易。

首先创建一个名为 loginDemo.html 的文件，为其添加 HTML 通用的模板代码，并通过 CND 的方式引入 Vue。之后，在其 body 标签中添加如下代码：

【源码见附件代码 / 第 1 章 /6.loginDemo.html】

```
<div id="Application" style="text-align: center;">
<!-- 标题 -->
    <h1>{{title}}</h1>
<!-- 创建账号和密码输入组件 -->
    <div v-if="noLogin">账号: <input v-model="userName" type="text" /></div>
    <div v-if="noLogin">密码: <input v-model="password" type="password" /></div>
<!-- 登录按钮 -->
    <div v-on:click="click" style="border-radius: 30px;width: 100px; margin:
20px auto; color: white; background-color: blue;">{{buttonTitle}}</div>
</div>
```

上面的代码中，v-if 是 Vue 提供的条件渲染功能，如果其指定的变量为 true，则渲染这个元素，否则不渲染。v-model 用来进行双向绑定，当输入框中的文字变化时，它会将变化同步到绑定的变量上，同样，当我们对变量的值进行更改时，输入框中的文本也会相应发生变化。

实现 JavaScript 代码如下：

【源码见附件代码 / 第 1 章 /6.loginDemo.html】

```javascript
<script>
    const App = {
        data () { // 定义页面所需要的数据
            return {
                title:" 欢迎您：未登录 ",          // 标题
                noLogin:true,                       // 标记是否已经登录
                userName:"",                        // 记录用户名
                password:"",                        // 记录密码
                buttonTitle:" 登录 "                // 登录按钮标题
            }
        },
        methods: {
            click() { // 单击登录按钮执行的方法
                if (this.noLogin) {                 // 如果没有登录，则进行登录操作
                    this.login()
                } else {                            // 如果已经登录，则进行登出操作
                    this.logout()
                }
            },
            // 定义登录操作所执行的函数
            login() {
                // 判断账号、密码是否为空
                if (this.userName.length > 0 && this.password.length > 0) {
                    // 模拟登录操作，进行弹窗提示
                    alert('userName:${this.userName} password:${this.password}')
                    // 登录提示后刷新页面
                    this.noLogin = false
                    this.title = ' 欢迎您 :${this.userName}'
                    this.buttonTitle = " 注销 "
                    this.userName = ""
                    this.password = ""
                } else {
                    alert(" 请输入账号密码 ")
                }
            },
            // 定义登出操作所执行的函数
            logout() {
                // 清空登录数据
                this.noLogin = true
                this.title = ' 欢迎您 : 未登录 '
                this.buttonTitle = " 登录 "
            }
        }
    }
    Vue.createApp(App).mount("#Application") // Vue 组件绑定
</script>
```

运行上面的代码，未登录时效果如图 1-15 所示。当输入账号和密码登录完成后，效果如图 1-16 所示。

图 1-15 简易登录页面（1）

图 1-16 简易登录页面（2）

1.5.3 Vue 3 的新特性

如果读者之前接触过前端开发，那么对于 Vue 框架应该不陌生。Vue 3 的发布无疑是 Vue 框架的一次重大改进。一款优秀的前端开发框架的设计一定是遵循一定的设计原理的，Vue 3 的设计目标如下：

（1）更小的尺寸和更快的速度。

（2）更加现代化的语法特性，加强 TypeScript 的支持。

（3）在 API 设计方面，增强一致性。

（4）提高前端工程的可维护性。

（5）支持更多、更强大的功能，提高开发者的效率。

上面列举了 Vue 3 的核心设计目标，相较于 Vue 2，Vue 3 有哪些重大的更新呢？本节就来简单介绍一下。

首先，在 Vue 2 时代，被压缩的 Vue 核心代码约为 20KB，目前 Vue 3 的压缩版只有 10KB，足足小了一半。在前端开发中，依赖模块越小，意味着越少的流量和越快的速度，在这方面，Vue 3 的确表现优异。

在 Vue 3 中，对虚拟 DOM 的设计也进行了优化，使得引擎可以更加快速地处理局部的页面元素修改，在一定程度上提升了代码的运行效率。同时，Vue 3 也配套进行了更多编译时的优化，例如将插槽编译为函数等。

在代码语法层面，相较于 Vue 2，Vue 3 有比较大的变化。Vue 3 基本弃用了"类"风格的 API，而推广采用"函数"风格的 API，以便更好地对 TypeScript 进行支持。这种编程风格更有利于组件的逻辑复用，例如 Vue3 组件中新引入的 setup（组合式 API）方法，可以让组件的逻辑更加聚合。

Vue 3 中也添加了一些新的组件，比如 Teleport 组件（有助于开发者将逻辑关联的组件封装在一起），这些新增的组件提供了更加强大的功能以便开发者对逻辑进行复用。

总之，在性能方面，Vue 3 无疑完胜 Vue 2，同时打包后的体积也更小。在开发者编程方面，Vue 3 基本是向下兼容的，开发者无须过多的额外学习成本。同时，Vue 3 对功能方面的扩展对于开发者来说也更加友好。

关于 Vue 3 更详细的介绍与新特性的使用方法，后面的章节会逐步向读者介绍。

1.5.4　为什么要使用 Vue 框架

在真正开始学习 Vue 之前，还有一个至关重要的问题，就是为什么要学习它。

首先，进行前端开发，一定要使用一款框架，这就像生产产品的工厂有一套完整的流水线一样。在学习阶段，我们可以直接使用 HTML、CSS 和 JavaScript 开发出一些简单的静态页面，但是要做大型的商业应用，要完成的代码量非常大，要编写的功能函数非常多，而且对于交互复杂的项目来说，如果不使用任何框架来开发的话，那么后期维护和扩展会非常困难。

既然一定要使用框架，那么为什么要选择 Vue 呢？在互联网 Web 时代早期，前后端的界限还比较模糊，有一个名为 jQuery 的 JavaScript 框架非常流行，其内部封装了大量的 JavaScript 函数，可以帮助开发者操作 DOM，并且提供了事件处理、动画和网络相关接口。当时的前端页面更多是用来展示的，因此使用 jQuery 框架足够应付需要进行的逻辑交互操作。后来随着互联网的飞速发展，前端网站的页面越来越复杂，2009 年就诞生了一款名为 AngularJS 的前端框架，此框架的核心是响应式与模块化，它使得前端页面的开发方式发生了变革，从此前端可以自行处理非常复杂的业务逻辑，前后端职责开始逐渐分离，前端从页面展示向单页面应用发展。

AngularJS 虽然强大，但是其缺点十分明显，总结如下：

（1）学习曲线陡峭，入门难度高。

（2）灵活性很差，这意味着如果用户要使用 AngularJS，就必须按照其规定的一套构造方式来开发应用，要完整地使用一整套的功能。

（3）由于框架本身很庞大，因此速度和性能略差。

（4）在代码层面，某些 API 设计复杂，使用麻烦。

只要 AngularJS 有上述问题，就一定会有新的前端框架来解决这些问题，Vue 和 React 这两个框架就此诞生了。

Vue 和 React 在当下前端项目开发中平分秋色，它们都是非常优秀的现代化前端框架。从设计上，它们有很多相似之处，比如相较于功能齐全的 AngularJS，它们都是"骨架"类的框架，即只包含最基础的核心功能，路由、状态管理等功能都是靠分离的插件来支持的。并且逻辑上，Vue 和 React 都是基于虚拟 DOM 树的，改变页面真实的 DOM 要比虚拟 DOM 更改性能的开销大很多，因此 Vue 和 React 的性能都非常好。Vue 和 React 都引导采用组件化的方式进行编程，模块间通过接口进行连接，方便维护与扩展。

当然，Vue 与 React 也有很多不同之处，Vue 的模板编写采用的是类似于 HTML 的方式，写起来与标准的 HTML 非常像，只是多了一些数据绑定或事件交互的方法，入手非常简单。而 React 则采用 JSX 的方式编写模板，虽然这种编写方式提供的功能更加强大一些，但是 JavaScript 混合 XML 的语言使得代码看起来非常复杂，阅读起来也比较困难。Vue 与 React 还有一个很大的区别在于组件状态管理，Vue 的状态管理本身非常简单，局部的状态只要在 data 中进行定义，其默认就被赋予了响应性，在需要修改时直接将对应属性进行更改即可，对于全局的状态也有 Vuex 模块进行支持。在 React 中，状态不能直接修改，需要使用 setState 方法进行更改，从这一点来看，Vue 的状态管理更加简洁一些。

总之，如果用户想尽快掌握前端开发的核心技能并上手开发大型商业项目，Vue 一定不会让用户失望。

1.6 小结与练习

本章是我们进入 Vue 学习的准备章节，在学习 Vue 框架之前，首先需要熟练应用前端 3 剑客（HTML、CSS 和 JavaScript）。通过本章的学习，我们对 Vue 的使用已经有了初步的体验，相信读者已经体会到了 Vue 在开发中为我们带来的便利与高效。

尝试回答下面的问题，如果每道问题在你心中都有了清晰的答案，那么恭喜你过关成功，快开始下一章的学习吧！

练习 1：在网页开发中，HTML、CSS 和 JavaScript 分别起到什么样的作用？

温馨提示：可以从布局、样式和逻辑处理方面思考。HTML定义了界面的文档结构，是页面的骨架。CSS用来对页面元素的布局和样式进行配置，以增强页面的美观性。JavaScript则进行页面更新、用户交互等复杂逻辑的处理，这是让网页从静态到动态的关键。

练习 2：如何动态地改变网页元素的样式或内容，请你尝试在不使用 Vue 的情况下，手动实现本章 1.5.2 节实现的登录页面。

温馨提示：尝试使用JavaScript的DOM操作来重写示例工程。可参考源码：【附件代码/第1章/7.loginDemo.html】。

练习 3：数据绑定在 Vue 中如何使用，什么是单向绑定，什么是双向绑定？

温馨提示：结合本章1.5.2节的示例进行分析。通常只用来展示的元素，其数据进行单向绑定即可；不仅可以展示，还可以接受用户交互的组件，通常需要进行数据的双向绑定。

练习 4：通过对 Vue 示例工程的体验，你认为使用 Vue 开发前端页面的优势有哪些？

温馨提示：可以从数据绑定、方法绑定条件、循环渲染以及Vue框架的渐进式性质本身进行思考。

第2章 ← Chapter 2

Vue 模板应用

　　模板是 Vue 框架中的重要组成部分，Vue 采用了基于 HTML 的模板语法，因此对于大多数开发者来说上手会非常容易。在 Vue 的分层设计思想中，模板属于视图层，有了模板功能，开发者可以方便地将项目组件化，也可以方便地封装定制化的通用组件。在编写组件时，模板的作用是让开发者将重心放在页面布局渲染上，而不需要关心数据逻辑。同样，在 Vue 组件内部编写数据逻辑代码时，也无须关心视图的渲染。

　　本章将着重学习 Vue 框架的模板部分，完成 Vue 学习之路上的第一个目标——游刃有余地使用模板。

本章学习内容

- 基础的模板使用语法。
- 模板中参数的使用。
- Vue 指令的相关用法。
- 使用缩写指令。
- 灵活使用条件语句与循环语句。

2.1 模板基础

模板有什么用呢？

模板最直接的用途是帮助我们通过数据来驱动视图的渲染

在第 1 章我们已经体验过模板，对于普通的 HTML 文档，若要在数据变化时对其进行页面更新，则需要通过 JavaScript 的 DOM 操作来获取指定的元素，再对其属性或内部文本进行修改，操作起来十分烦琐且容易出错。如果使用了 Vue 的模板语法，则会变得非常简单，只需要将要变化的值定义成变量，之后将变量插入 HTML 文档指定的位置即可，当数据发生变化时，使用到此变量的所有组件都会同步更新，这就使用到了 Vue 模板中的插值技术，学习模板，我们先从学习插值开始。

2.1.1　模板插值

首先创建一个名为 tempText.html 的文件，在其中编写 HTML 文档的常规代码，之后在 body 标签中添加一个元素供测试使用，代码如下：

【源码见附件代码 / 第 2 章 /1.tempText.html】

```html
<div style="text-align: center;">
    <h1> 这里是模板的内容 :1 次单击 </h1>
    <button> 按钮 </button>
</div>
```

如果在浏览器中运行上面的 HTML 代码，那么会看到网页中渲染出一个标题和一个按钮，但是单击按钮并没有任何效果（截至目前，我们还没有写逻辑代码）。现在，让我们为这个网页增加一些动态功能，很简单：单击按钮，改变数值。引入 Vue 框架，并通过 Vue 组件来实现计数器功能，完整的示例代码如下：

【源码见附件代码 / 第 2 章 /1.tempText.html】

```html
<!DOCTYPE html>
<html lang="en">
<head>
    <meta charset="UTF-8">
    <meta name="viewport" content="width=device-width, initial-scale=1.0">
    <title> 模板插值 </title>
    <script src="https://unpkg.com/vue@next"></script>
</head>
<body>
    <div id="Application" style="text-align: center;">
        <h1> 这里是模板的内容 :{{count}} 次单击 </h1>
        <button v-on:click="clickButton"> 按钮 </button>
    </div>
    <script>
        // 定义一个 Vue 组件，名为 App
        const App = {
            // 定义组件中的数据
            data() {
                return {
                    // 目前只用到 count 数据
                    count:0
                }
```

```
        },
        // 定义组件中的函数
        methods: {
            // 实现单击按钮的方法，让 count 数据进行自增
            clickButton() {
                this.count = this.count + 1
            }
        }
    }
    // 将 Vue 组件绑定到页面上 id 为 Application 的元素上
    Vue.createApp(App).mount("#Application")
</script>
</body>
</html>
```

在浏览器中运行上面的代码，单击页面中的按钮，可以看到页面中标题的文本在不断变化。如以上代码所示，在 HTML 的标签中使用"{{}}"可以进行变量插值，这是 Vue 中最基础的一种模板语法，它可以将当前组件中定义的变量的值插入指定位置，并且这种插值会默认实现绑定的效果，即当我们修改变量的值时，可以同步反馈到页面的渲染上。

在某些情况下，某些组件的渲染是由变量控制的，但是我们想让它一旦渲染就不能再被修改，这时可以使用模板中的 v-once 指令，被这个指令设置的组件在进行变量插值时只会插值一次，示例如下：

【源码见附件代码 / 第 2 章 /1.tempText.html】

```
<h1 v-once> 这里是模板的内容 :{{count}} 次单击 </h1>
```

在浏览器中再次实验，可以发现网页中指定的插值位置被替换成文本 0 后，无论我们再怎么单击按钮，标题也不会改变。

还有一点需要注意，如果用户要插值的文本为一段 HTML 代码，则直接使用双括号就不太好使了，双括号会将其内的变量解析成纯文本，例如，定义 Vue 组件 App 中的数据如下：

【源码见附件代码 / 第 2 章 /1.tempText.html】

```
data() {
    return {
        count:0,
        countHTML:"<span style='color:red;'>0</span>"
    }
}
```

如果使用双括号插值的方式插入 HTML 代码，最终的效果会将其以文本的方式渲染出来，代码如下：

```
<h1 v-once> 这里是模板的内容 :{{countHTML}} 次单击 </h1>
```

运行效果如图 2-1 所示。

> 这里是模板的内容:<span style='color:red;'>0</span>次单击

图 2-1　用双括号进行 HTML 插值

这种效果明显不符合预期，对于 HTML 代码插值，我们需要使用 v-html 指令来完成，示例代码如下：

【源码见附件代码 / 第 2 章 /1.tempText.html】

```
<h1 v-once>这里是模板的内容 :<span v-html="countHTML"></span> 次单击 </h1>
```

V-html 指令可以指定一个 Vue 变量数据，通过 HTML 解析的方式将原始 HTML 替换到指定的标签位置。以上代码运行后的效果如图 2-2 所示。

> **这里是模板的内容:0次单击**

图 2-2　使用 v-html 进行 HTML 插值

前面介绍了如何在标签内部进行内容的插值，我们知道，除了标签内部的内容外，本身的属性设置也是非常重要的，例如我们可能需要动态改变标签的 style 属性，从而实现元素渲染样式的修改。在 Vue 中，我们可以使用属性插值的方式做到标签属性与变量的绑定。

对于标签属性的插值，Vue 中不再使用双括号的方式，而是使用 v-bind 指令，示例代码如下：

【源码见附件代码 / 第 2 章 /1.tempText.html】

```
<h1 v-bind:id="id1"> 这里是模板的内容 :{{count}} 次单击 </h1>
```

定义一个简单的 CSS 样式，代码如下：

```
#h1 {
    color: red;
}
```

再添加一个名为 id1 的 Vue 组件属性，代码如下：

```
data() {
    return {
        count:0,
        countHTML:"<span style='color:red;'>0</span>",
        id1:"h1"
    }
}
```

运行代码，可以看到我们已经将 id 属性动态地绑定到了指定的标签中，当 Vue 组件中的 id1 属性的值发生变化时，也会动态地反映到 h1 标签上，我们通过这种动态绑定的方式灵活地更改标签的样式表。v-bind 指令也适用于其他 HTML 属性，只需要在其中使用冒号加属性名的方式指定即可。

其实，无论是双括号方式的标签内容插值还是 v-bind 方式的标签属性插值，除了可以直接将变量插值外，也可以使用基本的 JavaScript 表达式，例如：

```
<h1 v-bind:id="id1"> 这里是模板的内容 :{{count + 10}} 次单击 </h1>
```

上面的代码运行后，页面上渲染的数值是 count 属性增加 10 之后的结果。有一点需要注意，所有插值的地方如果使用表达式，则只能使用单个表达式，否则会产生异常。

2.1.2　模板指令

本质上，Vue 中的模板指令也是 HTML 标签属性，其通常由前缀 "v-" 开头，例如前面使用的 v-bind、v-once 等都是指令。

大部分指令都可以直接设置为 JavaScript 变量或单个 JavaScript 表达式，我们首先创建一个名为 directives.html 的测试文件，在其中编写 HTML 的通用代码后引入 Vue 框架，之后在 body 标签中添加如下代码：

【源码见附件代码 / 第 2 章 /2.directives.html】

```
<div id="Application">
    <h1 v-if="show"> 标题 </h1>
</div>
<script>
    const App = {
        data() {                            // 定义数据
            return {
                show:false                  // 用来控制元素是否渲染
            }
        }
    }
    Vue.createApp(App).mount("#Application") // 挂载 App 到 HTML 标签
</script>
```

如以上代码所示，其中 v-if 就是一个简单的选择渲染指令，当它设置为布尔值 true 时，当前标签元素才会被渲染。

某些特殊的 Vue 指令也可以指定参数，例如 v-bind 和 v-on 指令，对于可以添加参数的指令，参数和指令使用冒号进行分割，例如：

```
v-bind:style
V-on:click
```

指令的参数本身也可以是动态的，例如我们可以使用区分 id 选择器和类选择器来定义不同的组件样式，之后动态地切换组件的属性，示例如下：

【源码见附件代码 / 第 2 章 /2.directives.html】

CSS 样式：

```
#h1 {
    color:red;
}
.h1 {
    color:blue
}
```

HTML 标签定义如下：

```
<h1 v-bind:[prop]="name" v-if="show"> 标题 </h1>
```

在 Vue 组件中定义属性数据如下：

```
const App = {
    data() {
        return {
            show:true,              // 控制元素是否渲染
            prop:"class",           // 指令参数
            name:"h1"               // 指令的值
        }
    }
}
```

在浏览器中运行上面的代码，可以看到 h1 标签被正确地绑定了 class 属性。

在参数后面还可以为 Vue 中的指令增加修饰符，修饰符会为 Vue 指令增加额外的功能，以一个常见的应用场景为例，在网页中，如果有可以输入信息的输入框，通常我们不希望用户在首尾输入空格符，通过 Vue 的指令修饰符可以很容易地实现自动去除首尾空白符的功能，示例代码如下：

```
<input v-model.trim="content">
```

如以上代码所示，我们使用 v-model 指令来将输入框的文本与 content 属性进行绑定，当用户在输入框中输入的文本首尾有空格符，输入框失去焦点时，Vue 会自动帮我们去掉这些首尾空格。

读者应该已经体会到了 Vue 指令的灵活与强大之处，最后介绍 Vue 中常用的两个指令：v-bind 和 v-on 指令的缩写。在 Vue 应用开发中，v-bind 和 v-on 两个指令的使用非常频繁，对于这两个指令，Vue 为开发者提供了更加高效的缩写方式：对于 v-bind 指令，我们可以直接将其 v-bind 前缀省略，直接使用冒号加属性名的方式进行绑定，例如 v-bind:id = "id" 可以缩写为如下形式：

```
:id="id"
```

对于 v-on 类的事件绑定指令，可以将前缀 v-on: 使用 @ 替代，例如 v-on:click="myFunc" 指令可以缩写成如下形式：

```
@click="myFunc"
```

在后面的学习中，读者会体验到，有了这两个缩写功能，将大大提高 Vue 应用的编写效率。

2.2　条件渲染

条件渲染是 Vue 控制 HTML 页面渲染的方式之一。很多时候，我们都需要通过条件渲染

来控制 HTML 元素的显示和隐藏。在 Vue 中，要实现条件渲染，可以使用 v-if 相关的指令，也可以使用 v-show 相关的指令。本节将细致地探讨这两种指令的使用。

2.2.1 使用 v-if 指令进行条件渲染

v-if 指令在之前的测试代码中简单地使用过，简单来讲，v-if 指令可以有条件地选择是否渲染一个 HTML 元素，它可以设置为一个 JavaScript 变量或表达式，当变量或表达式为真值时，其指定的元素才会被渲染。为了方便代码测试，我们可以新建一个名为 condition.html 的测试文件，在其中编写代码。

最简单的条件渲染示例如下：

【源码见附件代码 / 第 2 章 /3.condition.html】

```
<h1 v-if="show"> 标题 </h1>
```

在上面的代码中，只有当 show 变量的值为真时，当前标题元素才会被渲染，Vue 模板中的条件渲染指令 v-if 类似于 JavaScript 编程语言中的 if 语句，我们都知道在 JavaScript 中，if 关键字可以和 else 关键字结合使用组成 if-else 块，在 Vue 模板中也可以使用类似的条件渲染逻辑，v-if 指令可以和 v-else 指令结合使用，示例如下：

```
<h1 v-if="show"> 标题 </h1>
<p v-else> 如果不显示标题就显示段落 </p>
```

运行代码可以看到，标题元素与段落元素是互斥出现的，如果根据条件渲染出了标题元素，则不会再渲染出段落元素，如果没有渲染出标题元素，则会渲染出段落元素。需要注意，在将 v-if 与 v-else 结合使用时，设置了 v-else 指令的元素必须紧跟在 v-if 或 v-else-if 指令指定的元素后面，否则它不会被识别到，例如下面的代码，运行后效果如图 2-3 所示。

```
<h1 v-if="show"> 标题 </h1>
<h1>Hello</h1>
<p v-else> 如果不显示标题就显示段落 </p>
```

图 2-3 条件渲染示例

其实，如果在 VSCode 中编写了上面的代码并运行，VSCode 开发工具的控制台上也会打印出相关异常信息提示用户 v-else 指令使用错误，如图 2-4 所示。

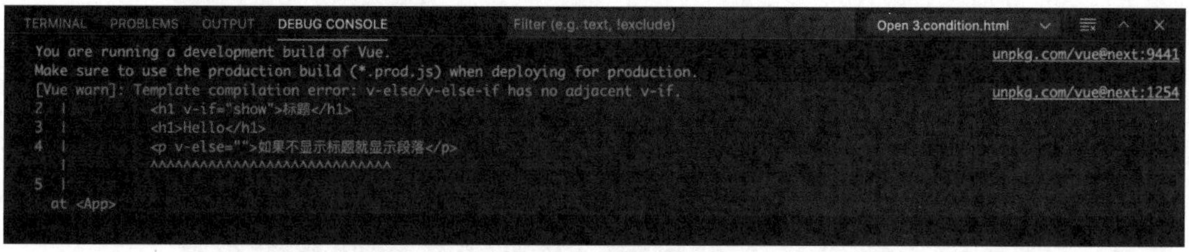

图 2-4 VSCode 控制台打印出的异常提示

在 v-if 与 v-else 之间，我们还可以插入任意 v-else-if 来实现多分支渲染逻辑，在实际应用中，多分支渲染逻辑也很常用，例如根据学生的分数来将成绩进行分档，就可以使用多分支渲染逻辑，示例代码如下：

```
<h1 v-if="mark == 100">满分</h1>
<h1 v-else-if="mark > 60">及格</h1>
<h1 v-else>不及格</h1>
```

v-if 指令的使用必须添加到一个 HTML 元素上，如果我们需要使用条件同时控制多个标签元素的渲染，有以下两种方式可以实现：

（1）使用 div 标签对要进行控制的元素进行包装，示例如下：

```
<div v-if="show">
    <p>内容</p>
    <p>内容</p>
    <p>内容</p>
</div>
```

（2）使用 template 标签对元素进行分组，示例如下：

```
<template v-if="show">
    <p>内容</p>
    <p>内容</p>
    <p>内容</p>
</template>
```

通常，我们推荐使用 template 分组的方式来控制一组元素的条件渲染逻辑，因为在 HTML 渲染元素时，使用 div 包装组件后，div 元素本身会被渲染出来，而使用 template 进行分组的组件渲染后，并不会渲染 template 标签本身。我们可以通过 Chrome 浏览器来验证这种特性，在 Chrome 浏览器中按 F12 键可以打开"开发者工具"窗口，也可以通过单击菜单栏中的"更多工具"→"开发者工具"来打开此窗口，如图 2-5 所示。

在"开发者工具"窗口的 Elements 栏目中可以看到使用 div 和使用 template 标签对元素组合包装进行条件渲染的异同，如图 2-6 所示。

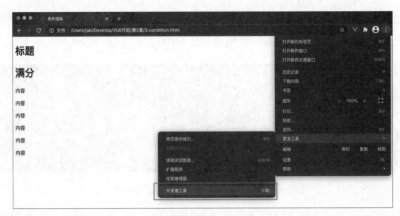

图 2-5 Chrome 的"开发者工具"窗口

图 2-6 使用 Chrome 开发者工具分析渲染情况

2.2.2 使用 v-show 指令进行条件渲染

v-show 指令的基本用法与 v-if 类似，它也是通过设置条件的值的真假来决定元素的渲染情况的。示例如下：

【源码见附件代码 / 第 2 章 /3.condition.html】

```
<h1 v-show="show">v-show 标题在这里 </h1>
```

与 v-if 不同的是，v-show 并不支持 template 模板，同样也不可以和 v-else 结合使用。

虽然 v-if 与 v-show 的用法非常相似，但是它们的渲染逻辑是天差地别的。

从元素本身的存在性来说，v-if 才能进行真正意义上的条件渲染，它在条件变换的过程中，组件内部的事件监听器都会正常执行，子组件也会正常被销毁或重建。同时，v-if 采取的是懒加载的方式进行渲染，如果初始条件为假，则关于这个组件的任何渲染工作都不会进行，直到其绑定的条件为真，才会真正开始渲染此元素。

v-show 指令的渲染逻辑只是一种视觉上的条件渲染，实际上无论 v-show 指令设置的条件是真是假，当前元素都会被渲染，v-show 指令只是简单地通过切换元素 CSS 样式表中的 display 属性来实现展示效果。

我们可以通过 Chrome 浏览器的开发者工具来观察 v-if 与 v-show 指令的渲染逻辑，示例代码如下：

```
<h1 v-if="show">v-if 标题在这里 </h1>
<h1 v-show="show">v-show 标题在这里 </h1>
```

当条件为假时，可以看到，v-if 指定的元素不会出现在 HTML 文档的 DOM 结构中，而 v-show 指定的元素依然会存在，如图 2-7 所示。

图 2-7 v-if 与 v-show 的区别

v-if 与 v-show 这两种指令的渲染原理不同，通常 v-if 指令有更高的切换性能消耗，而 v-show 指令有更高的初始渲染性能消耗。在实际开发中，如果组件的渲染条件会进行比较频繁的切换，则建议使用 v-show 指令来控制，如果组件的渲染条件在初始指定后很少变化，则建议使用 v-if 指令控制。

2.3 循环渲染

在网页中，列表是非常常见的一种组件。在列表中，每一行元素都有相似的 UI，只是其填充的数据有所不同，使用 Vue 中的循环渲染指令，我们可以轻松地构建出列表视图。

2.3.1 v-for 指令的使用方法

在 Vue 中，v-for 指令可以将一个数组中的数据渲染为列表视图。
v-for 指令需要设置为一种特殊的语法，其格式如下：

```
item in list
```

在上面的格式中，in 为语法关键字，也可以替换为 of。

在 v-for 指令中，item 是一个临时变量，其为列表中被迭代出的元素名，list 是列表变量本身。我们可以新建一个名为 for.html 的测试文件，在其 body 标签中编写如下核心代码：

【源码见附件代码 / 第 2 章 /4.for.html】

```html
<body>
    <div id="Application">
        <div v-for="item in list">
            {{item}}
        </div>
    </div>
    <script>
        const App = {
            data() { // 定义一个 list 列表数据
                return {
                    list:[1,2,3,4,5]
                }
            }
        }
        Vue.createApp(App).mount("#Application")
    </script>
</body>
```

运行代码，可以看到网页中正常地渲染出了 5 个 div 组件，如图 2-8 所示。

图 2-8　循环渲染效果图

更多时候，我们需要渲染的数据都是对象数据，使用对象来对列表元素进行填充，例如定义联系人对象列表如下：

【源码见附件代码 / 第 2 章 /4.for.html】

```js
list:[ // 列表中的每一项为一个对象，对象中有两个属性：name 存储名称，num 存储号码
    {
        name: " 珲少 ",
        num: "151xxxxxxxx"
    },
    {
        name: "Jaki",
        num: "151xxxxxxxx"
    },
```

```
    {
        name: "Lucy",
        num: "151xxxxxxxx"
    },
    {
        name: "Monki",
        num: "151xxxxxxxx"
    },
    {
        name: "Bei",
        num: "151xxxxxxxx"
    }
]
```

修改要渲染的 HTML 标签结构如下：

```
<div id="Application">
    <ul>
        <li v-for="item in list">
            <div>{{item.name}}</div>
            <div>{{item.num}}</div>
        </li>
    </ul>
</div>
```

运行代码，效果如图 2-9 所示。

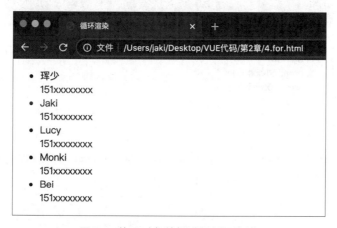

图 2-9 使用对象数据进行循环渲染

使用 v-for 指令，也可以获取当前遍历项的索引，示例如下：

【源码见附件代码 / 第 2 章 /4.for.html】

```
<ul>
    <li v-for="(item,index) in list">
        <div>{{index + "." + item.name}}</div>
        <div>{{item.num}}</div>
    </li>
</ul>
```

需要注意，index 索引的取值是从 0 开始的。

在前面的示例代码中，v-for 指令遍历的是列表，实际上我们也可以对一个 JavaScript 对象进行 v-for 遍历。在 JavaScript 中，列表本身也是一种特殊的对象，我们使用 v-for 对对象进行遍历时，指令中的第 1 个参数为遍历的对象中的属性的值，第 2 个参数为遍历的对象中的属性的名字，第 3 个参数为遍历的索引。首先，定义对象如下：

```
person: {
    name: "珲少",
    age: "00",
    num: "151xxxxxxxx",
    email: "xxxx@xx.com"
}
```

我们使用有序列表来承载 person 对象的数据，代码如下：

```
<ol>
    <li v-for="(value,key,index) in person">
        {{key}}:{{value}}
    </li>
</ol>
```

运行代码，效果如图 2-10 所示。

图 2-10　将对象数据渲染到页面

需要注意，在使用 v-for 指令进行循环渲染时，为了更好地对列表项进行重用，我们可以将其 key 属性绑定为一个唯一值，代码如下：

```
<ol>
    <li v-for="(value,key,index) in person" :key="index">
        {{key}}:{{value}}
    </li>
</ol>
```

2.3.2　v-for 指令的高级用法

当使用 v-for 指令对列表进行循环渲染后，实际上就实现了对这个数据对象的绑定，调用下面这些函数对列表数据对象进行更新，视图也会对应地更新：

```
push()          // 向列表尾部追加一个元素
pop()           // 删除列表尾部的一个元素
```

```
shift()          // 删除列表头部的一个元素
unshift()        // 向列表头部插入一个元素
splice()         // 对列表进行分割操作
sort()           // 对列表进行排序操作
reverse()        // 对列表进行逆序操作
```

首先在页面上添加一个按钮来演示列表逆序操作。

【源码见附件代码 / 第 2 章 /4.for.html】

```html
<button @click="click">
    逆序
</button>
```

定义 Vue 函数如下：

```js
methods: {
    click() {
        this.list.reverse()
    }
}
```

运行代码，可以看到当单击页面上的按钮时，列表元素的渲染顺序会进行正逆切换。当我们需要对整个列表进行替换时，直接对列表变量重新赋值即可。

在实际开发中，原始的列表数据往往并不适合直接渲染到页面中，v-for 指令支持在渲染前对数据进行额外的处理，修改标签如下：

【源码见附件代码 / 第 2 章 /4.for.html】

```html
<ul>
    <li v-for="(item,index) in handle(list)">
        <div>{{index + "." + item.name}}</div>
        <div>{{item.num}}</div>
    </li>
</ul>
```

在上面的代码中，handle 为定义的处理函数，在进行渲染前，可以通过这个函数对列表数据进行处理，例如我们可以使用过滤器对列表数据进行过滤渲染，实现 handle 函数如下：

```js
handle(l) {
    // 筛选 name 属性不等于"珲少"的对象组成新的列表
    return l.filter(obj => obj.name != "珲少")
}
```

当需要同时循环渲染多个元素时，与 v-if 指令类似，最常用的方式是使用 template 标签进行包装，例如：

```html
<template v-for="(item,index) in handle(list)">
    <div>{{index + "." + item.name}}</div>
    <div>{{item.num}}</div>
</template>
```

2.4 范例演练：实现待办任务列表应用

本节尝试实现一个简单的待办任务列表应用，该应用可以展示当前未完成的任务项，也支持添加新的任务以及删除已经完成的任务。

2.4.1 步骤一：使用 HTML 搭建应用框架结构

使用 VSCode 开发工具新建一个名为 todoList.html 的文件，在其中编写如下 HTML 代码：

【源码见附件代码 / 第 2 章 /5.todoList.html】

```html
<!DOCTYPE html>
<html lang="en">
<head>
    <meta charset="UTF-8">
    <meta http-equiv="X-UA-Compatible" content="IE=edge">
    <meta name="viewport" content="width=device-width, initial-scale=1.0">
    <title> 待办任务列表 </title>
    <script src="https://unpkg.com/vue@3/dist/vue.global.js"></script>
</head>
<body>
    <div id="Application">
        <!-- 输入框元素，用来新建待办任务 -->
        <form @submit.prevent="addTask">
            <span> 新建任务 </span>
            <input
            v-model="taskText"
            placeholder=" 请输入任务 ..."
            />
            <button> 添加 </button>
        </form>
        <!-- 有序列表，使用 v-for 来构建 -->
        <ol>
            <li v-for="(item, index) in todos">
                {{item}}
                <button @click="remove(index)">
                    删除任务
                </button>
                <hr/>
            </li>
        </ol>
    </div>
</body>
</html>
```

上面的 HTML 代码主要在页面上定义了两块内容，表单输入框用来新建任务，有序列表用来显示当前待办的任务。运行代码，浏览器中展示的页面效果如图 2-11 所示。

图 2-11　待办任务应用页面布局

目前页面中只展示了一个表单输入框，要将待办的任务添加进去，还需要实现 JavaScript 代码逻辑。

2.4.2　步骤二：实现待办任务列表的逻辑开发

在 2.4.1 节编写的代码的基础上实现 JavaScript 的相关逻辑。示例代码如下：

【源码见附件代码 / 第 2 章 /5.todoList.html】

```
<script>
    const App = {
        data() {
            return {
                // 待办任务列表数据
                todos:[],
                // 当前输入的待办任务
                taskText: ""
            }
        },
        methods: {
            // 添加一条待办任务
            addTask() {
                // 判断输入框是否为空
                if (this.taskText.length == 0) {
                    alert("请输入任务")
                    return
                }
                this.todos.push(this.taskText)
                this.taskText = ""
            },
            // 删除一条待办任务
            remove(index) {
                this.todos.splice(index, 1)
            }
        }
    }
    Vue.createApp(App).mount("#Application")
</script>
```

再次运行代码，尝试在输入框中输入一些待办任务，单击"添加"按钮，之后可以看到，列表中已经能够将添加的任务按照添加顺序展示出来。当我们单击每一条待办任务旁边的"删除任务"按钮时，可以将当前栏目删除，如图 2-12 所示。

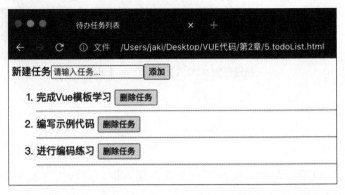

图 2-12 待办任务应用效果

可以看到，通过 Vue 只使用了不到 30 行的核心代码就完成了待办任务列表的逻辑开发。Vue 在实际开发中带来的效率提升可见一斑。目前，我们的应用页面还非常简陋，并且每次刷新页面后，已经添加的待办任务也会消失。如果读者有兴趣，可以尝试添加一些 CSS 样式表来使应用的页面更加漂亮一些，通过使用前端的一些持久化功能，也可以对待办任务数据进行持久化的本地存储，这些技术后面会逐步向读者介绍。

2.5 小结与练习

本章我们基于 Vue 的模板语法介绍了 Vue 框架中非常重要的模板插值、模板指令等相关技术，详细介绍了如何使用 Vue 进行组件的条件渲染和循环渲染。本章的内容是 Vue 框架中最核心的内容之一，仅使用这些技术，已经可以让前端网页开发效率得到很大的提升。下面这些知识点，你是否已经掌握了呢？挑战一下吧！

练习 1：Vue 是如何实现组件与数据间的绑定的？

温馨提示：从模板语法来分析，简述v-bind、v-model的用法与异同。v-bind可以将data中定义的某个数据单向绑定到HTML元素上，当数据发生变化时，页面上对应的标签也会自动更新。v-model则进行双向绑定，当数据变化时会更新HTML标签的值，同样，当HTML标签的值由于用户的输入发生变化时，也会同步更新数据。

练习 2：在 Vue 中有 v-if 与 v-show 两种条件渲染指令，它们分别怎么使用？有何异同？

温馨提示：v-if与v-show在渲染方式上有着本质的差别，从此处分析它们分别适合的应用场景。v-if能够真正控制组件是否渲染，v-show则只是控制组件的显示或隐藏状态。

练习 3：Vue 中的模板插值应该如何使用，是否可以直接插入 HTML 文本？

温馨提示：需要熟练掌握v-html指令的应用。

Vue 组件的属性和方法

在定义 Vue 组件时，属性和方法是最重要的两个部分。创建组件时，实现了其内部的 data 方法，这个方法会返回一个对象，此对象中定义的数据会存储在组件实例中，并通过响应式的更新原理来影响页面渲染。

方法定义在 Vue 组件的 methods 选项中，它与属性一样，可以在组件中访问。本章将介绍 Vue 组件中属性与方法相关的基础知识，以及计算属性和侦听器的应用。

本 章 学 习 内 容

- 属性的基础知识。
- 方法的基础知识。
- 计算属性的应用。
- 侦听器的应用。
- 如何进行函数的限流。
- 表单的数据绑定技术。
- 使用 Vue 进行样式绑定。

3.1 属性与方法基础

在前面章节编写 Vue 组件时，组件的数据都放在了 data 选项中，Vue 组件的 data 选项是一个函数，组件在被创建时会调用此函数来构建响应性的数据系统。首先创建一个名为 dataMethod.html 的文件来编写本节的示例代码。

3.1.1 属性基础

在 Vue 组件中定义的属性数据，我们可以直接使用组件进行调用，这是因为 Vue 在组织数据时，定义的所有属性都会暴露在组件中。实际上，这些属性数据是存储在组件的 $data 对象中的，示例如下：

【源码见附件代码 / 第 3 章 /1.dataMethod.html】

```
// 定义组件
const App = {
    data() {
        return {
            count:0,
        }
    }
}
// 创建组件，绑定到 HTML 元素上，并获取组件实例
let instance = Vue.createApp(App).mount("#Application")
// 可以获取到组件中的 data 数据中的属性
console.log(instance.count)
// 可以获取到组件中的 data 数据中的属性
console.log(instance.$data.count)
```

运行上面的代码，通过控制台的打印可以看出，使用组件实例直接获取属性与使用 $data 的方式获取属性的结果是一样的，本质上它们访问的数据是同一块数据，无论使用哪种方式对数据进行修改，两种方式获取到的值都会改变，示例如下：

```
// 修改属性
instance.count = 5
// 下面获取到的 count 的值为 5
console.log(instance.count)
console.log(instance.$data.count)
```

需要注意，在实际开发中，我们也可以动态地向组件实例中添加属性，但是这种方式添加的属性不能被响应式系统跟踪，其变化无法同步到页面元素。

3.1.2 方法基础

组件的方法被定义在 methods 选项中，我们在实现组件的方法时，可以放心地在其中使用 this 关键字，Vue 自动将其绑定到当前组件实例本身。例如，添加一个 add 方法如下：

【源码见附件代码 / 第 3 章 /1.dataMethod.html】

```
methods: {
    add() {                          // 定义一个 add 方法
        this.count ++                // 将组件的 count 值进行自增
    }
}
```

我们可以将其绑定到 HTML 元素上，也可以直接使用组件实例来调用此方法，实例如下：

```
// 0
console.log(instance.count)
// 调用组件中定义的 add 方法
instance.add()
// 1
console.log(instance.count)
```

3.2 计算属性和侦听器

大多数情况下，我们都可以将 Vue 组件中定义的属性数据直接渲染到 HTML 元素上，但是有些场景下，属性中的数据并不适合直接渲染，需要处理后再进行渲染，在 Vue 中，我们通常使用计算属性或侦听器来实现这种逻辑。

3.2.1 计算属性

在前面章节的示例代码中，我们定义的属性都是存储属性，顾名思义，存储属性的值是直接定义好的，当前属性只是起到存储这些值的作用，在 Vue 中，与之相对的还有计算属性，计算属性并不是用来存储数据的，而是通过一些计算逻辑来实时地维护当前属性的值。以 3.1 节的代码为基础，假设需要在组件中定义一个 type 属性，若组件的 count 属性不大于 10，则 type 属性的值为 "小"，否则 type 属性的值为 "大"。示例代码如下：

【源码见附件代码 / 第 3 章 /1.dataMethod.html】

```
// 定义组件
const App = {
    data() {
        return {
            count:0,
        }
    },
    // computed 选项定义计算属性
    computed: {
        type() { // type 是计算属性，本质上的作用与函数一样，但调用时的语法同存储属性
            return this.count > 10 ? "大" : "小"
        }
    },
    methods: {
```

```
    add() {
        this.count ++
    }
  }
}
// 创建组件
let instance = Vue.createApp(App).mount("#Application")
// 像访问普通属性一样访问计算属性
console.log(instance.type)
```

如以上代码所示，计算属性定义在 Vue 组件的 computed 选项中，在使用时，我们可以像访问普通属性那样访问它，通常计算属性最终的值都是由存储属性通过逻辑运算计算得来的，计算属性强大的地方在于，当会影响其值的存储属性发生变化时，计算属性也会同步进行更新，如果有元素绑定了计算属性，那么也会同步进行更新。例如，编写 HTML 代码如下：

【源码见附件代码 / 第 3 章 /1.dataMethod.html】

```
<div id="Application">
    <div>{{type}}</div>
    <button @click="add">Add</button>
</div>
```

运行代码，单击页面上的按钮，当组件的 count 值超过 10 时，页面上对应的文案会更新成"大"。

3.2.2 使用计算属性还是函数

对于 3.2.1 节示例的场景，也可以使用函数来实现，示例代码如下：

【源码见附件代码 / 第 3 章 /1.dataMethod.html】

HTML 元素：

```
<div id="Application">
    <div>{{typeFunc()}}</div>
    <button @click="add">Add</button>
</div>
```

Vue 组件定义：

```
const App = {
    data() {
        return {
            count:0,
        }
    },
    computed: {
        type() {
            return this.count > 10 ? "大" : "小"
        }
    },
```

```
methods: {
    add() {
        this.count ++
    },
    typeFunc() { // 定义一个函数来根据 count 的值判断大小
        return this.count > 10 ? "大" : "小"
    }
}
}
```

从代码的运行行为来看，使用函数与使用计算属性的结果完全一致。然而事实上，计算属性是基于其所依赖的存储属性的值的变化而重新计算的，计算完成后，其结果会被缓存，下次访问计算属性时，只要所依赖的属性没有变化，其内的逻辑代码就不会重复执行。而函数不同，每次访问都会重新执行函数内的逻辑代码得到的结果。因此，在实际应用中，我们可以根据是否需要缓存这一标准来选择使用计算属性或函数。

3.2.3 计算属性的赋值

存储属性的主要作用是进行数据的存取，我们可以使用赋值运算来进行属性值的修改。通常，计算属性只用来取值，不会用来存值，因此计算属性默认提供的是取值的方法，我们称之为 get 方法，但是这并不代表计算属性不支持赋值，计算属性也可以通过赋值进行存数据操作，存数据的方法需要手动实现，我们通常称之为 set 方法。

例如，修改 3.2.2 节编写的代码中的 type 计算属性如下：

【源码见附件代码 / 第 3 章 /1.dataMethod.html】

```
computed: {
    type: {
        // 实现计算属性的 get 方法，用来取值
        get() {
            return this.count > 10 ? "大" : "小"
        },
        // 实现计算属性的 set 方法，用来设置值
        set(newValue) {
            // 本质依然是修改了影响计算属性的存储属性的值
if (newValue == "大") {
                this.count = 11
            } else {
                this.count = 0
            }
        }
    }
}
```

可以直接使用组件实例进行计算属性 type 的赋值，赋值时会调用我们定义的 set 方法，从而实现对存储属性 count 的修改，示例如下：

【源码见附件代码 / 第 3 章 /1.dataMethod.html】

```
let instance = Vue.createApp(App).mount("#Application")
// 初始值为 0
console.log(instance.count)
// 初始状态为 "小"
console.log(instance.type)
// 对计算属性进行修改
instance.type = "大"
// 打印结果为 11
console.log(instance.count)
```

如以上代码所示，在实际使用中，计算属性对使用方是透明的，我们无须关心某个属性是不是计算属性，按照普通属性的方式使用即可，但是要额外注意，如果一个计算属性只实现了 get 方法而没有实现 set 方法，则在使用时只能进行取值操作，而不能进行赋值操作。在 Vue 中，这类只实现了 get 方法的计算属性也被称为只读属性，如果我们对一个只读属性进行了赋值操作，就会产生异常，相应的控制台会输出如下异常信息：

```
[Vue warn]: Write operation failed: computed property "type" is readonly.
```

3.2.4　属性侦听器

属性侦听是 Vue 非常强大的功能之一。使用属性侦听器可以方便地监听某个属性的变化以完成复杂的业务逻辑。相信大部分使用互联网的人都使用过搜索引擎，以百度搜索引擎为例，当我们向搜索框中写入关键字后，网页上会自动关联出一些推荐词供用户选择，如图 3-1 所示，这种场景就非常适合使用监听器来实现。

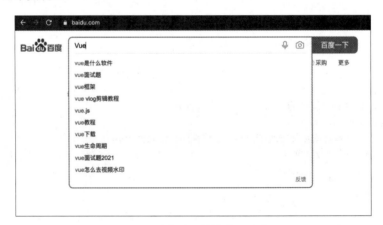

图 3-1　搜索引擎的推荐词功能

在定义 Vue 组件时，可以通过 watch 选项来定义属性侦听器，首先创建一个名为 watch.html 的文件，在其中编写如下测试代码：

【源码见附件代码 / 第 3 章 /2.watch.html】

```
<!DOCTYPE html>
<html lang="en">
```

```
<head>
    <meta charset="UTF-8">
    <meta http-equiv="X-UA-Compatible" content="IE=edge">
    <meta name="viewport" content="width=device-width, initial-scale=1.0">
    <title>Document</title>
    <script src="https://unpkg.com/vue@3/dist/vue.global.js"></script>
</head>
<body>
    <div id="Application">
<!-- 定义一个输入框，监听用户输入的内容 -->
        <input v-model="searchText"/>
    </div>
    <script>
        const App = {
            data() {
                return {
                    searchText:"" // 绑定到输入框的属性                    }
            },
            watch: { // 定义属性监听器，监听 searchText 的变化
                searchText(newValue, oldValue) {
                    if (newValue.length > 10) {
// 当监听到输入框中的文本长度超过 10 个字符时，弹出提示框
                        alert(" 文本太长了 ")
                    }
                }
            }
        }
        Vue.createApp(App).mount("#Application")
    </script>
</body>
</html>
```

在定义属性监听器时，对应的监听方法中会被传入两个参数，其中第 1 个参数为属性变化后的值，第 2 个参数为属性变化前的值。运行上面的代码，尝试在页面的输入框中输入一些字符，可以看到当输入框中的字符串超过 10 个时，就会弹出警告框提示输入文本过长，如图 3-2 所示。

图 3-2　属性侦听器应用示例

从一些特性来看，属性侦听器和计算属性有类似的应用场景，使用计算属性的 set 方法也可以实现与上面示例代码类似的功能。

3.3 进行函数限流

在工程开发中，限流是一个非常重要的概念。在实际开发中经常会遇到需要进行限流的场景，例如当用户单击网页上的某个按钮后，会从后端服务器进行数据的请求，在数据请求回来之前，用户额外地单击是无效且消耗性能的。或者，网页中某个按钮会导致页面的更新，我们需要限制用户对其频繁进行操作。这时就可以使用限流函数，常见的限流方案是根据时间间隔进行限流，即在指定的时间间隔内不允许重复执行同一函数。

本节将讨论如何在前端开发中使用限流函数。

3.3.1 手动实现一个简易的限流函数

我们先来尝试手动实现一个基于时间间隔的限流函数，要实现这样一个功能：页面中有一个按钮，单击按钮后通过打印方法在控制台输出当前的时间，要求这个按钮的两次事件的触发间隔不能小于 2 秒。

新建一个名为 throttle.html 的测试文件，分析需要实现的功能，很直接的思路是使用一个变量来控制按钮事件是否可以触发，在触发按钮事件时对此变量进行修改，并使用 setTimeout 函数控制 2 秒后还原变量的值。使用这个思路实现限流函数非常简单，示例代码如下：

【源码见附件代码 / 第 3 章 /3.throttle.html】

```
<!DOCTYPE html>
<html lang="en">
<head>
    <meta charset="UTF-8">
    <meta http-equiv="X-UA-Compatible" content="IE=edge">
    <meta name="viewport" content="width=device-width, initial-scale=1.0">
    <title> 限流函数 </title>
    <script src="https://unpkg.com/vue@3/dist/vue.global.js"></script>
</head>
<body>
    <div id="Application">
        <button @click="click"> 按钮 </button>
    </div>
    <script>
        const App = {
            data() {
                return {
                    throttle:false            // 控制按钮是否被限制触发
                }
            },
            methods: {
                click() {
                    if (!this.throttle) {     // 判断按钮是否被限制触发
                        console.log(Date())
```

```
                    } else {
                        return
                    }
                    this.throttle = true      // 触发后，修改控制变量的值
                    setTimeout(() => {        // 设置延时两秒后恢复控制变量的值
                        this.throttle = false
                    }, 2000);
                }
            }
        }
        Vue.createApp(App).mount("#Application")
    </script>
</body>
</html>
```

运行上面的代码，快速单击页面上的按钮，从 VSCode 的控制台可以看到，无论按钮被单击了多少次，打印方法都按照每 2 秒最多执行 1 次的频率进行限流。其实，在上述示例代码中，限流本身是一种通用的逻辑，打印时间才是业务逻辑，因此我们可以将限流的逻辑封装成单独的工具方法，修改核心 JavaScript 代码如下：

【源码见附件代码 / 第 3 章 /3.throttle.html】

```
var throttle = false // 限流控制变量
// 限流函数的实现
function throttleTool(callback, timeout) {
// 根据控制变量判断是否可执行业务逻辑
    if (!throttle) {
        callback()
    } else {
        return
    }
// 修改控制变量
    throttle = true
// 延时恢复控制变量，实际上是从时间间隔上控制限流的程度
    setTimeout(() => {
        throttle = false
    }, timeout)
}
const App = {
    methods: {
        click() {
// 在业务上对限流函数的调用
            throttleTool(()=>{
                console.log(Date())
            }, 2000)
        }
    }
}
Vue.createApp(App).mount("#Application")
```

再次运行代码，程序依然可以正确运行。现在已经有了一个限流工具，我们可以为任意函数增加限流功能，并且可以任意设置限流的时间间隔。

3.3.2　使用 Lodash 库进行函数限流

目前我们已经了解了限流函数的实现逻辑，在 3.3.1 节中，也手动实现了一个简单的限流工具，尽管能够满足当前的需求，仔细分析，还有许多需要优化的地方。在实际开发中，每个业务函数所需要的限流间隔都不同，而且需要各自独立地进行限流，这样我们自己编写的限流工具就无法满足了，得益于 JavaScript 生态的繁荣，有许多第三方工具库都提供了函数限流功能，它们强大且易用，Lodash 库就是其中之一。

Lodash 是一款高性能的 JavaScript 实用工具库，它提供了大量的数组、对象、字符串等操作方法，使开发者可以更加简单地使用 JavaScript 来编程。

Lodash 库中提供了 debounce 函数来进行方法的调用限流，要使用它，首先需要引入 Lodash 库，代码如下：

```
<script src="https://unpkg.com/lodash@4.17.20/lodash.min.js"></script>
```

以 3.3.1 节编写的代码为例，修改代码如下：

【源码见附件代码 / 第 3 章 /3.throttle.html】

```
const App = {
    methods: {
        click: _.debounce(function(){
            console.log(Date())
        }, 2000)
    }
}
```

运行代码，体验一下 Lodash 限流函数的功能吧。

3.4　表单数据的双向绑定

双向绑定是 Vue 中处理用户交互的一种方式，文本输入框、多行文本输入区域、单选框与多选框等都可以进行数据的双向绑定。新建一个名为 input.html 的文件，用来编写本节的测试代码。

3.4.1　文本输入框

文本输入框的数据绑定之前也使用过，使用 Vue 的 v-model 指令直接设置即可，非常简单，示例如下：

【源码见附件代码 / 第 3 章 /4.input.html】

```
<!DOCTYPE html>
<html lang="en">
<head>
    <meta charset="UTF-8">
    <meta http-equiv="X-UA-Compatible" content="IE=edge">
    <meta name="viewport" content="width=device-width, initial-scale=1.0">
    <title> 表单输入 </title>
    <script src="https://unpkg.com/vue@3/dist/vue.global.js"></script>
</head>
<body>
    <div id="Application">
        <input v-model="textField"/>
        <p> 文本输入框内容 :{{textField}}</p>
    </div>
    <script>
        const App = {
            data() {
                return {
                    textField:"" // 双向绑定到 input 组件
                }
            }
        }
        Vue.createApp(App).mount("#Application")
    </script>
</body>
</html>
```

运行代码，当输入框中输入的文本发生变化的时候，我们可以看到段落中的文本也会同步发生变化。

3.4.2　多行文本输入区域

多行文本可以使用 textarea 标签来实现，textarea 可以方便地定义一块区域用来显示和输入多行文本，文本支持换行，并且可以设置最多可以输入多少文本。textarea 的数据绑定方式与 input 一样，示例代码如下：

【源码见附件代码 / 第 3 章 /4.input.html】

```
<textarea v-model="textarea"></textarea>
<p style="white-space: pre-line;">多行文本内容 :{{textarea}}</p>
```

上面的代码中，为 p 标签设置 white-space 样式是为了使它可以正常展示多行文本中的换行，运行效果如图 3-3 所示。

需要注意，textarea 元素只能通过 v-model 指令的方式来进行内容设置，不能直接在标签内插入文本，例如下面的代码，text 变量的值将不会显示在 textarea 中，因为它会被绑定的 textarea 变量所覆盖。

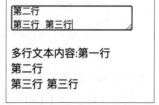

图 3-3　输入多行文本

```
<textarea v-model="textarea">{{text}}</textarea>
```

需要注意，如果不对 textarea 使用 v-model 进行数据绑定，则标签内的文本可以正常显示在输入区域中，但是当用户修改了 textarea 中的输入文本后，更新后的文本无法同步更新到对应变量中。

3.4.3 复选框与单选框

复选框为网页提供多项选择的功能，当将 HTML 中的 input 标签的类型设置为 checkbox 时，就会以复选框的样式进行渲染。复选框通常成组出现，每个选项的状态只有两种：选中或未选中，如果只有一个复选框，在使用 v-model 指令进行数据绑定时，可以直接将其绑定为布尔值，示例如下：

【源码见附件代码 / 第 3 章 /4.input.html】

```
<input type="checkbox" v-model="checkbox"/>
<p>{{checkbox}}</p>
```

上面的代码中，checkbox 是定义为布尔类型的属性。

运行上面的代码，当复选框的选中状态发生变化时，对应的属性 checkbox 的值也会切换。更多时候复选框是成组出现的，这时我们可以为每一个复选框元素设置一个特殊的值，通过数组属性的绑定来获取每个复选框是否被选中，如果被选中，则数组中会存在所关联的值，如果没有选中，则数组中所关联的值会被删除掉，示例如下：

【源码见附件代码 / 第 3 章 /4.input.html】

```
<input type="checkbox" value=" 足球 " v-model="checkList"/> 足球
<input type="checkbox" value=" 篮球 " v-model="checkList"/> 篮球
<input type="checkbox" value=" 排球 " v-model="checkList"/> 排球
<p>{{checkList}}</p>
```

其中，checkList 是定义为数组类型的属性。

运行代码，效果如图 3-4 所示。

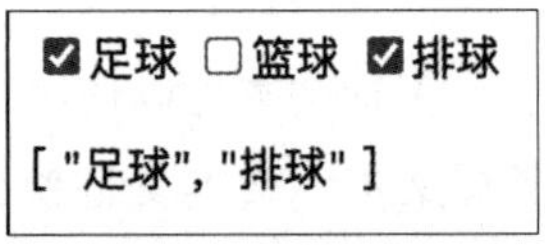

单选框的数据绑定逻辑与复选框类似，对每一个单选框元素都可以设置一个特殊的值，并将同为一组的单选框绑定到同一个属性中即可，同一组中的某个单选框被选中时，对应的绑定的变量的值也会替换为当前选中的单选框的值，示例如下：

图 3-4 进行复选框数据绑定

【源码见附件代码 / 第 3 章 /4.input.html】

```
<input type="radio" value=" 男 " v-model="sex"/> 男
<input type="radio" value=" 女 " v-model="sex"/> 女
<p>{{sex}}</p>
```

其中 sex 是定义为字符串类型的属性。

运行代码，效果如图 3-5 所示。

图 3-5 进行单选框数据绑定

3.4.4 选择列表

选择列表能够给用户提供一组选项进行选择，可以支持单选，也可以支持多选。HTML 中使用 select 标签来定义选择列表。如果是单选的选择列表，则可以将其直接绑定到 Vue 组件的一个属性上，如果是支持多选的选择列表，则可以将其绑定到数组属性上。单选的选择列表示例代码如下：

【源码见附件代码 / 第 3 章 /4.input.html】

```
<select v-model="select">
    <option> 男 </option>
    <option> 女 </option>
</select>
<p>{{select}}</p>
```

其中，select 是定义为字符串类型的属性。

在 select 标签内部，option 标签用来定义一个选项，若要使选择列表支持多选操作，则只需为其添加 multiple 属性即可，示例如下：

【源码见附件代码 / 第 3 章 /4.input.html】

```
<select v-model="selectList" multiple>
    <option> 足球 </option>
    <option> 篮球 </option>
    <option> 排球 </option>
</select>
<p>{{selectList}}</p>
```

图 3-6 进行选择列表数据绑定

其中，selectList 是定义为数组类型的属性。

之后，在页面中进行选择时，按住 Command（Control）键即可进行多选，效果如图 3-6 所示。

温馨提示：在浏览器中要对列表项进行多选，可以选中一个选项后，按住鼠标左键拖曳即可。

3.4.5 两个常用的修饰符

在对表单进行数据绑定时，我们可以使用修饰符来控制绑定指令的一些行为。比较常用的修饰符有 lazy 和 trim。

lazy 修饰符的作用有些类似于属性的懒加载。当我们使用 v-model 指令对文本输入框进行绑定时，每当输入框中的文本发生变化时，都会同步修改对应的属性的值。在某些业务场景下，我们并不需要实时关注输入框中文案的变化，只需要当用户输入完成后再进行数据逻辑的处理，就可以使用 lazy 修饰符，示例如下：

【源码见附件代码 / 第 3 章 /4.input.html】

```
<input v-model.lazy="textField"/>
<p> 文本输入框内容 :{{textField}}</p>
```

运行上面的代码，只有当用户完成输入（输入框失去焦点）后，段落中才会同步输入框中最终的文本数据。

另一个非常强大的修饰符是 trim 修饰符，其作用是将绑定的文本数据的首尾空格去掉，在很多应用场景中，用户输入的文案都要提交到服务端进行处理，trim 修饰符处理首尾空格的特性可以为开发者提供很大的方便，示例代码如下：

```
<input v-model.trim="textField"/>
<p> 文本输入框内容 :{{textField}}</p>
```

3.5 样式绑定

我们可以通过 HTML 元素的 class 属性、id 属性或直接使用标签名来进行 CSS 样式的绑定，其中，最为常用的是使用 class 方式进行样式绑定。在 Vue 中，对 class 属性的数据绑定做了特殊的增强，我们可以方便地通过布尔变量控制其设置的样式是否被选用。

3.5.1 为 HTML 标签绑定 class 属性

v-bind 指令虽然可以直接对 class 属性进行数据绑定，但如果将绑定的值设置为一个对象，就会产生一种新的语法规则，设置的对象中可以指定对应的 class 样式是否被选用。首先创建一个名为 class.html 的测试文件，在其中编写如下示例代码：

【源码见附件代码 / 第 3 章 /5.class.html】

```
<!DOCTYPE html>
<html lang="en">
<head>
    <meta charset="UTF-8">
    <meta http-equiv="X-UA-Compatible" content="IE=edge">
    <meta name="viewport" content="width=device-width, initial-scale=1.0">
    <title>Class 绑定 </title>
    <script src="https://unpkg.com/vue@next"></script>
<!-- 定义测试使用的样式表 -->
    <style>
        .red {
            color:red
        }
        .blue {
            color:blue
        }
    </style>
</head>
```

```
<body>
    <div id="Application">
        <div :class="{blue:isBlue,red:isRed}">
            示例文案
        </div>
    </div>
    <script>
        const App = {
            data() {
                return {
                    isBlue:true, // 控制是否启用 blue 类的样式表
                    isRed:false, // 控制是否启用 red 类的样式表
                }
            }
        }
        Vue.createApp(App).mount("#Application")
    </script>
</body>
</html>
```

如以上代码所示，其中 div 元素的 class 属性的值会根据 isBlue 和 isRed 属性的值而改变，当只有 isBlue 属性的值为 true 时，div 元素的 class 属性为 blue，同理，当只有 isRed 属性的值为 true 时，div 元素的 class 属性为 red。需要注意，class 属性可绑定的值并不会冲突，如果设置的对象中有多个属性的值都是 true，则都会被添加到 class 属性中。

在实际开发中，并不一定要用内联的方式为 class 绑定控制对象，我们也可以直接将其设置为一个 Vue 组件中的数据对象，修改代码如下：

【源码见附件代码 / 第 3 章 /5.class.html】

HTML 元素：

```
<div :class="style">
    示例文案
</div>
```

Vue 组件：

```
const App = {
    data() {
        return {
            style:{ // 此 style 属性定义要使用哪些样式表
                blue:true,
                red:false
            }
        }
    }
}
```

修改后代码的运行效果与之前完全一样，更多时候我们可以将样式对象作为计算属性进行返回，使用这种方式进行组件样式的控制非常高效。

Vue 还支持使用数组对象来控制 class 属性，示例如下：

【源码见附件代码 / 第 3 章 /5.class.html】

HTML 元素：

```
<!-- 数组中的样式表都会被添加 -->
<div :class="[redClass, fontClass]">
    示例文案
</div>
```

Vue 组件：

```
const App = {
    data() {
        return {
            redClass:"red",
            fontClass:"font"
        }
    }
}
```

3.5.2 绑定内联样式

内联样式是指直接通过 HTML 元素的 style 属性来设置样式，style 属性可以直接通过 JavaScript 对象来设置样式，我们可以直接在其内部使用 Vue 属性，示例代码如下：

【源码见附件代码 / 第 3 章 /5.class.html】

HTML 元素：

```
<div :style="{color:textColor,fontSize:textFont}">
    示例文案
</div>
```

Vue 组件：

```
const App = {
    data() {
        return { // 定义了 style 对应属性的值
            textColor:'green',
            textFont:'50px'
        }
    }
}
```

需要注意，内联设置的 CSS 与外部定义的 CSS 有一点区别，外部定义的 CSS 属性在命名时，多采用 "-" 符号进行连接（如 font-size），而内联的 CSS 中属性的命名采用的是驼峰命名法，如 fontSize。

内联 style 同样支持直接绑定对象属性，直接绑定对象在实际开发中更加常用，使用计算属性来承载样式对象可以十分方便地进行动态样式更新。

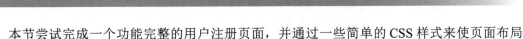

3.6　范例演练：实现一个功能完整的用户注册页面

本节尝试完成一个功能完整的用户注册页面，并通过一些简单的 CSS 样式来使页面布局得漂亮一些。

3.6.1　步骤一：搭建用户注册页面

我们计划搭建一个用户注册页面，页面由标题、一些信息输入框、偏好设置和确认按钮这几个部分组成。首先，创建一个名为 register.html 的测试文件，按照常规的开发习惯，先来搭建 HTML 框架结构，编写代码如下：

【源码见附件代码 / 第 3 章 /6.register.html】

```
<div class="container" id="Application">
    <div class="container">
        <div class="subTitle"> 加入我们，一起创造美好世界 </div>
        <h1 class="title"> 创建你的账号 </h1>
        <div v-for="(item, index) in fields" class="inputContainer">
            <div class="field">{{item.title}} <span v-if="item.required"
style="color: red;">*</span></div>
            <input class="input" :type="item.type" />
            <div class="tip" v-if="index == 2"> 请确认密码长度需要大于 6 位 </div>
        </div>
        <div class="subContainer">
            <div class="setting"> 偏好设置 </div>
            <input class="checkbox" type="checkbox" /><label class="label"> 接
收更新邮件 </label>
        </div>
        <button class="btn"> 创建账号 </button>
    </div>
</div>
```

上面的代码提供了主页需要的所有元素，并且为元素指定了 class 属性，同时也集成了一些 Vue 的逻辑，例如循环渲染和条件渲染。下面定义 Vue 组件，示例代码如下：

【源码见附件代码 / 第 3 章 /6.register.html】

```
const App = {
    data() {
        return {
            fields:[ // 此属性为输入框提供渲染所需要的数据
                {
                    title:" 用户名 ",
                    required:true,
                    type:"text"
```

```
        },{
            title:" 邮箱地址 ",
            required:false,
            type:"text"
        },{
            title:" 密码 ",
            required:true,
            type:"password"
        }
    ],
}
}
}
Vue.createApp(App).mount("#Application")
```

上面的代码定义了 Vue 组件中与页面布局相关的一些属性，到目前为止，我们还没有处理与用户交互相关的逻辑，先将页面元素的 CSS 样式补齐，示例代码如下：

【源码见附件代码 / 第 3 章 /6.register.html】

```
<style>
    .container {
        margin:0 auto;
        margin-top: 70px;
        text-align: center;
        width: 300px;
    }
    .subTitle {
        color:gray;
        font-size: 14px;
    }
    .title {
        font-size: 45px;
    }
    .input {
        width: 90%;
    }
    .inputContainer {
        text-align: left;
        margin-bottom: 20px;
    }
    .subContainer {
        text-align: left;
    }
    .field {
        font-size: 14px;
    }
    .input {
        border-radius: 6px;
        height: 25px;
        margin-top: 10px;
```

```
        border-color: silver;
        border-style: solid;
        background-color: cornsilk;
    }
    .tip {
        margin-top: 5px;
        font-size: 12px;
        color: gray;
    }
    .setting {
        font-size: 9px;
        color: black;
    }
    .label {
        font-size: 12px;
        margin-left: 5px;
        height: 20px;
        vertical-align:middle;
    }
    .checkbox {
        height: 20px;
        vertical-align:middle;
    }
    .btn {
        border-radius: 10px;
        height: 40px;
        width: 300px;
        margin-top: 30px;
        background-color: deepskyblue;
        border-color: blue;
        color: white;
    }
</style>
```

运行代码，页面效果如图 3-7 所示。

如图 3-7 所示，在注册页面中，元素的 UI 效果也预示了其部分功能，例如在输入框上方有些标了星号，表示此项是必填项，即如果用户不填写，将无法完成注册操作。对于密码输入框，将其类型设置为 password，当用户在输入文本时，此项会被自动加密。3.6.2 节将重点对页面的用户交互逻辑进行处理。

图 3-7　简洁的用户注册页面

3.6.2　步骤二：实现注册页面的用户交互

以编写好的注册页面为基础，本小节来为其添加用户交互逻辑。在用户单击注册按钮时，我们需要获取用户输入的用户名、密码、邮箱和偏好设置，其中的用户名和密码是必填项，并且密码的长度需要大于 6 位，对于用户输入的邮箱，可以使用正则表达式进行校验，只有格式正确的邮箱才允许被注册。

由于页面中的 3 个文本输入框是通过循环动态渲染的，因此在对其进行绑定时，也需要采用动态方式进行绑定。首先在 HTML 元素中设置需要绑定的变量，示例如下：

【源码见附件代码 / 第 3 章 /6.register.html】

```
<div class="container" id="Application">
    <div class="container">
        <div class="subTitle"> 加入我们，一起创造美好世界 </div>
        <h1 class="title"> 创建你的账号 </h1>
        <div v-for="(item, index) in fields" class="inputContainer">
            <div class="field">{{item.title}} <span v-if="item.required"
style="color: red;">*</span></div>
            <input v-model="item.model" class="input" :type="item.type" />
            <div class="tip" v-if="index == 2"> 请确认密码长度需要大于 6 位 </div>
        </div>
        <div class="subContainer">
            <div class="setting"> 偏好设置 </div>
            <input v-model="receiveMsg" class="checkbox" type="checkbox"
/><label class="label"> 接收更新邮件 </label>
        </div>
        <button @click="createAccount" class="btn"> 创建账号 </button>
    </div>
</div>
```

完善 Vue 组件如下：

【源码见附件代码 / 第 3 章 /6.register.html】

```
const App = {
    data() {
        return {
            fields:[
                {
                    title:" 用户名 ",required:true,type:"text",
                    model:"" // 与输入框双向绑定的数据
                },{
                    title:" 邮箱地址 ",required:false,type:"text",
                    model:"" // 与输入框双向绑定的数据
                },{
                    title:" 密码 ",required:true,type:"password",
                    model:"" // 与输入框双向绑定的数据
                }
            ],
```

```
            receiveMsg:false  //  与输入框双向绑定的数据——否接收更新邮件
        }
    },
    computed:{
// 定义"账号"计算属性，获取值与设置值时同步映射到 data 中具体的存储属性
        name: {
            get() {
                return this.fields[0].model
            },
            set(value){
                this.fields[0].model = value
            }
        },
// 定义"邮箱"计算属性，获取值与设置值时同步映射到 data 中具体的存储属性
        email: {
            get() {
                return this.fields[1].model
            },
            set(value){
                this.fields[1].model = value
            }
        },
// 定义"密码"计算属性，获取值与设置值时同步映射到 data 中具体的存储属性
     password: {
            get() {
                return this.fields[2].model
            },
            set(value){
                this.fields[2].model = value
            }
        }
    },
    methods:{
// 检查邮箱格式是否正确，若格式正确则返回 true，否则返回 false
        emailCheck() {
// 邮箱检查的正则表达式
            var verify = /^\w[-\w.+]*@([A-Za-z0-9][-A-Za-z0-9]+\.)+[A-Za-z]
{2,14}/;
// 是否使用正则表达式对邮箱数据进行验证
            if (!verify.test(this.email)) {
                return false
            } else {
                return true
            }
        },
// 模拟业务上的注册操作
        createAccount() {
// 检查必填项是否已经填写
            if (this.name.length == 0) {
                alert(" 请输入用户名 ")
                return
```

```
// 检查密码长度是否合法
        } else if (this.password.length <= 6) {
            alert("密码设置需要大于 6 位字符")
            return
// 检查邮箱格式是否正确
        } else if (this.email.length > 0 && !this.emailCheck(this.email)) {
            alert("请输入正确的邮箱")
            return
        }
        alert("注册成功")
        console.log('name:${this.name}\npassword:${this.password}\
nemail:${this.email}\nreceiveMsg:${this.receiveMsg}')
        }
    }
}
Vue.createApp(App).mount("#Application")
```

上面的代码通过配置输入框 field 对象来实现动态数据绑定，为了方便值的操作，我们使用计算属性对几个常用的输入框数据实现了便捷的存取方法，这些技巧是本章介绍的核心内容。当用户单击"创建账号"按钮时，createAccount 方法会进行一些有效性校验，我们对每个字段需要满足的条件依次进行校验即可，上面的示例代码使用正则表达式对邮箱地址的有效性进行了检查。关于正则表达式，读者在这里不必深究，只需要知道其通过一种特殊的语法规则来描述字符串的匹配规范，可以用来检查字符串是否符合预期的格式即可。

运行代码，在浏览器中尝试进行用户注册的操作。到目前为止，我们完成了一个较为完善的客户端的注册页面，在实际应用中，最终的注册操作还需要与后端进行交互。

3.7 小结与练习

本章介绍了 Vue 组件中有关属性和方法的基础应用，并且通过一个较为完整的范例讲解了数据绑定、循环与条件渲染以及计算属性相关的核心知识。相信通过本章的学习，读者对 Vue 的使用会有更深的理解。

练习 1：Vue 中的计算属性和普通的属性有什么区别？

温馨提示：普通属性的本质是存储属性，计算属性的本质是调用函数。从这方面思考其异同，并且思考它们各自适用的场景。

练习 2：属性侦听器的作用是什么？

温馨提示：当数据变化会触发其他相关的业务逻辑时，可以尝试使用属性监听器来实现。

练习 3：你能够手动实现一个限流函数吗？

温馨提示：结合本章中的示例思考实现限流函数的核心思路。理解在 JavaScript 中，如何限制函数的调用频率。

第 4 章 ← Chapter 4

处理用户交互

处理用户交互实际上就是对用户操作事件的监听和处理。在 Vue 中，使用 v-on 指令进行事件的监听和处理，更多时候会使用其缩写方式 @ 代替 v-on 指令。

对于网页应用来说，事件的监听主要分为两类：键盘按键事件和鼠标操作事件。本章将系统地介绍在 Vue 中监听和处理事件的方法。

本 章 学 习 内 容

- 事件监听和处理的方法。
- Vue 中多事件处理功能的使用。
- Vue 中事件修饰符的使用。
- 键盘事件与鼠标事件的处理。

4.1 事件的监听与处理 <<<<

v-on 指令（通常使用 @ 符号代替）用来为 DOM 事件绑定监听，其可以设置为一个简单的 JavaScript 语句，也可以设置为一个 JavaScript 函数。

4.1.1 事件监听示例

关于 DOM 事件的绑定，在前面章节中简单使用过了，首先创建一个名为 event.html 的示例文件，编写简单的测试代码如下：

【源码见附件代码 / 第 4 章 /1.Event.html】

```
<!DOCTYPE html>
<html lang="en">
<head>
    <meta charset="UTF-8">
```

```
            <meta http-equiv="X-UA-Compatible" content="IE=edge">
            <meta name="viewport" content="width=device-width, initial-scale=1.0">
            <title>事件绑定</title>
            <script src="https://unpkg.com/vue@3/dist/vue.global.js"></script>
    </head>
    <body>
        <div id="Application">
            <div>单击次数：{{count}}</div>
            <button @click="click">单击</button>
        </div>
        <script>
            const App = {
                data() {
                    return {
                        count:0        // 记录单击次数
                    }
                },
                methods: {
                    click() { // 此方法的作用是当用户单击了所绑定的元素后，将 count 自增
                        this.count += 1
                    }
                }
            }
            Vue.createApp(App).mount("#Application")
        </script>
    </body>
</html>
```

在浏览器中运行上面的代码，当单击页面中的按钮时，会执行 click 函数，从而改变 count
属性的值，并可以在页面上实时看到变化的效果。使用 @click 直接绑定单击事件方法是最基
础的一种用户交互处理方式。当然，我们也可以直接将要执行的逻辑代码放入 @click 赋值的
地方，代码如下：

```
<button @click="this.count += 1">点击</button>
```

修改后代码的运行效果和修改前没有任何差异，只是通常事件的处理方法都不是单行
JavaScript 代码可以搞定的，更多时候我们会采用绑定方法函数的方式来处理事件。在上面的
代码中，定义的 click 函数没有参数，实际上，当触发了我们绑定的事件函数时，系统会自动
将当前的 Event 对象传递到函数中，如果需要使用此 Event 对象，定义的处理函数往往是下面
这样的：

```
click(event) {
    console.log(event)
    this.count += 1
}
```

读者可以尝试一下，Event 对象中会存储当前事件的很多信息，例如事件类型、鼠标位置、
键盘按键情况等。

读者或许会问，如果 DOM 元素绑定执行事件的函数需要传自定义的参数怎么办？以上面的代码为例，如果这个计数器的步长是可设置的，例如通过函数的参数来进行控制，则修改 click 方法如下：

【源码见附件代码 / 第 4 章 /1.Event.html】

```
click(step) {
    this.count += step
}
```

在进行事件绑定时，可以采用内联处理的方式设置函数的参数，示例代码如下：

```
<button @click="click(2)"> 单击 </button>
```

再次运行代码，单击页面上的按钮，可以看到计数器将以 2 为步长进行增加。如果在自定义传参的基础上需要使用系统的 Event 对象参数，可以使用 $event 来传递此参数，例如修改 click 函数如下：

```
click(step, event) {
    console.log(event)
    this.count += step
}
```

使用如下方式绑定事件：

```
<button @click="click(2, $event)"> 单击 </button>
```

4.1.2　多事件处理

多事件处理是指对于同一个用户交互事件，需要调用多个方法进行处理。当然，一种比较简单的方式是编写一个聚合函数作为事件的处理函数，但是在 Vue 中，绑定事件时支持使用逗号对多个函数进行调用绑定，以 4.1.1 节的代码为例，click 函数实际上完成了两个功能点：计数和打印 Log。我们可以将这两个功能拆分开来，改写如下：

【源码见附件代码 / 第 4 章 /1.Event.html】

```
methods: {
    click(step) {   // 此函数的功能只对 count 的值进行修改
        this.count += step
    },
    log(event) {   // 此函数的功能只进行控制台的信息输出
        console.log(event)
    }
}
```

需要注意，如果要进行多事件处理，则在绑定事件时要采用内联调用的方式绑定，代码如下：

```
<button @click="click(2), log($event)"> 单击 </button>
```

4.1.3 事件修饰符

在学习事件修饰符前，先来回顾一下 DOM 事件的传递原理。当我们在页面上触发了一个单击事件时，事件首先会从父组件依次传递到子组件，这一过程通常被形象地称为事件捕获，当事件传递到最上层的子组件时，还会逆向再进行一轮传递，从子组件依次向下传递，这一过程被称为冒泡事件。我们在 Vue 中使用 @click 的方式绑定事件时，默认监听的是 DOM 事件的冒泡阶段，即从子组件传递到父组件的这一过程。

编写一个事件组件示例，代码如下：

【源码见附件代码 / 第 4 章 /1.Event.html】

```html
<div @click="click1" style="border:solid red">
    外层
    <div @click="click2" style="border:solid red">
        中层
        <div @click="click3" style="border:solid red">
            单击
        </div>
    </div>
</div>
```

实现 3 个绑定的函数如下：

```
methods: {
    click(step) {
        this.count += step
    },
    log(event) {
        console.log(event)
    },
    click1() {  // 外层组件绑定的事件函数
        console.log("外层")
    },
    click2() {  // 中层组件绑定的事件函数
        console.log("中层")
    },
    click3() {  // 内层组件绑定的事件函数
        console.log("内层")
    }
}
```

运行上面的代码，单击页面上最内层的元素，通过观察控制台的打印，可以看到事件函数的调用顺序如下：

- 内层
- 中层
- 外层

如果要监听捕获阶段的事件，就需要使用事件修饰符了，事件修饰符 capture 可以将监听事件的时机设置为捕获阶段，示例如下：

```
<div @click.capture="click1" style="border:solid red">
    外层
    <div @click.capture="click2" style="border:solid red">
        中层
        <div @click.capture="click3" style="border:solid red">
            单击
        </div>
    </div>
</div>
```

再次运行代码，单击最内层的元素，可以看到控制台的打印效果如下：

- 外层
- 中层
- 内层

捕获事件触发的顺序刚好与冒泡事件相反。在实际应用中，我们可以根据具体的需求来选择使用冒泡事件还是捕获事件。

理解事件的传递对处理页面用户交互来说至关重要，但是也有很多场景我们不希望事件进行传递，例如在上面的例子中，当用户单击内层的组件时，我们只想让其触发内层组件绑定的方法，当用户单击外层组件时，只触发外层组件绑定的方法，这时就需要使用 Vue 中另一个非常重要的事件修饰符——stop。

stop 修饰符可以阻止事件的传递，例如：

```
<div @click.stop="click1" style="border:solid red">
    外层
    <div @click.stop="click2" style="border:solid red">
        中层
        <div @click.stop="click3" style="border:solid red">
            单击
        </div>
    </div>
</div>
```

此时在单击时，只有被单击的当前组件绑定的方法会被调用。

除了 capture 和 stop 事件修饰符外，还有一些常用的修饰符，总体列举如表 4-1 所示。

表4-1 常用的修饰符

事件修饰符	作　用
stop	阻止事件传递
capture	监听捕获场景的事件
once	只触发一次事件
self	当事件对象的target属性是当前组件时才触发事件
prevent	禁止默认的事件
passive	不禁止默认的事件

需要注意，事件修饰符可以串联使用，例如下面的写法既能起到阻止事件传递的作用，也能控制只触发一次事件：

```
<div @click.stop.once="click3" style="border:solid red">
    单击
</div>
```

对于键盘按键事件来说，Vue 中定义了一组按钮别名事件修饰符，其用法后面会具体介绍。

4.2 Vue 中的事件类型

事件本身是有类型之分的，例如使用 @click 绑定的就是元素的单击事件，如果需要通过用户鼠标操作行为来实现更加复杂的交互逻辑，则需要监听更加复杂的鼠标事件。当使用 Vue 中的 v-on 指令进行普通 HTML 元素的事件绑定时，其支持所有的原生 DOM 事件，更进一步，如果使用 v-on 指令对自定义的 Vue 组件进行事件绑定，则也可以支持自定义的事件。这些内容会在第 5 章详细介绍。

4.2.1 常用事件类型

click 事件是页面开发中常用的交互事件。当 HTML 元素被单击时会触发此事件，常用的交互事件列举如表 4-2 所示。

表4-2 常用的交互事件列表

事　件	意　义	可用的元素
click	单击事件，当组件被单击时触发	大部分HTML元素
dblclick	双击事件，当组件被双击时触发	大部分HTML元素
focus	获取焦点事件，例如输入框开启编辑模式时触发	input、select、textarea等
blur	失去焦点事件，例如输入框结束编辑模式时触发	input、select、textarea等
change	元素内容改变事件，输入框结束输入后，如果内容有变化，就会触发此事件	input、select、textarea等
select	元素内容选中事件，输入框中的文本被选中会触发此事件	input、select、textarea等
mousedown	鼠标按键被按下事件	大部分HTML元素
mouseup	鼠标按键抬起事件	大部分HTML元素

（续表）

事　件	意　义	可用的元素
mousemove	鼠标在组件内移动事件	大部分HTML元素
mouseout	鼠标移出组件时触发	大部分HTML元素
mouseover	鼠标移入组件时触发	大部分HTML元素
keydown	键盘按键被按下	HTML中的所有表单元素
keyup	键盘按键被抬起	HTML中的所有表单元素

对于上面列举的事件类型，可以编写示例代码来理解其触发的时机，新建一个名为
eventType.html 的文件，编写测试代码如下：

【源码见附件代码 / 第 4 章 /2.eventType.html】

```
<!DOCTYPE html>
<html lang="en">
<head>
    <meta charset="UTF-8">
    <meta http-equiv="X-UA-Compatible" content="IE=edge">
    <meta name="viewport" content="width=device-width, initial-scale=1.0">
    <title> 事件类型 </title>
    <script src="https://unpkg.com/vue@3/dist/vue.global.js"></script>
</head>
<body>
    <div id="Application">
        <div @click="click"> 单击事件 </div>
        <div @dblclick="dblclick"> 双击事件 </div>
        <input @focus="focus" @blur="blur" @change="change" @select="select"></
input>
        <div @mousedown="mousedown"> 鼠标按下 </div>
        <div @mouseup="mouseup"> 鼠标抬起 </div>
        <div @mousemove="mousemove"> 鼠标移动 </div>
        <div @mouseout="mouseout" @mouseover="mouseover"> 鼠标移入移出 </div>
        <input @keydown="keydown" @keyup="keyup"></input>
    </div>
    <script>
        const App = {
            methods: {
                click(){                        // 单击事件绑定的函数
                    console.log(" 单击事件 ");
                },
                dblclick(){                     // 双击事件绑定的函数
                    console.log(" 双击事件 ");
                },
                focus(){                        // 获取焦点事件绑定的函数
                    console.log(" 获取焦点 ")
                },
                blur(){                         // 失去焦点事件绑定的函数
                    console.log(" 失去焦点 ")
                },
```

```
            change(){                              // 内容改变事件绑定的函数
                console.log(" 内容改变 ")
            },
            select(){                              // 文本选中事件绑定的函数
                console.log(" 文本选中 ")
            },
            mousedown(){                           // 鼠标按键按下事件绑定的函数
                console.log(" 鼠标按键按下 ")
            },
            mouseup(){                             // 鼠标按键抬起事件绑定的函数
                console.log(" 鼠标按键抬起 ")
            },
            mousemove(){                           // 鼠标移动事件绑定的函数
                console.log(" 鼠标移动 ")
            },
            mouseout(){                            // 鼠标移出组件事件绑定的函数
                console.log(" 鼠标移出 ")
            },
            mouseover(){                           // 鼠标移入组件事件绑定的函数
                console.log(" 鼠标移入 ")
            },
            keydown(){                             // 键盘按键按下事件绑定的函数
                console.log(" 键盘按键按下 ")
            },
            keyup(){                               // 键盘按键抬起事件绑定的函数
                console.log(" 键盘按键抬起 ")
            }
        }
    }
    Vue.createApp(App).mount("#Application")
</script>
</body>
</html>
```

对于每一种类型的事件，我们都可以通过 Event 对象来获取事件的具体信息，例如在鼠标单击事件中，可以获取到用户具体按的是左键还是右键。

4.2.2　按键修饰符

当需要对键盘按键进行监听时，通常使用 keyup 参数，如果仅对某个按键进行监听，可以通过 Event 对象来判断，例如要监听用户是否按了回车键，方法可以这么写：

【源码见附件代码 / 第 4 章 /2.eventType.html】

```
keyup(event){
    console.log(" 键盘按键抬起 ")
    if (event.key == 'Enter') {
        console.log(" 回车键被单击 ")
    }
}
```

在 Vue 中，还有一种更加简单的方式可以实现对某个具体的按键的监听，即使用按键修饰符，在绑定监听方法时，我们可以设置要监听的具体按键，例如：

```
<input @keyup.enter="keyup"></input>
```

需要注意，修饰符的命名规则与 Event 对象中属性 key 值的命名规则略有不同，Event 对象中的属性采用的是大写字母驼峰法，如 Enter、PageDown，在使用按键修饰符时，我们需要将其转换为中画线驼峰法，如 enter、page-down。

Vue 还提供了一些特殊的系统按键修饰符，这些修饰符是配合其他键盘按键或鼠标按键进行使用的，例如以下 4 种：

- ctrl
- alt
- shift
- meta

这些系统按键修饰符的功能是，只有当用户按下这些键时，对应的键盘或鼠标事件才能触发，在处理组合键指令时经常会用到，例如：

```
<div @mousedown.ctrl="mousedown"> 鼠标按下 </div>
```

上面的代码的作用是，在用户按 Control 键的同时，再按鼠标按键，才会触发绑定的事件函数。

```
<input @keyup.alt.enter="keyup"></input>
```

上面的代码的作用是，在用户按 Alt 键的同时，再按回车键，才会触发绑定的事件函数。

还有一个细节需要注意，上面示例的系统修饰符，只要满足条件就会触发，以鼠标按下事件为例，只要满足用户按 Control 键的时候按了鼠标按键，就会触发事件，即使用户同时按了其他按键也不会受影响，例如用户使用了"Shift+Control+ 鼠标左键"的组合按键。如果想要精准地进行按键修饰，可以使用 exact 修饰符，使用这个修饰符修饰后，只有精准地满足按键的条件才会触发事件，例如：

```
<div @mousedown.ctrl.exact="mousedown"> 鼠标按下 </div>
```

上面通过修饰的代码，在使用"Shift+Control+ 鼠标左键"的组合按键进行操作时不会再触发事件函数。

> 提示：Meta系统修饰键在不同的键盘上表示不同的按键，在Mac键盘上表示command键，在Windows系统上对应Windows徽标键。

前面介绍了键盘按键相关的修饰符，Vue 中还有 3 个非常常用的鼠标按键修饰符。在进行网页应用的开发时，通常左键用来选择，右键用来进行配置，通过下面这些修饰符可以设置当用户按鼠标指定的按键后才会触发事件函数：

- left
- right
- middle

例如下面的示例代码，只有按了鼠标左键才会触发事件：

```
<div @click.left="click"> 单击事件 </div>
```

4.3 范例演练：随鼠标移动的小球 <<<

本节尝试使用本章学习到的知识来编写一个简单的示例应用。此应用的逻辑非常简单，在页面上绘制一块区域，在区域内绘制一个圆形球体，我们需要实现当鼠标在区域内移动时，球体可以平滑地随鼠标移动。

实现页面元素随鼠标移动很简单，我们只需要监听鼠标移动事件，做好元素坐标的更新即可。新建一个名为 ball.html 的文件，可以先将页面的 HTML 布局编写出来，要实现这样的一个示例应用，只需要两个内容元素即可，代码如下：

【源码见附件代码 / 第 4 章 /3.ball.html】

```
<div id="Application">
        <!-- 外层的 div 为游戏面板，小球需要在此容器中移动 -->
        <div class="container" @mousemove.stop="move">
            <!-- 此 div 元素表示小球 -->
            <div class="ball" :style="{left: offsetX+'px', top:offsetY+'px'}">
            </div>
        </div>
</div>
```

对应的，实现 CSS 样式的代码如下：

```
<style>
    body {
        margin: 0;
        padding: 0;
    }
    .container {
        margin: 0;
        padding: 0;
        position: absolute;
        width: 440px;
        height: 440px;
        background-color: blanchedalmond;
        display: inline;
    }
    .ball {
        position:absolute;
        width: 60px;
        height: 60px;
```

```
        left:100px;
        top:100px;
        background-color: red;
        border-radius: 30px;
        z-index:100
    }
</style>
```

CSS 代码主要对面板和小球的样式进行配置，下面关注一下如何实现 JavaScript 逻辑，要控制小球的移动，需要实时地修改小球的布局位置，因此可以在 Vue 组件中定义两个属性 offsetX 和 offsetY，分别用来控制小球的横纵坐标，之后根据鼠标所在位置的坐标不断更新坐标属性。示例代码如下：

【源码见附件代码 / 第 4 章 /3.ball.html】

```
<script>
    const App = {
        data() {
            return {
                offsetX:0,          // 记录小球在面板中的位置，x 坐标
                offsetY:0           // 记录小球在面板中的位置，y 坐标
            }
        },
        methods: {
            move(event) {
                // 检查小球右侧不能超出边界
                // event.clientX 为鼠标所在位置的 x 坐标
                // 加上小球半径即可计算出小球右边界的 x 坐标
                if (event.clientX + 30 > 440) {
                    this.offsetX = 440 - 60
                // 检查左侧不能超出边界
                } else if (event.clientX - 30 < 0) {
                    this.offsetX = 0
                } else {
                    this.offsetX = event.clientX - 30
                }
                // 检查下侧不能超出边界
                if (event.clientY + 30 > 440) {
                    this.offsetY = 440 - 60
                // 检查上侧不能超出边界
                } else if (event.clientY - 30 < 0) {
                    this.offsetY = 0
                } else {
                    this.offsetY = event.clientY - 30
                }
            }
        }
    }
    Vue.createApp(App).mount("#Application")
</script>
```

上面的代码主要逻辑都在处理边界问题，从鼠标移动事件传递的 event 对象中可以获取到当前鼠标的位置坐标，我们将小球移动到此坐标的前提是小球的边际不能越出面板的边界。

运行代码，效果如图 4-1 所示，可以尝试移动鼠标来控制小球的位置。

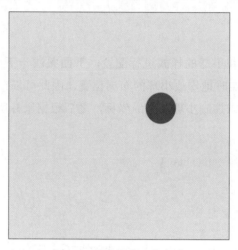

图 4-1　随鼠标移动的小球

上面的示例代码中，我们使用了 clientX 和 clientY 来定位坐标，在鼠标 Event 事件对象中，有很多与坐标相关的属性，其意义各有不同，列举如表 4-3 所示。

表4-3　鼠标Event事件坐标属性及其含义

X坐标	Y坐标	意　义
clientX	clientY	鼠标位置相对于当前body容器可视区域的横纵坐标
pageX	pageY	鼠标位置相对于整个页面的横纵坐标
screenX	screenY	鼠标位置相对于设备屏幕的横纵坐标
offsetX	offsetY	鼠标位置相对于父容器的横纵坐标
X	Y	与screenX和screenY意义一样

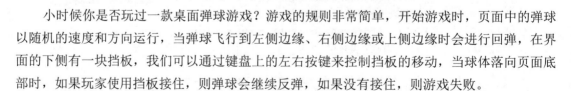

4.4　范例演练：弹球游戏

小时候你是否玩过一款桌面弹球游戏？游戏的规则非常简单，开始游戏时，页面中的弹球以随机的速度和方向运行，当弹球飞行到左侧边缘、右侧边缘或上侧边缘时会进行回弹，在界面的下侧有一块挡板，我们可以通过键盘上的左右按键来控制挡板的移动，当球体落向页面底部时，如果玩家使用挡板接住，则弹球会继续反弹，如果没有接住，则游戏失败。

实现这个游戏，可以提高我们对键盘事件使用的熟练度。此游戏的核心逻辑在于弹球的移动以及回弹算法，思考一下，本节我们一起来完成它。

首先，新建一个名为 game.html 的文件，定义 HTML 布局结构如下：

【源码见附件代码 / 第 4 章 /4.game.html】

```html
<div id="Application">
    <!-- 游戏区域 -->
    <div class="container">
        <!-- 底部挡板 -->
        <div class="board" :style="{left: boardX + 'px'}"></div>
        <!-- 弹球 -->
        <div class="ball" :style="{left: ballX+'px', top: ballY+'px'}"></div>
        <!-- 游戏结束提示 -->
        <h1 v-if="fail" style="text-align: center;"> 游戏失败 </h1>
    </div>
</div>
```

如以上代码所示，底部挡板元素可以通过键盘来控制移动，游戏失败的提示文案默认是隐藏的，当游戏失败后控制器才会展示。编写样式表代码如下：

【源码见附件代码 / 第 4 章 /4.game.html】

```html
<style>
    body {
        margin: 0;
        padding: 0;
    }
    .container {
        position: relative;
        margin: 0 auto;
        width: 440px;
        height: 440px;
        background-color: blanchedalmond;
    }
    .ball {
        position:absolute;
        width: 30px;
        height: 30px;
        left:0px;
        top:0px;
        background-color:orange;
        border-radius: 30px;
    }
    .board {
        position:absolute;
        left: 0;
        bottom: 0;
        height: 10px;
        width: 80px;
        border-radius: 5px;
        background-color: red;
    }
</style>
```

在控制页面布局时，当父容器的 position 属性设置为 relative 时，子组件的 position 属性设置为 absolute，可以将子组件相对于父组件进行绝对布局。实现此游戏的 JavaScript 逻辑并不复杂，完整示例代码如下：

```
<script>
    const App = {
        data() {
            return {
                // 控制挡板位置，挡板只能横向移动，只需要控制 x 坐标即可
                boardX:0,
                // 控制弹球位置
                ballX:0,
                ballY:0,
                // 控制弹球移动速度
                rateX:0.1,
                rateY:0.1,
                // 控制结束游戏提示的展示
                fail:false
            }
        },
        // 组件生命周期函数，组件加载时才会调用
        mounted() {
            // 添加键盘事件
            this.enterKeyup();
            // 随机生成弹球的运动速度和方向
            this.rateX = (Math.random() + 0.1)
            this.rateY = (Math.random() + 0.1)
            // 开启计数器，控制弹球移动
            this.timer = setInterval(()=>{
                // 到达右侧边缘进行反弹
                if (this.ballX + this.rateX  >= 440 - 30) {
                    this.rateX *= -1
                }
                // 到达左侧边缘进行反弹
                if (this.ballX + this.rateX <= 0) {
                    this.rateX *= -1
                }
                // 到达上侧边缘进行反弹
                if (this.ballY + this.rateY <= 0) {
                    this.rateY *= -1
                }
                this.ballX += this.rateX
                this.ballY += this.rateY
                // 失败判定
                if (this.ballY >= 440 - 30 - 10) {
                    // 挡板接住了弹球，进行反弹
                    if (this.boardX <= this.ballX + 30 && this.boardX + 80 >=
this.ballX) {

                        this.rateY *= -1
                    } else {
```

```
                    // 没有接住弹球，游戏结束
                        clearInterval(this.timer)
                        this.fail = true
                    }
                }
            },2)
        },
        methods: {
            // 控制挡板移动
            keydown(event){
                if (event.key == "ArrowLeft") {
                    if (this.boardX  > 10) {
                        this.boardX -= 20
                    }
                } else if (event.key == "ArrowRight") {
                    if (this.boardX  < 440 - 80) {
                        this.boardX += 20
                    }
                }
            },
            enterKeyup() {
                document.addEventListener("keydown", this.keydown);
            }
        }
    }
    Vue.createApp(App).mount("#Application")
</script>
```

　　弹球的反弹逻辑非常简单，只需要对速度的值进行取反即可，当碰到左侧或右侧边缘时，将 x 轴的速度取反，当碰到上侧边缘或挡板时，将 y 轴的速度取反。

　　上面的示例代码中使用到了我们尚未学习的 Vue 技巧，即组件生命周期方法的应用，在 Vue 组件中，mounted 方法会在组件被挂载时调用，我们可以将一些组件的初始化工作放到这个方法中执行。

　　运行代码，游戏运行效果如图 4-2 所示。现在放松一下吧！

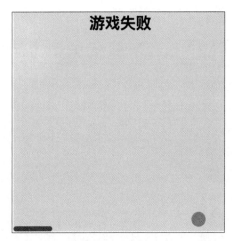

图 4-2　弹球游戏页面

4.5　小结与练习

　　本章主要介绍了如何通过 Vue 快速实现各种事件的监听与处理，在应用开发中，处理事件是非常重要的一步，是应用程序与用户间交互的桥梁。尝试通过解答下列问题来检验本章的学习成果吧。

练习 1：思考 Vue 中绑定监听事件的指令是什么？

温馨提示：理解v-on的用法，熟练使用其缩写方式@。

练习 2：什么是事件修饰符？常用的事件修饰符有哪些？作用分别是什么？

温馨提示：熟练应用stop、prevent、capture、once等事件修饰符。

练习 3：在 Vue 中如何监听键盘某个按键的事件？

温馨提示：可以使用按键修饰符。

练习 4：如何处理组合键事件？

温馨提示：Vue提供了4个常用的系统修饰键，它们可以与其他按键修饰符组合使用，从而实现组合键的监听。

练习 5：在鼠标相关事件中，如何获取鼠标所在的位置？各种位置坐标的意义分别是什么？

温馨提示：理解clientX/Y、pageX/Y、screenX/Y、offsetX/Y、和x/y属性坐标的意义，从其不同之处进行分析。

组件基础

组件是 Vue 中非常强大的功能之一。通过组件，开发者可以封装出复用性强、扩展性强的 HTML 元素，并且通过组件的组合可以将复杂的页面元素拆分成多个独立的内部组件，方便代码的逻辑分离与管理。

组件系统的核心是将大型应用拆分成多个可以独立使用且可复用的小组件，之后通过组件树的方式将这些小组件构建成完整的应用程序。在 Vue 中定义和使用组件非常简单。

本章学习内容

- Vue 应用程序的基础概念。
- 如何定义组件和使用组件。
- Vue 应用与组件的相关配置。
- 组件中的数据传递技术。
- 组件事件的传递与响应。
- 组件插槽的相关知识。
- 动态组件的应用。

5.1 Vue 应用与组件

Vue 框架将常规的网页开发以面向对象的方式进行了抽象。一个网页甚至一个网站在 Vue 中被抽象为一个应用程序。一个应用程序中可以定义和使用多个组件，但是需要配置一个根组件，当应用程序被挂载渲染到页面时，此根组件会作为起点元素进行渲染。

5.1.1 Vue 应用的数据配置选项

在前面章节的示例代码中，我们已经使用过 Vue 应用，使用 Vue 中的 createApp 方法即可创建一个 Vue 应用实例，其实，Vue 应用中有许多方法和配置项可供开发者使用。

首先创建一个名为 application.html 的测试文件用来编写示例代码。创建一个 Vue 应用非常简单，调用 createApp 方法即可：

【源码见附件代码 / 第 5 章 /1.application.html】

```
const App = Vue.createApp({})
```

createApp 方法会返回一个 Vue 应用实例，在创建应用实例时，我们可以传入一个 JavaScript 对象来提供应用创建时相关的配置项，例如经常使用的 data 选项与 methods 选项。

data 选项本身需要配置为一个 JavaScript 函数，此函数需要提供应用所需的全局数据，例如：

```
const appData = {
    count:0
}
const App = Vue.createApp({
    data(){ // data 函数返回的数据在整个 App 内可以被访问到
        return appData
    }
})
```

props 选项用于接收父组件传递的数据，我们后面会具体介绍它。

computed 选项之前也使用过，它用来配置组件的计算属性，我们可以在 computed 选项中实现 getter 和 setter 方法，例如：

```
computed: {
    countString: {
        get(){
            return this.count + " 次 "
        }
    }
}
```

methods 选项用来配置组件中需要使用的方法，注意，不要使用箭头函数来定义 methods 中的方法，这样会影响 this 关键字的指向。示例如下：

```
methods:{
    click(){
        this.count += 1
    }
}
```

watch 配置项之前也使用过，它可以对组件属性的变化添加监听函数，例如：

```
watch:{
    count(value, oldValue){
        console.log(value, oldValue)
    }
}
```

　　需要注意，当要监听的组件属性发生变化后，监听函数中会将变化后的值与变化前的值作为参数传递进来。如果要使用的监听函数本身定义在组件的 methods 选项中，也可以直接使用字符串的方式来指定要执行的监听方法，例如：

```
methods:{
    click(){
        this.count += 1
    },
    countChange(value, oldValue) {
        console.log(value, oldValue)
    }
},
watch:{
    count:"countChange" // 指定了组件中的方法，count 变化时会直接调用此方法
}
```

　　其实，Vue 组件中的 watch 选项还可以配置很多高级的功能，例如深度嵌套监听、多重监听处理等，后面会具体介绍。

5.1.2　定义组件

　　创建 Vue 应用实例后，使用 mount 方法可以将其绑定到指定的 HTML 元素上。应用实例可以使用 component 方法来定义组件，定义组件后，可以直接在 HTML 文档中进行使用。

　　例如，创建一个名为 component.html 的测试文件，在其中编写如下 JavaScript 示例代码：

【源码见附件代码 / 第 5 章 /2.component.html】

```
<script>
    const App = Vue.createApp({}) // 创建应用实例
// 定义一个提示框组件
    const alertComponent = {
// 组件中的数据
        data() {
            return {
                msg:" 警告框提示 ",        // 标题信息
                count:0                 // 提示次数
            }
        },
// 组件中所使用的方法
        methods:{
            click(){
                alert(this.msg + this.count++) // 弹出提示框
            }
        },
// 组件的 HTML 渲染模板
        template:'<div><button @click="click"> 按钮 </button></div>'
    }
// 将组件绑定到应用实例中
    App.component("my-alert",alertComponent)
```

```
// 挂载应用实例
    App.mount("#Application")
</script>
```

如以上代码所示，在 Vue 应用中定义组件时使用 component 方法，这个方法的第 1 个参数用来设置组件名，第 2 个参数进行组件的配置，组件的配置选项与应用的配置选项基本一致。上面的代码中，data 选项配置了组件必要的数据，methods 选项为组件提供了所需的方法，需要注意，定义组件最重要的是 template 选项，这个选项设置组件的 HTML 模板，上面我们创建了一个简单的按钮，当用户单击此按钮时会弹出警告框。

之后，当需要使用自定义的组件时，只需要使用组件名标签即可，例如：

```
<div id="Application">
    <my-alert></my-alert>
    <my-alert></my-alert>
</div>
```

运行代码，尝试单击页面上的按钮，可以看到程序已经能够按照预期正常运行了，如图 5-1 所示。

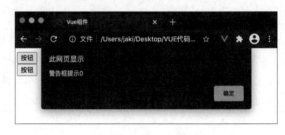

图 5-1 使用组件

需要注意，上面的代码中，my-alert 组件是定义在 Application 应用实例中的，在组织 HTML 框架结构时，my-alert 组件只能在 Application 挂载的标签内使用，在外部使用是无法正常工作的，例如下面的写法将无法正常渲染出组件：

```
<div id="Application">
</div>
<my-alert></my-alert>
```

使用 Vue 中的组件可以使得 HTML 代码的复用性大大增强，同样，在日常开发中，我们可以将一些通用的页面元素封装成可定制化的组件，在开发新的网站应用时，可以使用日常积累的组件快速搭建。你或许发现了，组件在定义时的配置选项与 Vue 应用实例在创建时的配置选项是一致的，都有 data、methods、watch 和 computed 等配置项。这是因为我们在创建应用时传入的参数实际上就是根组件。

当组件在复用时，每个标签实际上都是一个独立的组件实例，其内部的数据是独立维护的，例如上面的示例代码中，my-alert 组件内部维护了一个名为 count 的属性，单击按钮后其会计数，不同的按钮将分别进行计数。

5.2 组件中数据与事件的传递

由于组件具有复用性，因此要使得组件能够在不同的应用场景中得到最大限度的复用与最少的内部改动，就需要组件具有一定的灵活度，即可配置性。可配置性归根结底是通过数据的传递来实现的，在使用组件时，通过传递不同的数据来使组件的交互行为、渲染样式有略微的差异。本节将探讨如何通过数据与事件的传递使得我们编写的 Vue 组件更具灵活性。

5.2.1　为组件添加外部属性

我们在使用原生的 HTML 标签元素时，可以通过属性来控制元素的一些渲染行为，例如 style 属性可以设置元素的样式风格，class 属性可以设置元素的类，等等。我们自定义的组件的使用方式与原生 HTML 标签一样，也可以通过属性来控制其内部行为。

以 5.1 节的测试代码为例，my-alert 组件会在页面中渲染出一个按钮元素，此按钮的标题为字符串"按钮"，这个标题文案是写死在 template 模板字符串中的，因此无论我们创建多少个 my-alert 组件，其渲染出的按钮的标题都是一样的。如果需要在使用此组件时灵活地设置按钮显示的标题，就需要使用组件中的 props 配置。

props 是 properties 的缩写，顾名思义为属性，props 定义的属性是提供给外部进行设置使用的，也可以将其称为外部属性。修改 my-alert 组件的定义如下：

```
const alertComponent = {
    data() {
        return {
            msg:" 警告框提示 ",
            count:0
        }
    },
    methods:{
        click(){
            alert(this.msg + this.count++)
        }
    },
    props:["title"], // 定义外部属性, 此处只定义了一个外部属性 title
// 模板中可以直接使用插值语法来将属性的值插入模板中
    template:'<div><button @click="click">{{title}}</button></div>'
}
```

props 选项用来定义自定义组件的外部属性，组件可以定义任意多个外部属性，在 template 模板中，可以用访问内部 data 属性一样的方式来访问定义的外部属性。在使用 my-alert 组件时，可以直接设置 title 属性来设置按钮的标题，代码如下：

```
<my-alert title=" 按钮 1"></my-alert>
<my-alert title=" 按钮 2"></my-alert>
```

运行后的页面效果如图 5-2 所示。

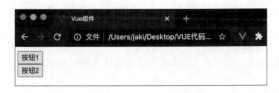

图 5-2　自定义组件属性

props 也可以进行许多复杂的配置，例如类型检查、默认值设置等，后面的章节会详细介绍。

5.2.2 处理组件事件

在开发自定义的组件时，需要进行事件传递的场景并不少见。例如前面编写的 my-alert 组件，在使用该组件时，当用户单击按钮后，会自动弹出系统的警告框，但更多时候，不同的项目使用的警告框风格可能并不一样，弹出警告框的逻辑也可能相差甚远，这样看来，my-alert 组件的复用性非常差，不能满足各种定制化的需求。

如果要对 my-alert 组件进行改造，我们可以尝试将其中的按钮单击事件传递给父组件处理，即传递给使用此组件的业务方处理。在 Vue 中，可以使用内建的 $emit 方法来传递事件，例如：

```
<div id="Application">
    <my-alert @myclick="appfunc" title=" 按钮 1"></my-alert>
    <my-alert title=" 按钮 2"></my-alert>
</div>
<script>
    const App = Vue.createApp({
        methods:{
            appfunc(){
                console.log(' 单击了自定义组件 ')
            }
        }
    })
    const alertComponent = {
        props:["title"],
// 处理原生按钮的触发方法，使用 Vue 的 $emit 来传递
        template:'<div><button @click="$emit('myclick')">{{title}}</button></div>'
    }
    App.component("my-alert",alertComponent)
    App.mount("#Application")
</script>
```

修改后的代码将 my-alert 组件中按钮的单击事件定义为 myclick 事件进行传递，在使用该组件时，可以直接使用 myclick 这个事件名进行监听。$emit 方法在传递事件时可以传递一些参数，很多自定义组件都有状态，这时就可以将状态作为参数进行传递。示例代码如下：

```
<div id="Application">
    <my-alert @myclick="appfunc" title=" 按钮 1"></my-alert>
    <my-alert @myclick="appfunc" title=" 按钮 2"></my-alert>
</div>
<script>
    const App = Vue.createApp({
        methods:{
            appfunc(param){
                console.log(' 单击了自定义组件 -'+param)
            }
        }
```

```
    })
    const alertComponent = {
        props:["title"],
        template:'<div><button @click="$emit('myclick', title)">{{title}}
</button></div>'
    }
    App.component("my-alert",alertComponent)
    App.mount("#Application")
</script>
```

运行代码，当单击按钮时，会在控制台打印出当前按钮的标题，这个标题数据就是子组件传递事件时带给父组件的事件参数。如果在传递事件之前，子组件还有一些内部的逻辑需要处理，也可以在子组件中包装一个方法，在方法内调用 $emit 进行事件传递，示例如下：

```
<div id="Application">
    <my-alert @myclick="appfunc" title=" 按钮 1"></my-alert>
    <my-alert @myclick="appfunc" title=" 按钮 2"></my-alert>
</div>
<script>
    const App = Vue.createApp({
        methods:{
            appfunc(param){
                console.log(' 单击了自定义组件 -'+param)
            }
        }
    })
    const alertComponent = {
        props:["title"],
        methods:{
            click(){
// 先执行组件内部的逻辑
                console.log(" 组件内部的逻辑 ")
// 再将事件传递到外部
                this.$emit('myclick', this.title)
            }
        },
        template:'<div><button @click="click">{{title}}</button></div>'
    }
    App.component("my-alert",alertComponent)
    App.mount("#Application")
</script>
```

现在，可以灵活地通过事件的传递来使自定义组件的功能更加纯粹，好的开发模式是将组件内部的逻辑在组件内部处理掉，而需要调用方处理的业务逻辑属于组件外部的逻辑，将其传递到调用方处理即可。

5.2.3　在组件上使用 v-model 指令

你还记得 v-model 指令吗？我们通常将其形象地称为 Vue 中的双向绑定指令，即对于可交互输入的相关元素来说，使用这个指令可以将数据的变化同步到元素上，同样，当元素输入的信息变化时，也会同步到对应的数据属性。在编写自定义组件时，难免会使用到可进行用户输入的相关元素，如何对其输入的内容进行双向绑定呢？

首先，我们来复习一下 v-model 指令的使用，示例代码如下：

```
<div id="Application">
    <div>
        <input v-model="inputText" />
        <div>{{inputText}}</div>
        <button @click="this.inputText = '' ">清空</button>
    </div>
</div>
<script>
    const App = Vue.createApp({
        data(){
            return {
                inputText:""  // 与输入框双向绑定的属性
            }
        }
    })
    App.mount("#Application")
</script>
```

运行代码，之后在页面的输入框中输入文案，可以看到对应的 div 标签中的义案也会改变，同理，当我们单击"清空"按钮后，输入框和对应的 div 标签中的内容也会被清空，这就是 v-model 双向绑定指令提供的基础功能，如果不使用 v-model 指令，要实现相同的效果也不是不可能，示例代码如下：

```
<div id="Application">
    <div>
        <input :value="inputText" @input="action"/>
        <div>{{inputText}}</div>
        <button @click="this.inputText = '' ">清空</button>
    </div>
</div>
<script>
    const App = Vue.createApp({
        data(){
            return {
                inputText:""
            }
        },
        methods:{
// 输入框内容变化调用的函数，我们手动来修改要绑定的属性的值
            action(event){
                this.inputText = event.target.value
            }
        }
    })
    App.mount("#Application")
</script>
```

　　修改后代码的运行效果与修改前完全一样，代码中先使用 v-bind 指令来控制输入框的内容，即当属性 inputText 改变后，v-bind 指令会将其同步更新到输入框中，之后使用 v-on:input 指令来监听输入框的输入事件，当输入框的输入内容发生变化时，手动通过 action 函数来更新 inputText 属性，这样就实现了双向绑定的效果。这也是 v-model 指令的基本工作原理。理解了这些，为自定义组件增加 v-model 支持就非常简单。示例代码如下：

【源码见附件代码 / 第 5 章 /2.component.html】

```
<div id="Application">
    <my-input v-model="inputText"></my-input>
    <div>{{inputText}}</div>
    <button @click="this.inputText = '' ">清空</button>
</div>
<script>
    const App = Vue.createApp({
        data(){
            return {
                inputText:""
            }
        },
    })
// 创建一个自定义组件
    const inputComponent = {
        props:["modelValue"],   // 此属性提供给外部来进行数据双向绑定
        methods:{
// 当输入框的内容发生变化时，触发 update:modelValue 事件，从而触发外部的双向绑定
            action(event){
                this.$emit('update:modelValue', event.target.value)
            }
        },
        template:'<div><span>输入框：</span><input :value="modelValue" @input=
"action"/></div>'
    }
    App.component("my-input", inputComponent)
    App.mount("#Application")
</script>
```

　　运行上面的代码，你会发现 v-model 指令已经可以正常工作了。其实，要让自定义组件能够使用 v-model 指令，只需要按照正确的规范来定义组件即可。当使用 v-model 指令进行数据和组件的双向绑定时，v-model 指定会被展开为两个指令，包括一个普通的数据绑定指令和一个事件监听指令。例如：

```
<my-input v-model="inputText"></my-input>
```

等价于下面的代码：

```
<my-input :modelValue="inputText" @update:modelValue="value => inputText =
value"></my-input>
```

　　因此，自定义组件要支持双向的数据绑定，只需要做两件事：

（1）将内部可输入元素的值绑定到 modelValue 属性上。

（2）当内部元素的值发生变化时，触发 update:modelValue 自定义事件，并将改变后的数据传递出去。

我们也可以这样理解，所有支持 v-model 指令的组件默认都会提供一个名为 modelValue 的属性，而组件内部的内容变化，后向外传递的事件为 update:modelValue，并且在事件传递时会将组件内容作为参数进行传递。

5.3 自定义组件的插槽

插槽是指 HTML 起始标签与结束标签中间的部分，通常在使用 div 标签时，其内部的插槽位置既可以放置要显示的文案，也可以嵌套放置其他标签。例如：

```
<div> 文案部分 </div>
<div>
    <button> 按钮 </button>
</div>
```

插槽的核心作用是将组件内部的元素抽离给外部进行实现，在进行自定义组件的设计时，良好的插槽逻辑可以使组件的使用更加灵活，对于开发容器类型的自定义组件来说，插槽就更加重要了，在定义容器类的组件时，开发者只需要将容器本身编写好，内部的内容都通过插槽来实现。

5.3.1　组件插槽的基本用法

首先，创建一个名为 slot.html 的文件，在其中编写如下核心示例代码：

【源码见附件代码 / 第 5 章 /3.slot.html】

```
<body>
    <div id="Application">
        <my-container></my-container>
    </div>
    <script>
        const App = Vue.createApp({
        })
// 定义一个容器组件
        const containerComponent = {
            template:'<div style="border-style:solid;border-color:red; border-width:10px"></div>'
        }
        App.component("my-container", containerComponent)
        App.mount("#Application")
    </script>
</body>
```

上面的代码中，我们定义了一个名为 my-container 的容器组件，这个容器本身非常简单，只是添加了红色的边框，直接尝试向容器组件内部添加子元素是不可行的，例如：

```
<my-container> 组件内部 </my-container>
```

运行代码，你会发现组件中并没有任何文本被渲染，若需要自定义组件支持插槽，则需要使用 slot 标签来指定插槽的位置，修改组件模板如下：

```
const containerComponent = {
    template:'<div style="border-style:solid;border-color:red; border-width:10px">
            <slot></slot>
        </div>'
}
```

再次运行代码，可以看到 my-container 标签内部的内容已经被添加到了自定义组件的插槽位置，如图 5-3 所示。

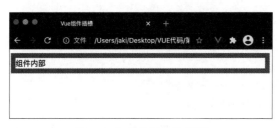

图 5-3　自定义组件的插槽

虽然上面的示例代码中只是使用文本作为插槽的内容，实际上插槽中也支持任意的标签内容或其他组件。

对于支持插槽的组件来说，我们也可以为插槽添加默认的内容，这样当组件在使用时，如果没有设置插槽的内容，则会自动渲染默认的内容，例如：

【源码见附件代码 / 第 5 章 /3.slot.html】

```
<div id="Application">
    <my-container></my-container>
</div>
<script>
    const App = Vue.createApp({
    })
    const containerComponent = {
        template:'<div style="border-style:solid;border-color:red; border-
width:10px">
                <slot> 插槽的默认内容 </slot>
            </div>'
    }
    App.component("my-container", containerComponent)
    App.mount("#Application")
</script>
```

需要注意，一旦组件在使用时设置了插槽的内容，默认的内容就不会再被渲染。

5.3.2 多具名插槽的用法

具名插槽是指为插槽设置一个具体的名称，在使用组件时，可以通过插槽的名称来设置插槽的内容。由于具名插槽可以非常明确地指定插槽内容的位置，因此当一个组件要支持多个插槽时，通常需要使用具名插槽。

例如我们要编写一个容器组件，此组件由头部元素、主元素和尾部元素组成，此组件就需要有 3 个插槽，具名插槽的用法示例如下：

【源码见附件代码 / 第 5 章 /3.slot.html】

```html
<div id="Application">
    <my-container2>
        <template v-slot:header>
            <h1> 这里是头部元素 </h1>
        </template>
        <template v-slot:main>
            <p> 内容部分 </p>
            <p> 内容部分 </p>
        </template>
        <template v-slot:footer>
            <p> 这里是尾部元素 </p>
        </template>
    </my-container2>
</div>
<script>
    const App = Vue.createApp({
    })
    const container2Component = {
        template:'<div>
                <slot name="header"></slot>
                <hr/>
                <slot name="main"></slot>
                <hr/>
                <slot name="footer"></slot>
            </div>'
    }
    App.component("my-container2", container2Component)
    App.mount("#Application")
</script>
```

如以上代码所示，在组件内部定义 slot 插槽时，可以使用 name 属性来为其设置具体的名称，需要注意的是，在使用此组件时，要使用 template 标签来包装插槽内容，对于 template 标签，通过 v-slot 来指定与其对应的插槽位置。页面渲染效果如图 5-4 所示。

图 5-4 多具名插槽的应用

在 Vue 中，很多指令都有缩写形式，具名插槽同样也有缩写形式，可以使用符号 # 来代替 "v-slot:"，上面的示例代码进行如下修改依然可以正常运行：

【源码见附件代码 / 第 5 章 /3.slot.html】

```
<my-container2>
    <template #header>
        <h1> 这里是头部元素 </h1>
    </template>
    <template #main>
        <p> 内容部分 </p>
        <p> 内容部分 </p>
    </template>
    <template #footer>
        <p> 这里是尾部元素 </p>
    </template>
</my-container2>
```

5.4 动态组件的简单应用

动态组件是 Vue 开发中经常会使用的一种高级功能，有时页面中某个位置要渲染的组件并不是固定的，可能会根据用户的操作而渲染不同的组件，这时就需要使用动态组件。

还记得在前面的章节中我们使用过的 radio 单选框组件吗？当用户选择了不同的选项后，切换页面渲染的组件是非常常见的需求，使用动态组件可以非常方便地处理这种场景。

首先，新建一个名为 dynamic.html 的测试文件，编写如下示例代码：

【源码见附件代码 / 第 5 章 /4.dynamic.html】

```
<div id="Application">
    <input type="radio" value="page1" v-model="page"/> 页面 1
    <input type="radio" value="page2" v-model="page"/> 页面 2
    <div>{{page}}</div>
</div>
<script>
    const App = Vue.createApp({
        data(){
            return {
                page:"page1"
            }
        },
    })
    App.mount("#Application")
</script>
```

运行上面的代码后，将会在页面中渲染出一组单选框，当用户切换选项后，其 div 标签中渲染的文案会对应修改，在实际应用中并不只是修改 div 标签中的文本这样简单，更多情况下会采用更换组件的方式进行内容的切换。

定义两个 Vue 组件如下：

【源码见附件代码 / 第 5 章 /4.dynamic.html】

```
const App = Vue.createApp({
    data(){
        return {
            page:"page1"
        }
    }
})
// 定义页面组件 1
const page1 = {
    template:'<div style="color:red">
            页面组件 1
        </div>'
}
// 定义页面组件 2
const page2 = {
    template:'<div style="color:blue">
            页面组件 2
        </div>'
}
App.component("page1", page1)
App.component("page2", page2)
App.mount("#Application")
```

page1 组件和 page2 组件本身非常简单，使用不同的颜色显示简单的文案。现在将页面中的 div 元素替换为动态组件，示例代码如下：

```
<div id="Application">
    <input type="radio" value="page1" v-model="page"/> 页面 1
    <input type="radio" value="page2" v-model="page"/> 页面 2
    <component :is="page"></component>
</div>
```

component 是一个特殊的标签，其通过 is 属性来指定要渲染的组件名称，如以上代码所示，随着 Vue 应用中 page 属性的变化，component 所渲染的组件也是动态变化的，效果如图 5-5 所示。

图 5-5 动态组件的应用

到目前为止，我们使用 component 方法定义的组件都是全局组件，对于小型项目来说，这种开发方式非常方便，但是对于大型项目来说，缺点也很明显。首先全局定义的模板命名不能重复，大型项目中可能会使用到非常多的组件，维护困难。在定义全局组件的时候，组件内容是通过字符串格式的 HTML 模板定义的，在编写时对开发者来说不太友好，并且全局模板定义中不支持使用内部的 CSS 样式。这些问题都可以通过单文件组件技术解决。后面的进阶章节会对使用 Vue 开发商业级项目进行更详细的介绍。

5.5 范例演练：开发一款小巧的开关 按钮组件

本节尝试编写一款小巧美观的开关组件。开关组件需要满足一定的定制化需求，例如开关的样式、背景色、边框颜色等。当用户对开关组件的开关状态进行切换时，需要将事件同步传递到父组件中。

通过本章内容的学习，相信读者完成此组件是游刃有余的。首先，新建一个名为 switch.html 的测试文件，在其中编写基础的文档结构，代码如下：

【源码见附件代码 / 第 5 章 /5.switch.html】

```
<!DOCTYPE html>
<html lang="en">
<head>
    <meta charset="UTF-8">
    <meta http-equiv="X-UA-Compatible" content="IE=edge">
    <meta name="viewport" content="width=device-width, initial-scale=1.0">
    <title>Vue 开关组件 </title>
    <script src="https://unpkg.com/vue@3/dist/vue.global.js"></script>
</head>
<body>
</body>
</html>
```

根据需求，我们先来编写 JavaScript 组件代码，由于开关组件有一定的可定制性，因此可以将按钮颜色、开关风格、边框颜色，背景色这些属性设置为外部属性。由于此开关组件是可交互的，因此需要使用一个内部状态属性来控制开关的状态，示例代码如下：

【源码见附件代码 / 第 5 章 /5.switch.html】

```
const switchComponent = {
    // 定义的外部属性
    props:["switchStyle", "borderColor", "backgroundColor", "color"],
    // 内部属性，控制开关状态
    data() {
        return {
            isOpen:false,
            left:'0px'
        }
    },
    // 通过计算属性来设置 CSS 样式
    computed: {
```

```
            cssStyleBG:{
                get() {
                    if (this.switchStyle == "mini") {
                        return 'position: relative; border-color: ${this.
borderColor}; border-width: 2px; border-style: solid;width:55px; height:
30px;border-radius: 30px; background-color: ${this.isOpen ? this.
backgroundColor:'white'};'
                    } else {
                        return 'position: relative; border-color: ${this.
borderColor}; border-width: 2px; border-style: solid;width:55px; height:
30px;border-radius: 10px; background-color: ${this.isOpen ? this.
backgroundColor:'white'};'
                    }
                }
            },
            cssStyleBtn:{
                get() {
                    if (this.switchStyle == "mini") {
                        return 'position: absolute; width: 30px; height: 30px;
left:${this.left}; border-radius: 50%; background-color: ${this.color};'
                    } else {
                        return 'position: absolute; width: 30px; height: 30px;
left:${this.left}; border-radius: 8px; background-color: ${this.color};'
                    }
                }
            }
        },
        // 组件状态切换方法
        methods: {
            click() {
                this.isOpen = !this.isOpen
                this.left = this.isOpen ? '25px' : '0px' // 修改滑块的位置
                this.$emit('switchChange', this.isOpen)
            }
        },
        template:'
            <div :style="cssStyleBG" @click="click">
                <div :style="cssStyleBtn"></div>
            </div>
        '
    }
```

完成组件的定义后，我们可以创建一个 Vue 应用来演示组件的使用，代码如下：

【源码见附件代码 / 第 5 章 /5.switch.html】

```
const App = Vue.createApp({
    data(){
        return {
            state1:"关 ",
            state2:"关 "
        }
```

```
    },
    methods:{
        change1(isOpen){
            this.state1 = isOpen ? "开" : "关"
        },
        change2(isOpen){
            this.state2 = isOpen ? "开" : "关"
        },
    }
})
App.component("my-switch", switchComponent)
App.mount("#Application")
```

在 HTML 文档中定义两个 my-switch 组件，代码如下：

```
<div id="Application">
    <my-switch @switch-change="change1" switch-style="mini" background-
color="green" border-color="green" color="blue"></my-switch>
    <div>开关状态:{{state1}}</div>
    <br/>
    <my-switch @switch-change="change2" switch-style="normal" background-
color="blue" border-color="blue" color="red"></my-switch>
    <div>开关状态:{{state2}}</div>
</div>
```

如以上代码所示，我们在页面上创建了两个自定义开关组件，两个组件的样式风格根据外部设置的差异略有不同，并且我们将 div 元素展示的文案与开关组件的开关状态进行了绑定，需要注意，在定义组件时，外部属性采用的命名规则是带小写字母的驼峰式，但是在 HTML 标签中使用时，需要改成以"-"符号分隔的驼峰命名法。运行代码，尝试切换页面上开关的状态，效果如图 5-6 所示。

图 5-6 自定义开关组件

 5.6 小结与练习

本章介绍了 Vue 中组件的相关基础概念，并学习了如何自定义组件。在 Vue 项目开发中，使用组件可以使开发过程更加高效。

练习 1：如何理解 Vue 中的组件？

温馨提示：组件使得HTML元素进行了模板化，使得HTML代码可以拥有更强的复用性。同时，通过外部属性，组件可以根据需求进行定制，灵活性强。在实际开发中，运用组件可以提高开发效率，同时使得代码更加结构化，更加易维护。

练习 2：在 Vue 中，什么是根组件？如何定义？

温馨提示：根组件是直接挂载在Vue应用上的组件，可以从外部属性、内部属性、方法传递等方面进行思考。

练习 3：什么是组件插槽技术？有什么实际应用？

温馨提示：组件插槽是指在组件内部预定义一些插槽点，在调用组件时，外部可以通过HTML嵌套的方式来设置插槽点的内容。在实际应用中，编写容器类组件时离不开组件插槽，它将某些依赖外部的内容交由使用方自己处理，使得组件的职责更加清晰。

第6章 ← Chapter 6

组件进阶

在前面的章节中，我们对组件已经有了基础的认识，也能够使用 Vue 的组件功能来编写一些简单独立的页面元素。在实际开发中，能够对组件进行简单的应用还远远不够，还需要理解组件渲染更深层的原理，这有助于我们在开发中更加灵活地使用组件功能。

本章将介绍组件的生命周期、注册方式以及更多高级功能。通过本章的学习，读者将对 Vue 组件系统有更加深入的理解。

- 组件的生命周期。
- 应用的全局配置。
- 组件属性的高级用法。
- 组件 Mixin 技术。
- 自定义指令的应用。
- Vue 3 的 Teleport 新特性的应用。

6.1 组件的生命周期与高级配置 ◀◀◀

组件在被创建出来到渲染完成会经历一系列过程，同样，组件的销毁也会经历一系列过程，组件从创建到销毁的这一系列过程被称为组件的生命周期。在 Vue 中，组件生命周期的节点会被定义为一系列方法，这些方法称为生命周期钩子。有了这些生命周期方法，我们可以在合适的时机来完成合适的工作。例如，在组件挂载前准备组件所需的数据，当组件销毁时清除某些残留数据等。

Vue 中也提供了许多对组件进行配置的高级 API 接口，包括对应用或组件进行全局配置的 API 功能接口以及组件内部相关的高级配置项。

6.1.1　生命周期方法

首先，通过一个简单的示例来直观地感受一下组件的生命周期方法的调用时机。新建一个名为 life.html 的测试文件，编写如下测试代码：

【源码见附件代码 / 第 6 章 /1.life.html】

```html
<!DOCTYPE html>
<html lang="en">
<head>
    <meta charset="UTF-8">
    <meta http-equiv="X-UA-Compatible" content="IE=edge">
    <meta name="viewport" content="width=device-width, initial-scale=1.0">
    <title>Vue 组件的生命周期 </title>
    <script src="https://unpkg.com/vue@3/dist/vue.global.js"></script>
</head>
<body>
    <div id="Application">
    </div>
    <script>
        const root = {
            beforeCreate () {
                console.log(" 组件即将创建 ")
            },
            created () {
                console.log(" 组件创建完成 ")
            },
            beforeMount () {
                console.log(" 组件即将挂载 ")
            },
            mounted () {
                console.log(" 组件挂载完成 ")
            },
            beforeUpdate () {
                console.log(" 组件即将更新 ")
            },
            updated () {
                console.log(" 组件更新完成 ")
            },
            activated () {
                console.log(" 被缓存的组件激活时调用 ")
            },
            deactivated () {
                console.log(" 被缓存的组件停用时调用 ")
            },
            beforeUnmount() {
                console.log(" 组件即将被卸载时调用 ")
            },
            unmounted() {
                console.log(" 组件被卸载后调用 ")
```

```
        },
        errorCaptured(error, instance, info) {
            console.log(" 捕获到来自子组件的异常时调用 ")
        },
        renderTracked(event) {
            console.log(" 虚拟 DOM 重新渲染时调用 ")
        },
        renderTriggered(event) {
            console.log(" 虚拟 DOM 被触发渲染时调用 ")
        }
    }
    const App = Vue.createApp(root)
    App.mount("#Application")
</script>
</body>
</html>
```

如以上代码所示，每个方法中都使用 log 标明了其调用的时机。运行代码，控制台将输出如下信息：

```
组件即将创建
组件创建完成
组件即将挂载
组件挂载完成
```

从控制台打印的信息可以看到，本次页面渲染过程中只执行了 4 个组件的生命周期方法，这是由于我们使用的是 Vue 根组件，页面渲染的过程中只执行了组件的创建和挂载过程，并没有执行卸载的过程。如果某个组件是通过 v-if 指令来控制其渲染的，则当其渲染状态切换时，组件会进行交替的挂载和卸载动作，示例代码如下：

【源码见附件代码 / 第 6 章 /1.life.html】

```
<div id="Application">
    <sub-com v-if="show"></sub-com>
    <button @click="changeShow"> 测试 </button>
</div>
<script>
    const sub = {
        beforeCreate () {
            console.log(" 组件即将创建 ")
        },
        created () {
            console.log(" 组件创建完成 ")
        },
        beforeMount () {
            console.log(" 组件即将挂载 ")
        },
        mounted () {
            console.log(" 组件挂载完成 ")
        },
        beforeUnmount() {
```

```
                console.log("组件即将被卸载时调用")
            },
            unmounted() {
                console.log("组件被卸载后调用")
            }
        }
        const App = Vue.createApp({
            data(){
                return {
                    show:false
                }
            },
            methods: {
                changeShow(){
                    this.show = !this.show    // 控制组件渲染与否
                }
            }
        })
        App.component("sub-com", sub)
        App.mount("#Application")
    </script>
```

在上面列举的生命周期方法中，还有 4 个方法非常常用，分别是 renderTriggered、renderTracked、beforeUpdate 和 updated 方法。当组件中的 HTML 元素发生渲染或更新时，会调用这些方法，例如：

【源码见附件代码 / 第 6 章 /1.life.html】

```
<div id="Application">
    <sub-com>
        {{content}}
    </sub-com>
    <button @click="change"> 测试 </button>
</div>
<script>
    const sub = {
        beforeUpdate () {
            console.log("组件即将更新")
        },
        updated () {
            console.log("组件更新完成")
        },
        renderTracked(event) {
            console.log("虚拟 DOM 重新渲染时调用")
        },
        renderTriggered(event) {
            console.log("虚拟 DOM 被触发渲染时调用")
        },
        template:'
            <div>
                <slot></slot>
```

```
            </div>
        '
    }
    const App = Vue.createApp({
        data(){
            return {
                content:0
            }
        },
        methods: {
            change(){
                this.content += 1
            }
        }
    })
    App.component("sub-com", sub)
    App.mount("#Application")
</script>
```

运行上面的代码，当单击页面中的按钮时，页面显示的计数会自增，同时控制台打印信息如下：

```
虚拟 DOM 被触发渲染时调用
组件即将更新
虚拟 DOM 重新渲染时调用
组件更新完成
```

通过测试代码的实践，我们对 Vue 组件的生命周期已经有了直观的认识，对各个生命周期函数的调用时机与顺序也有了初步的了解，这些生命周期钩子可以帮助我们在开发中更有效地组织和管理数据。

6.1.2　应用的全局配置选项

当调用 Vue.createApp 方法后，会创建一个 Vue 应用实例，对于此应用实例，其内部封装了一个 config 对象，我们可以通过这个对象的一些全局选项来对其进行配置。最常用的配置项有异常与警告捕获配置和全局属性配置。

在 Vue 应用运行的过程中，难免会有异常和警告产生，我们可以自定义函数来对抛出的异常和警告进行处理。示例如下：

【源码见附件代码 / 第 6 章 /2.app.html】

```
const App = Vue.createApp({})
App.config.errorHandler = (err, vm, info) => {
    // 捕获运行中产生的异常
    // err 参数是错误对象，info 为具体的错误信息
}
App.config.warnHandler = (msg, vm, trace) => {
    // 捕获运行中产生的警告
    // msg 是警告信息，trace 是组件的关系回溯
}
```

　　之前，在使用组件时，组件内部使用的数据要么是在组件内部定义的，要么是通过外部属性从父组件传递进来的，在实际开发中，有些数据可能是全局的，例如应用名称、应用版本信息等，为了方便地在任意组件中使用这些全局数据，可以通过 globalProperties 全局属性对象进行配置，例如：

```
const App = Vue.createApp({})
// 配置全局数据
App.config.globalProperties = {
    version:"1.0.0"
}
const sub = {
    mounted () {
        // 在任意组件的任意地方都可以通过 this 直接访问全局数据
        console.log(this.version)
    }
}
```

6.1.3　组件的注册方式

　　组件的注册方式分为全局注册与局部注册两种。直接使用应用实例的 component 方法注册的组件都是全局组件，即可以在应用内的任何地方使用这些组件，包括其他组件内部，例如：

【源码见附件代码 / 第 6 章 /3.com.html】

```
<div id="Application">
    <comp1></comp1>
</div>
<script>
    const App = Vue.createApp({})
    const comp1 = {
        template:'
            <div>
                组件 1
                <comp2></comp2>
            </div>
        '
    }
    const comp2 = {
        template:'
            <div>
                组件 2
            </div>
        '
    }
    App.component("comp1", comp1)
    App.component("comp2", comp2)
    App.mount("#Application")
</script>
```

　　如以上代码所示，在 comp2 组件中可以直接使用 comp1 组件，全局注册组件虽然用起来很方便，但很多时候并不是最佳的编程方式。一个复杂的组件内部可能由许多子组件组成，这些子组件本身是不需要暴露到父组件外面的，这时如果使用全局注册的方式注册组件，就会污染全局的 JavaScript 代码，更理想的方式是使用局部注册的方式注册组件，示例如下：

【源码见附件代码 / 第 6 章 /3.com.html】

```
<div id="Application">
    <comp1></comp1>
</div>
<script>
    const App = Vue.createApp({})
    const comp2 = {
        template:'
            <div>
                组件 2
            </div>
        '
    }
    const comp1 = {
        components:{
            'comp2':comp2
        },
        template:'
            <div>
                组件 1
                <comp2></comp2>
            </div>
        '
    }
    App.component("comp1", comp1)
    App.mount("#Application")
</script>
```

如以上代码所示，comp2 组件只能够在 comp1 组件内部使用。

6.2 组件 props 属性的高级用法

使用 props 可以方便地向组件传递数据。从功能上讲，props 也可以称为组件的外部属性，通过 props 的不同传参，组件可以有很强的灵活性和扩展性。

6.2.1 对 props 属性进行验证

JavaScript 是一种非常灵活、非常自由的编程语言。在 JavaScript 中定义函数时无须指定参数的类型，对于开发者来说，这种编程风格虽然十分方便，但却不是特别安全。以 Vue 组件为例，某个自定义组件需要使用 props 进行外部传值，如果要接收的参数为一个数值，但是最终调用方传递了一个字符串类型的数据，则组件内部难免会出现错误。Vue 在定义组件的 props 时，可以通过添加约束的方式对其类型、默认值、是否选填等进行配置。

新建一个名为 props.html 的测试文件，在其中编写如下核心代码：

【源码见附件代码 / 第 6 章 /4.props.html】

```
<div id="Application">
    <comp1 :count="5"></comp1>
</div>
<script>
    const App = Vue.createApp({})
    const comp1 = {
        props:["count"],               // 定义外部属性 count
        data(){
            return {
                thisCount:0            // 定义组件要显示的数据
            }
        },
        methods:{
            click(){
                this.thisCount += 1
            }
        },
        computed: {
            innerCount:{   // 计算属性，值为外部 count 的值加上 thisCount 的值
                get(){
                    return this.count + this.thisCount
                }
            }
        },
        template:'
            <button @click="click"> 单击 </button>
            <div> 计数 :{{innerCount}}</div>
        '
    }
    App.component("comp1", comp1)
    App.mount("#Application")
</script>
```

上面的代码中定义了一个名为 count 的外部属性，这个属性在组件内实际上的作用是控制组件计数的初始值。需要注意，在外部传递数值类型的数据到组件内部时，必须使用 v-bind 指令的方式进行传递，直接使用 HTML 属性设置的方式传递会将传递的数据作为字符串传递（而不是 JavaScript 表达式）。例如下面的组件使用方式，最终页面渲染的计数结果将不是预期的：

```
<comp1 count="5"></comp1>
```

虽然，count 属性的作用是作为组件内部计数的初始值，但是调用方不一定会理解组件内部的逻辑，调用此组件时极有可能会传递非数值类型的数据，例如：

```
<comp1 :count="{}"></comp1>
```

页面的渲染效果如图 6-1 所示。

组件渲染示例

...e 中，我们可以对定义的 props 进行约束来显式地指...
...列表时，其表示当前定义的属性没有任何约束控制，
...设置。修改上面代码中的 props 的定义如下：

...属性的值不符合要求，则控制台会有警告信息输出，
...出如下警告：

```
...eck failed for props "count". Expected
```

...用对象的方式定义，显式地设置其类型、默认值等，
...面为开发者提供了组件的参数使用文档。
...进行更加复杂的性质指定，可以使用如下方式定义：

```
// 数值类型
count:Number,
// 字符串类型
count2:String,
// 布尔值类型
count3:Boolean,
// 数组类型
count4:Array,
// 对象类型
count5:Object,
// 函数类型
```

```
        count6:Function
    }
```

如果一个属性可能是多种类型，则可以使用如下方式定义：

```
props:{
    // 指定属性类型为字符串或数值
    param:[String, Number]
}
```

在对属性的默认值进行配置时，如果默认值的获取方式比较复杂，也可以将其定义为函数，函数执行的结果会被作为当前属性的默认值，示例如下：

```
props:{
    count: {
        default:function() {
            return 10
        }
    }
}
```

Vue 中 props 的定义支持进行自定义的验证，以上面的代码为例，假设组件内需要接收的 count 属性的值必须大于数值 10，通过自定义验证函数实现：

```
props:{
    count: {
        validator: function(value) {
            if (typeof(value) != 'number' || value <= 10) {
                return false
            }
            return true
        }
    }
}
```

当组件的 count 属性被赋值时，会自动调用验证函数进行验证，如果验证函数返回 true，则表明此赋值是有效的，如果验证函数返回 false，则控制台会输出异常信息。

6.2.2 props 的只读性质

读者可能已经发现了，对组件内部来说，props 是只读的。也就是说，我们不能在组件的内部修改 props 属性的值，可以尝试运行如下代码：

```
props:{
    count: {
        validator: function(value) { // 对赋值的有效性进行校验
            if (typeof(value) != 'number' || value <= 10) {
                return false
            }
            return true
        }
```

```
    }
},
methods:{
    click(){
        this.count += 1
    }
}
```

当 click 函数被触发时，页面上的计数并没有改变，并且控制台会抛出 Vue 警告信息。

props 的这种只读性是 Vue 单向数据流特性的一种体现。所有的外部属性 props 都只允许父组件的数据流动到子组件中，子组件的数据则不允许流向父组件。因此，在组件内部修改 props 的值是无效的，以计数器页面为例，如果定义的 props 只是为了设置组件某些属性的初始值，完全可以使用计算属性来进行桥接，也可以将外部属性的初始值映射到组件的内部属性上，示例如下：

```
props:{
    count: {
        validator: function(value) {
            if (typeof(value) != 'number' || value <= 10) {
                return false
            }
            return true
        }
    }
},
data(){
    return {
        thisCount:this.count
    }
}
```

6.2.3　组件数据注入

数据注入是一种便捷地在组件间传递数据的方式。一般情况下，当父组件需要传递数据到子组件时，我们会使用 props，但是如果组件的嵌套层级很多，子组件需要使用多层之外的父组件的数据就非常麻烦了，数据需要一层一层地进行传递。

新建一个名为 provide.html 的测试文件，在其中编写如下核心示例代码：

【源码见附件代码 / 第 6 章 /5.provide.html】

```
<div id="Application">
    <my-list :count="5">
    </my-list>
</div>
<script>
    const App = Vue.createApp({})
    const listCom = {
        props:{
```

```
                count: Number   // 定义外部属性 count
            },
    // 定义组件的 HTML 模板，模板会渲染出一个 list 元素
            template:'
                <div style="border:red solid 10px;">
                    <my-item v-for="i in this.count" :list-count="this.count"
    :index="i"></my-item>
                </div>
                '
        }
    // 定义列表项组件
        const itemCom = {
            props: {
                listCount:Number,          // 列表项总数
                index:Number               // 当前列表项的下标
            },
            template:'
                <div style="border:blue solid 10px;"><my-label :list-count="this.
    listCount" :index="this.index"></my-label></div>
                '
        }
        const labelCom = {
            props: {
                listCount:Number,
                index:Number
            },
            template:'
                <div>{{index}}/{{this.listCount}}</div>
                '
        }
    // 注册组件
        App.component("my-list", listCom)
        App.component("my-item", itemCom)
        App.component("my-label", labelCom)
        App.mount("#Application")
    </script>
```

　　上面的代码中，我们创建了 3 个自定义
组件，my-list 组件用来创建一个列表视图，
其中每一行的元素为 my-item 组件，my-item
组件中又使用了 my-label 组件进行文本显示。
列表中每一行会渲染出当前的行数以及总行
数，运行上面的代码，页面效果如图 6-2 所示。

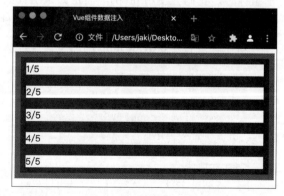

图 6-2　自定义列表组件

上面的代码运行本身没有什么问题，烦琐的地方在于在 my-label 组件中需要使用 my-list 组件中的 count 属性，通过 my-item 组件数据才能顺利进行传递。随着组件的嵌套层数增多，数据的传递将越来越复杂。对于这种场景，我们可以使用数据注入的方式来跨层级进行数据传递。

所谓数据注入，是指父组件可以向其所有子组件提供数据，不论在层级结构上此子组件的层级有多深。以前面的代码为例，my-label 组件可以跳过 my-item 组件直接使用 my-list 组件中提供的数据。

实现数据注入，需要使用组件的 provide 与 inject 两个配置项，提供数据的父组件需要设置 provide 配置项来提供数据，子组件需要设置 inject 配置项来获取数据。修改上面的代码如下：

【源码见附件代码 / 第 6 章 /5.provide.html】

```
const listCom = {
    props:{
        count: Number
    },
// 要注入子组件的数据，在 provide 方法中提供
    provide(){
        return {
            listCount:this.count
        }
    },
    template:'
        <div style="border:red solid 10px;">
            <my-item v-for="i in this.count" :index="i"></my-item>
        </div>
    '
}
const itemCom = {
    props: {
        index:Number
    },
    template:'
        <div style="border:blue solid 10px;"><my-label :index="this.index"></my-label></div>
    '
}
const labelCom = {
    props: {
        index:Number
    },
// 使用 inject 来接收父组件注入的数据
    inject:['listCount'],
    template:'
        <div>{{index}}/{{this.listCount}}</div>
    '
}
```

运行代码，程序依然可以很好地运行，使用数据注入的方式传递数据时，父组件不需要了

解哪些子组件要使用这些数据，同样子组件也无须关心所使用的数据来自哪里。一定程度上，这使代码的可控性降低了，因此在实际开发中，我们要根据场景来决定使用怎样的方式来传递数据，而不是滥用注入技术。

6.3 组件 Mixin 技术

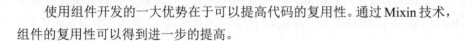

使用组件开发的一大优势在于可以提高代码的复用性。通过 Mixin 技术，组件的复用性可以得到进一步的提高。

6.3.1 使用 Mixin 来定义组件

当我们开发大型前端项目时，可能会定义非常多的组件，这些组件中可能有一部分功能是通用的，对于这部分通用的功能，如果每个组件都编写一遍会非常烦琐，而且不易于之后的维护。首先，新建一个名为 mixin.html 的测试文件。下面编写 3 个简单的示例组件，核心代码如下：

【源码见附件代码 / 第 6 章 /6.mixin.html】

```
<div id="Application">
    <my-com1 title=" 组件 1"></my-com1>
    <my-com2 title=" 组件 2"></my-com2>
    <my-com3 title=" 组件 3"></my-com3>
</div>
<script>
    const App = Vue.createApp({})
    const com1 = {
        props:['title'],  // 外部属性 title
        template:'
            <div style="border:red solid 2px;">
                {{title}}
            </div>
        '
    }
    const com2 = {
        props:['title'], // 外部属性 title
        template:'
            <div style="border:blue solid 2px;">
                {{title}}
            </div>
        '
    }
    const com3 = {
        props:['title'], // 外部属性 title
        template:'
            <div style="border:green solid 2px;">
                {{title}}
            </div>
```

```
        '
    }
    App.component("my-com1", com1)
    App.component("my-com2", com2)
    App.component("my-com3", com3)
    App.mount("#Application")
</script>
```

运行上面的代码，效果如图 6-3 所示。

图 6-3　组件示意图

上面的代码中，定义的 3 个示例组件中每个组件都定义了一个名为 title 的外部属性，这部分代码其实可以抽离出来作为独立的"功能模块"，需要此功能的组件只需要"混入"此功能模块即可。示例代码如下：

【源码见附件代码 / 第 6 章 /6.mixin.html】

```
const App = Vue.createApp({})
// 将组件通用的部分定义成 mixin 模块
const myMixin = {
    props:['title']
}
const com1 = {
    mixins:[myMixin],  // 引入需要的 mixin 模块
    template:'
        <div style="border:red solid 2px;">
            {{title}}
        </div>
    '
}
const com2 = {
    mixins:[myMixin], // 引入需要的 mixin 模块
    template:'
        <div style="border:blue solid 2px;">
            {{title}}
        </div>
    '
}
const com3 = {
    mixins:[myMixin], // 引入需要的 mixin 模块
    template:'
        <div style="border:green solid 2px;">
            {{title}}
        </div>
    '
}
```

如以上代码所示，我们可以定义一个混入对象，混入对象中可以包含任意的组件定义选项，当此对象被混入组件时，组件会将混入对象中提供的选项引入当前组件内部。这有些类似于编程语言中的"继承"的语法。

6.3.2　Mixin 选项的合并

当混入对象与组件中定义了相同的选项时，Vue 可以非常智能地对这些选项进行合并。不冲突的配置将完整合并，冲突的配置会以组件中自己的配置为准，例如：

【源码见附件代码 / 第 6 章 /6.mixin.html】

```
const myMixin = {
    data() {
// 定义 mixin 模块中的数据
        return {
            a:"a",
            b:"b",
            c:"c"
        }
    }
}
const com = {
    mixins:[myMixin],
    data(){
        return {
            d:"d"
        }
    },
    // 组件被创建后会调用，用来测试混入的数据情况
    created() {
        // a,b,c,d 都存在
        console.log(this.$data)
    }
}
```

上面的代码中，混入对象中定义了组件的属性数据，包含 a、b 和 c 共 3 个属性，组件本身定义了 d 属性，最终组件在使用时，其内部的属性会包含 a、b、c 和 d。如果属性的定义有冲突，则会以组件内部定义的为准，例如：

【源码见附件代码 / 第 6 章 /6.mixin.html】

```
const myMixin = {
    props:["title"],
data() {
// 定义 mixin 模块中的数据
        return {
            a:"a",
            b:"b",
            c:"c"
        }
    }
}
const com = {
    mixins:[myMixin],
```

```
data(){
    return {
        c:"C" // 此数据与 mixin 模块中的有冲突，组件内的优先级更高
    }
},
// 组件被创建后会调用，用来测试混入的数据情况
created() {
    // 属性 c 的值为 "C"
    console.log(this.$data)
}
}
```

生命周期函数这类配置项的混入与属性类的配置项的混入略有不同，不重名的生命周期函数会被完整混入组件，重名的生命周期函数被混入组件时，在函数触发时会先触发 Mixin 对象中的实现，再触发组件内部的实现，这类似于面向对象编程中子类对父类方法的覆写。例如：

【源码见附件代码 / 第 6 章 /6.mixin.html】

```
const myMixin = {
    mounted () {
        console.log("Mixin 对象 mounted")
    }
}
const com = {
    mounted () {
        console.log(" 组件本身 mounted")
    }
}
```

运行上面的代码，当 com 组件被挂载时，控制台会先打印"Mixin 对象 mounted"之后再打印"组件本身 mounted"。

6.3.3　进行全局 Mixin

Vue 支持对应用进行全局 Mixin 混入。直接对应用实例进行 Mixin 设置即可，实例代码如下：

```
const App = Vue.createApp({})
App.mixin({
    mounted () {
        console.log("Mixin 对象 mounted")
    }
})
```

需要注意，虽然全局 Mixin 使用起来非常方便，但是会使其后注册的所有组件都默认混入这些选项，当程序出现问题时，这样会增加排查问题的难度。全局 Mixin 技术非常适合开发插件，如开发组件挂载的记录工具等。

6.4 使用自定义指令

在 Vue 中，指令的使用无处不在，前面一直在使用的 v-bind、v-model、v-on 等都是指令。Vue 中也提供了自定义指令的能力，对于某些定制化的需求，配合自定义指令来封装组件可以使开发过程变得非常容易。

6.4.1 认识自定义指令

Vue 内置的指令已经提供了大部分核心的功能，但是有时仍需要直接操作 DOM 元素来实现业务功能，这时就可以使用自定义指令。我们先来看一个简单的示例。首先，新建一个名为 directive.html 的文件，我们来实现如下功能：在页面上提供一个 input 输入框，当页面被加载后，输入框默认处于焦点状态，即用户可以直接对输入框进行输入。编写示例代码如下：

【源码见附件代码 / 第 6 章 /7.directive.html】

```
<div id="Application">
    <input v-getfocus />
</div>
<script>
    const App = Vue.createApp({})
    App.directive('getfocus', {
        // 当被绑定此指令的元素被挂载时调用
        mounted (element) {
            console.log(" 组件获得了焦点 ")
            element.focus()
        }
    })
    App.mount("#Application")
</script>
```

如以上代码所示，调用应用实例的 directive 方法可以注册全局的自定义指令，上面代码中的 getfocus 是指令的名称，在使用时需要加上"v-"前缀。运行上面的代码，可以看到，页面被加载时其中的输入框默认处于焦点状态，可以直接进行输入。

在自定义指令时，通常需要在组件的某些生命周期节点进行操作，自定义指令除了支持生命周期方法 mounted 外，也支持使用 beforeMount、beforeUpdate、updated、beforeUnmount 和 unmounted 生命周期方法，我们可以选择合适的时机来实现自定义指令的逻辑。

上面的示例代码中采用了全局注册的方式来自定义指令，因此所有组件都可以使用，如果只想让自定义指令在指令的组件上可用，也可以在定义组件（局部注册）时，在组件内部进行 directives 配置来自定义指令，代码如下：

```
const sub = {
    directives: {
        // 组件内部的自定义指令
        getfocus:{
```

```
        mounted(el) {
            el.focus()
        }
    }
  },
  mounted () {
      // 组件挂载
      console.log(this.version)
  }
}
App.component("sub-com", sub)
```

6.4.2 自定义指令的参数

在 6.4.1 节中，我们演示了一个自定义指令的小例子，这个例子本身非常简单，没有为自定义指令进行赋值，也没有使用自定义指令的参数。我们知道，Vue 内置的指令是可以设置值和参数的，如 v-on 指令，可以设置值为函数来响应交互事件，也可以通过设置参数来控制要监听的事件类型。

自定义指令也可以设置值和参数，这些设置数据会通过一个 param 对象传递到指令实现的生命周期方法中，示例如下：

【源码见附件代码 / 第 6 章 /7.directive.html】

```
<div id="Application">
    <input v-getfocus:custom="1" />
</div>
<script>
    const App = Vue.createApp({})
    App.directive('getfocus', {
        // 当被绑定此指令的元素被挂载时调用
        mounted (element, param) {
            if (param.value == "1") {
                element.focus()
            }
            // 将打印参数 :custom
            console.log(" 参数 :" + param.arg)
        }
    })
    App.mount("#Application")
</script>
```

上面的代码很好理解，指令设置的值 1 被绑定到 param 对象的 value 属性上，指令设置的 custom 参数被绑定到 param 对象的 arg 属性上。

有了参数，Vue 自定义指令的使用可以非常灵活，通过不同的参数进行区分，我们可以很方便地处理复杂的组件渲染逻辑。

对于指令设置的值，也允许直接设置为 JavaScript 对象，例如下面的设置是合法的：

```
<input v-getfocus:custom="{a:1, b:2}" />
```

6.5 组件的 Teleport 功能

Teleport 可以简单翻译为"传送""传递"，它是 Vue 3.0 提供的新功能。有了 Teleport 功能，在编写代码时，开发者可以将相关的行为逻辑和 UI 封装到同一个组件中，以提高代码的聚合性。

要明白 Teleport 功能如何使用，以及适用的场景，我们可以通过一个小例子来体会。如果需要开发一个全局弹窗组件，此组件自带一个触发按钮，当用户单击此按钮后，会弹出弹窗。新建一个名为 teleport.html 的测试文件，在其中编写如下核心示例代码：

【源码见附件代码 / 第 6 章 /8.teleport.html】

```html
<div id="Application">
    <my-alert></my-alert>
</div>
<script>
    const App = Vue.createApp({})
    App.component("my-alert",{
        template:'
            <div>
                <button @click="show = true"> 弹出弹窗 </button>
            </div>
            <div v-if="show" style="text-align: center;padding:20px;
position:absolute;top: 45%; left:30%; width:40%; border:black solid 2px;
background-color:white">
                <h3> 弹窗 </h3>
                <button @click="show = false">隐藏弹窗 </button>
            </div>
        ',
        data(){
            return {
                show:false  // 控制弹窗的显示
            }
        }
    })
    App.mount("#Application")
</script>
```

上面的代码中，我们定义了一个名为 my-alert 的组件，这个组件默认提供了一个功能按钮，单击后会弹出弹窗，按钮和弹窗的逻辑都被聚合到了组件内部，运行代码，效果如图 6-4 所示。

目前来看，代码运行没什么问题，但是此组件的可用性并不好，当我们在其他组件内部使用此组件时，全局弹窗的布局可能无法达到我们的预期，例如修改 HTML 结构如下：

```html
<div id="Application">
    <div style="position: absolute; width: 50px;">
        <my-alert></my-alert>
    </div>
</div>
```

再次运行代码,由于当前组件被放入了一个外部的 div 元素内,因此其弹窗布局会受到影响,效果如图 6-5 所示。

图 6-4 弹窗效果

图 6-5 组件树结构影响布局

为了避免这种由于组件树结构的改变而影响组件内元素的布局的问题,一种方式是将触发事件的按钮与全局的弹窗分成两个组件编写,保证全局弹窗组件挂载在 body 标签下面,但这样会使得相关的组件逻辑分散在不同地方,不易进行后续维护。另一种方式是使用 Teleport。

在定义组件时,如果组件模板中的某些元素只能挂载在指定的标签下,那么可以使用 Teleport 来指定,可以形象地理解 Teleport 的功能是将此部分元素"传送"到指令的标签下,以上面的代码为例,可以指定全局弹窗只挂载在 body 元素下,修改代码如下:

```
App.component("my-alert",{
    template:'
        <div>
            <button @click="show = true"> 弹出弹窗 </button>
        </div>
        <teleport to="body">
        <div v-if="show" style="text-align: center;padding:20px;
position:absolute;top: 30%; left:30%; width:40%; border:black solid 2px;
background-color:white">
            <h3> 弹窗 </h3>
            <button @click="show = false"> 隐藏弹窗 </button>
        </div>
        </teleport>
    ',
    data(){
        return {
            show:false
        }
    }
})
```

优化后的代码无论组件本身在组件树的何处,弹窗都能正确地布局。

6.6　小结与练习

本章介绍了组件的更多高级用法。了解组件的生命周期有利于我们更加得心应手地控制组件的行为，同时 Mixin、自定义指令和 Teleport 技术都使得组件的灵活性得到进一步的提高。尝试回答下下面的问题。

练习 1：Vue 组件的生命周期钩子是指什么？有怎样的应用？

温馨提示：生命周期钩子的本质是方法，只是这些方法由Vue系统自动调用，在组件从创建到销毁的整个过程中，生命周期方法会在其对应的时机被触发。通过实现生命周期方法，我们可以将一些业务逻辑加到组件的挂载、卸载、更新等过程中。

练习 2：Vue 应用实例有哪些配置可用？

温馨提示：可以从常用的配置项说起，如进行全局组件的注册、配置异常与警告的捕获、进行全局自定义指令的注册等。

练习 3：在定义 Vue 组件时，props 有什么应用？

温馨提示：props是父组件传值到子组件的重要方式，在定义组件的props时，我们应该尽量将其定义为描述性对象，对props的类型、默认值、可选性进行控制，如果有必要，也可以进行自定义的有效性验证。

练习 4：Vue 组件间如何进行传值？

温馨提示：可以简述props的基本应用、全局数据的基本应用以及如何使用数据注入技术进行组件内数据的跨层级传递。

练习 5：什么是 Mixin 技术？

温馨提示：Mixin技术与继承有许多类似的地方，可以将某些组件间公用的部分抽离到Mixin对象中，从而增强代码的复用性。Mixin分为全局Mixin和局部Mixin，需要额外注意的是当Mixin产生数据冲突时Vue中的合并规则。

练习 6：Teleport 是怎样一种特性？

温馨提示：Teleport的核心是在组件内部可以指定某些元素挂载在指定的标签下，它可以使组件中的部分元素脱离组件自己的布局树结构来进行渲染。

第 7 章

Chapter 7

Vue 响应式编程

响应式是 Vue 框架最重要的特点，在开发中，对 Vue 响应式特性的使用非常频繁，常见的是通过数据绑定的方式将变量的值渲染到页面中，当变量发生变化时，页面对应的元素也会更新。本章将深入探讨 Vue 的响应式原理，理解 Vue 的底层设计逻辑。

本章学习内容

- Vue 的响应式原理。
- 在 Vue 中使用响应式对象与数据。
- Vue 3 的新特性：组合式 API 的应用。

7.1 响应式编程的原理与在 Vue 中的应用

虽说响应式编程我们时时都在使用，但是可能从未思考过其工作原理是怎样的。其实响应式的本质是对变量的监听，当监听到变量发生变化时，我们可以做一些预定义的逻辑。例如，对于数据绑定技术来说，所需要做的就是在变量发生改变时即时地对页面元素进行刷新。

响应式原理在生活中处处可见，例如开关与电灯的关系就是响应式的，通过改变开关的状态，我们可以轻松地控制电灯的开关。也有更复杂一些的，例如在使用 Excel 表格软件时，当需要对数据进行统计时，可以使用公式进行计算，当公式所使用的变量发生变化时，对应的结果也会发生变化。

7.1.1 手动追踪变量的变化

首先，新建一个名为 react.html 的测试文件，编写下面的示例代码：

【源码见附件代码 / 第 7 章 /1.react.html】

```
<script>
// 定义两个整型变量 a 和 b
```

```
        let a = 1;
        let b = 2; // 定义 sum 变量，其值为 a 加 b 的和
        let sum = a + b;
        console.log(sum);
    // 对变量 a 和变量 b 的值进行修改，sum 变量不会改变
        a = 3;
        b = 4;
        console.log(sum);
</script>
```

运行代码，观察控制台，可以看到两次输出的 sum 变量的值都是 3，也就是说，虽然从逻辑上理解，sum 值的意义是变量 a 和变量 b 的值的和，但是当变量 a 和变量 b 发生改变时，变量 sum 的值并不会响应式地进行改变。

我们如何为 sum 这类变量增加响应式呢？首先需要能够监听到会影响最终 sum 变量值的子变量的变化，即要监听到变量 a 和变量 b 的变化。在 JavaScript 中，可以使用 Proxy 来对原对象进行包装，从而实现对对象属性设置和获取的监听，修改上面的代码如下：

【源码见附件代码 / 第 7 章 /1.react.html】

```
<script>
    // 定义对象数据
    let a = {
        value:1
    };
    let b = {
        value:2
    };
    // 定义处理器
    handleA = {
// 其中 target 是调用此处理器的对象本身，key 是要获取的属性名
        get(target, key) {
            console.log(' 获取 A：${key} 的值 ')
            return target[key]
        },
// 其中 target 为调用此处理器的对象本身，key 为要设置的属性名，value 为要设置的值
        set(target, key, value) {
            console.log(' 设置 A：${key} 的值 ${value}')
        }
    }
    handleB = {
        get(target, key) {
            console.log(' 获取 B：${key} 的值 ')
            return target[key]
        },
        set(target, key, value) {
            console.log(' 设置 B：${key} 的值 ${value}')
        }
    }
    // 创建 Proxy 对象，将变量 a 和变量 b 包装成 Proxy 代理对象
```

```
    let pa = new Proxy(a, handleA)
    let pb = new Proxy(b, handleB)
    let sum = pa.value + pb.value;
    pa.value = 3;
    pb.value = 4;
</script>
```

　　如以上代码所示，Proxy 对象在初始化时需要传入一个要包装的对象和对应的处理器，处理器中可以定义 get 和 set 方法，创建的新代理对象的用法和原对象完全一致，只是在对其内部属性进行获取或设置时，都会被处理器中定义的 get 或 set 方法进行拦截。运行上面的代码，通过控制台的打印信息可以看到，每次获取对象 value 属性的值时都会调用我们定义的 get 方法，同样对 value 属性进行赋值时，也会先调用 set 方法。

　　现在，尝试使 sum 变量具备响应式，修改代码如下：

【源码见附件代码 / 第 7 章 /1.react.html】

```
<script>
    // 数据对象
    let a = {
        value:1
    };
    let b = {
        value:2
    };
    // 定义触发器，用来刷新数据
    let trigger = null;
    // 数据变量的处理器，当数据发生变化时，调用触发器刷新数据
    handleA = {
        set(target, key, value) {
    // set 方法的基本实现，对要设置的属性的值进行设置
            target[key] = value
    // 检查触发器方法是否不为空，若不为空，则调用
            if (trigger) {
                trigger()
            }
        }
    }
    handleB = {
        set(target, key, value) {
    // set 方法的基本实现，对要设置的属性的值进行设置
            target[key] = value
    // 检查触发器方法是否不为空，若不为空，则调用
            if (trigger) {
                trigger()
            }
        }
    }
    // 进行对象的代理包装
    let pa = new Proxy(a, handleA)
```

```
    let pb = new Proxy(b, handleB)
    let sum = 0;
    // 实现触发器逻辑，重新计算 sum 变量的值
    trigger = () => {
        sum = pa.value + pb.value;
    };
    // 手动调用一次触发器，对 sum 变量进行初始化
    trigger();
    console.log(sum);
    // 尝试修改变量 pa 和变量 pb 的值，之后会触发对应的 set 方法，从而调用触发器方法
    pa.value = 3;
    pb.value = 4;
    // 由于触发器方法的执行，sum 变量的值也同步更新了
    console.log(sum);
</script>
```

上面的示例代码有着很详细的功能注释，理解起来并不复杂，整体的流程逻辑是通过 Porxy 代理对象来拦截子变量属性的修改，当对子变量的属性进行修改时，除了对子变量本身对应的属性进行赋值外，还调用了一个触发器方法，触发器方法的作用是对父变量的值进行重新计算。运行代码，可以发现，此时只要数据对象的 value 属性值发生了变化，sum 变量的值就会实时地进行更新。

7.1.2 Vue 中的响应式对象

在 7.1.1 节中，通过使用 JavaScript 的 Proxy 对象实现了对象的响应式编程。在 Vue 中，大多数情况下我们都不需要关心数据的响应式问题，因为按照 Vue 组件模板编写组件元素时，data 方法中返回的数据默认都是有响应性的。然而，在有些场景下，我们依然需要对某些数据进行特殊的响应式处理。

在 Vue 3 中引入了组合式 API 的新特性，这种新特性允许我们在 setup 方法中定义组件需要的数据和方法，关于组合式 API 的应用，本章后面会进行更具体的介绍。本小节只需要了解 setup 方法可以在组件被创建前定义组件需要的数据和方法即可。

新建一个名为 reactObj.html 的测试文件，在其中编写如下测试代码：

【源码见附件代码 / 第 7 章 /2.reactObj.html】

```
<body>
    <div id="Application">
    </div>
    <script>
        const App = Vue.createApp({
            // 进行组件数据的初始化
            setup () {
                // 数据
                let myData = {
                    value:0
                }
```

```
                // 按钮的单击方法
                function click() {
                    myData.value += 1
                    console.log(myData.value)
                }
                // 将数据和方法返回，在模板中可以直接使用
                return {
                    myData,
                    click
                }
            },
            // 在模板中可以直接使用 setup 方法中定义的数据和函数
            template:'
                <h1> 测试数据：{{myData.value}}</h1>
                <button @click="click"> 单击 </button>
            '
        })
        App.mount("#Application")
    </script>
</body>
```

　　运行上面的代码，可以看到页面成功渲染出了组件定义的 HTML 模板元素，并且可以正常地触发按钮的单击交互方法，但是我们无论怎么单击按钮，页面上渲染的数字永远不会改变，从控制台可以看出，myData 对象的 value 属性已经发生了变化，但是页面并没有被刷新。这是由于 myData 对象是我们自己定义的普通 JavaScript 对象，其本身并没有响应性，进行的修改也不会同步刷新到页面上，这与我们常规使用组件的 data 方法返回数据不同，data 方法返回的数据会被默认包装成 Proxy 对象，从而获得响应性。

　　为了解决上面的问题，Vue 3 中提供了 reactive 方法，使用这个方法对自定义的 JavaScript 对象进行包装，即可方便地为其添加响应性，修改上面代码中的 setup 方法如下：

【源码见附件代码 / 第 7 章 /2.reactObj.html】

```
setup () {
// 创建数据对象时，使用 Vue 中的 reactive 方法
    let myData = Vue.reactive({
        value:0
    })
    function click() {
        myData.value += 1
        console.log(myData.value)
    }
    return {
        myData,
        click
    }
}
```

　　再次运行代码，当 myData 中的 value 属性发生变化时，已经可以同步进行页面元素的刷新了。

7.1.3　独立的响应式值 Ref 的应用

现在，相信读者已经可以熟练地定义响应式对象了，在实际开发中，很多时候我们需要的只是一个独立的原始值，不一定都是对象。以 7.1.2 节的示例代码为例，我们需要的只是一个数值。对于这种场景，不需要手动将其包装为对象的属性，可以直接使用 Vue 提供的 ref 方法来定义响应式独立值，ref 方法会帮我们完成对象的包装，示例代码如下：

【源码见附件代码 / 第 7 章 /2.reactObj.html】

```
<script>
    const App = Vue.createApp({
        setup () {
            // 定义响应式独立值
            let myObject = Vue.ref(0)
            // 需要注意，myObject 会自动包装对象，其中定义 value 属性为原始值
            function click() {
                myObject.value += 1
                console.log(myObject.value)
            }
            // 返回的数据 myObject 在模板中使用时已经是独立值
            return {
                myObject,
                click
            }
        },
        template:'
            <h1>测试数据：{{myObject}}</h1>
            <button @click="click">单击</button>
        '
    })
    App.mount("#Application")
</script>
```

上面的代码的运行结果和之前没有区别，有一点需要注意，使用 ref 方法创建了响应式对象后，要在 setup 方法内修改数据，需要对 myObject 中的 value 属性值进行修改，value 属性值是 Vue 内部生成的，但是对于 setup 方法导出的数据来说，我们在模板中使用的 myObject 数据已经是最终的独立值，可以直接使用。也就是说，在模板中使用 setup 中返回的使用 ref 定义的数据时，数据对象会被自动展开。

Vue 中还提供了一个名为 toRefs 的方法用来支持响应式对象的解构赋值。解构赋值是 JavaScript 中的一种语法，可以直接将 JavaScript 对象中的属性进行解构，从而直接赋值给变量进行使用。改写代码如下：

【源码见附件代码 / 第 7 章 /2.reactObj.html】

```
<div id="Application">
</div>
<script>
```

```
        const App = Vue.createApp({
            setup () {
                let myObject = Vue.reactive({
                    value:0
                })
                // 对 myObject 对象进行解构赋值，将 value 属性单独取出来
                let { value } = myObject
                function click() {
                    value += 1
                    console.log(value)
                }
                return {
                    value,
                    click
                }
            },
            template:'
                <h1> 测试数据：{{value}}</h1>
                <button @click="click"> 单击 </button>
            '
        })
        App.mount("#Application")
    </script>
```

改写后的代码可以正常运行，并且能够正确地获取 value 变量的值，但是需要注意，value 变量已经失去了响应性，对其进行的修改无法同步地刷新页面。对于这种场景，可以使用 Vue 中提供的 toRefs 方法来进行对象的解构，其会自动将解构出的变量转换为 ref 变量，从而获得响应性：

【源码见附件代码 / 第 7 章 /2.reactObj.html】

```
const App = Vue.createApp({
    setup () {
        let myObject = Vue.reactive({
            value:0
        })
        // 解构赋值时，value 会直接被转成 ref 变量，此变量自动被包装成对象
        let { value } = Vue.toRefs(myObject)
        function click() {
            value.value += 1
            console.log(value.value)
        }
// value 变量被导出后，会自动展开，因此在模板中可以直接使用
        return {
            value,
            click
        }
    },
    template:'
        <h1> 测试数据：{{value}}</h1>
```

```
        <button @click="click">单击</button>
    `
})
```

上面的代码中有一点需要注意，Vue 会自动将解构的数据转换成 ref 对象变量，因此在 setup 方法中使用时，要使用其内部包装的 value 属性。

7.2 响应式的计算与监听

回到本章开头时编写的那段原生的 JavaScript 代码中：

```
<script>
// 定义两个整型变量 a 和 b
    let a = 1;
    let b = 2; // 定义 sum 变量，其值为 a 加 b 的和
    let sum = a + b;
    console.log(sum);
// 对变量 a 和变量 b 的值进行修改，sum 变量不会改变
    a = 3;
    b = 4;
    console.log(sum);
</script>
```

这段代码本身与页面元素没有绑定关系，变量 a 和变量 b 的值只会影响变量 sum 的值。对于这种场景，sum 变量更像是一种计算变量，在 Vue 中提供了 computed 方法来定义计算变量。

7.2.1 关于计算变量

有时候，我们定义的变量的值依赖于其他变量的状态，当然，在组件中可以使用 computed 选项来定义计算属性，其实 Vue 中也提供了一个同名的方法，我们可以直接使用该方法创建计算变量。

新建一个名为 computed.html 的测试文件，编写如下测试代码：

【源码见附件代码 / 第 7 章 /3.computed.html】

```
<div id="Application">
</div>
<script>
    const App = Vue.createApp({
        setup () {
// 定义一些变量，其中 a 和 b 为单纯的数据变量，sum 为页面需要渲染的变量
            let a = 1;
            let b = 2;
            let sum = a + b;
            function click() {
                a += 1;
                b += 2;
```

```
                console.log(a)
                console.log(b)
            }
            return {
                sum,
                click
            }
        },
        template:'
            <h1>测试数据：{{sum}}</h1>
            <button @click="click">单击</button>
        '
    })
    App.mount("#Application")
</script>
```

运行上面的代码，当我们单击按钮时，页面上渲染的数值并不会发生改变。使用计算变量的方法定义 sum 变量如下：

【源码见附件代码 / 第 7 章 /3.computed.html】

```
// 将变量 a 和 b 定义成响应式的
let a = Vue.ref(1);
let b = Vue.ref(2);
// 使用 Vue 中提供的 computed 方法来创建计算变量
let sum = Vue.computed(()=>{
    return a.value + b.value
});
function click() {
    a.value += 1;
    b.value += 2;
}
```

如此，变量 a 或变量 b 的值只要发生变化，就会同步地改变 sum 变量的值，并且可以响应式地进行页面元素的更新。当然，与计算属性类似，计算变量也支持被赋值，示例如下：

【源码见附件代码 / 第 7 章 /3.computed.html】

```
setup () {
    let a = Vue.ref(1);
    let b = Vue.ref(2);
    let sum = Vue.computed({
// 计算变量被赋值时，要做的是对其影响的数据变量的值进行更新
        set (value){
            a.value = value
            b.value = value
        },
        get () {
            return a.value + b.value
        }
    });
```

```
function click() {
    a.value += 1;
    b.value += 2;
    if (sum.value > 10) {
        sum.value = 0
    }
}
return {
    sum,
    click
}
}
```

7.2.2　监听响应式变量

到目前为止，我们已经能够使用 Vue 中提供的 ref、reactive 和 computed 等方法来创建拥有响应性特性的变量。有时候，当响应式变量发生变化时，我们需要监听其变化行为。在 Vue 3 中，watchEffect 方法可以自动对其内部用到的响应式变量的变化进行监听，由于其原理是在组件初始化时收集所有依赖，因此在使用时无须手动指定要监听的变量，例如：

【源码见附件代码 / 第 7 章 /4.effect.html】

```
const App = Vue.createApp({
    setup () {
        let a = Vue.ref(1);
        Vue.watchEffect(()=>{
            // 当变量 a 变化时，即可执行当前函数
            console.log(" 变量 a 变化了 ")
            console.log(a.value)
        })
        a.value = 2;
        return {
            a
        }
    }
})
```

在调用 watchEffect 方法时，会立即执行传入的函数参数，并会追踪其内部的响应式变量，在变更时再次调用此函数参数。在上面的示例代码中，我们在此函数中只使用了 a 变量，因此其会自动追踪 a 变量的变化。

需要注意，watchEffect 在 setup 方法中被调用后，它会和当前组件的生命周期绑定在一起，组件卸载时会自动停止监听，如果需要手动停止监听，方法如下：

【源码见附件代码 / 第 7 章 /4.effect.html】

```
const App = Vue.createApp({
    setup () {
        let a = Vue.ref(1);
        // 暂存 watchEffect 的停止监听操作句柄
```

```
let stop = Vue.watchEffect(()=>{
    // 当变量 a 变化时，即可执行当前函数
    console.log(" 变量 a 变化了 ")
    console.log(a.value)
})
a.value = 2;
// 手动停止监听
stop();
a.value = 3;
return {
    a
}
}
})
```

watch 是一个与 watchEffect 类似的方法，与 watchEffect 方法相比，watch 方法能够更加精准地监听指定的响应式数据的变化，示例代码如下：

【源码见附件代码 / 第 7 章 /5.watch.html】

```
<script>
    const App = Vue.createApp({
        setup () {
            let a = Vue.reactive({
                data:0
            });
            let b = Vue.ref(0);
            Vue.watch(()=>{
                // 监听 a 对象的 data 属性变化
                return a.data
            }, (value, old)=>{
                // 新值和旧值都可以获取到
                console.log(value, old)
            })
            a.data = 1;
            // 可以直接监听 ref 对象
            Vue.watch(b, (value, old)=>{
                // 新值和旧值都可以获取到
                console.log(value, old)
            })
            b.value = 3;
        }
    })
    App.mount("#Application")
</script>
```

watch 方法比 watchEffect 方法强大的地方在于它可以分别获取到变化前的值和变化后的值，方便实现某些与值的比较相关的业务逻辑。从写法来说，watch 方法支持同时监听多个数据源，示例如下：

【源码见附件代码 / 第 7 章 /5.watch.html】

```
setup () {
    let a = Vue.reactive({
        data:0
    });
    let b = Vue.ref(0);
// 同时监听 a 对象的 data 属性和 ref 对象 b
    Vue.watch([()=>{
        // 监听 a 对象的 data 属性变化
        return a.data
    },b], ([valueA, valueB], [oldA, oldB])=>{
        // 新值和旧值都可以获取到
        console.log(valueA, oldA)
        console.log(valueB, oldB)
    })
    a.data = 1;
    b.value = 3;
}
```

7.3　组合式 API 的应用

前面介绍的 Vue 中的响应式编程技术实际上都是为了组合式 API 的应用而做铺垫。组合式 API 的使用能够帮助我们更好地梳理复杂组件的逻辑分布，能够从代码层面上将分离的相关逻辑点进行聚合，更适合进行复杂模块组件的开发。

7.3.1　关于 setup 方法

setup 方法是 Vue 3 中新增的方法，属于 Vue 3 的新特性，同时它也是组合式 API 的核心方法。

setup 方法是组合式 API 功能的入口方法，如果使用组合式 API 模式进行组件开发，则逻辑代码都要编写在 setup 方法中。需要注意，setup 方法会在组件创建之前被执行，即对应组件的生命周期方法 beforeCreate 调用之前被执行。由于 setup 方法特殊的执行时机，除了可以访问组件的传参外部属性 props 之外，在其内部不能使用 this 来引用组件的其他属性，在 setup 方法的最后，可以将定义的组件所需要的数据、方法等内容暴露给组件的其他选项（比如生命周期函数、业务方法、计算属性等）。接下来更加深入地了解一下 setup 方法。

首先创建一个名为 setup.html 的测试文件来编写本节的示例代码。setup 方法可以接收两个参数：props 和 context。props 是组件使用时设置的外部参数，是有响应性的；context 则是一个 JavaScript 对象，其中可用的属性有 attrs、slots 和 emit。示例代码如下：

【源码见附件代码 / 第 7 章 /6.setup.html】

```
<div id="Application">
    <com name=" 组件名 "></com>
</div>
<script>
```

```
    const App = Vue.createApp({})
    App.component("com",{
        setup (props, context) {
            console.log(props.name)
            // 属性
            console.log(context.attrs)
            // 插槽
            console.log(context.slots)
            // 触发事件
            console.log(context.emit)
        },
        props: {
            name: String,
        }
    })
    App.mount("#Application")
</script>
```

在 setup 方法的最后，可以返回一个 JavaScript 对象，此对象包装的数据可以在组件的其他选项中使用，也可以直接用于 HTML 模板中，示例如下：

【源码见附件代码 / 第 7 章 /6.setup.html】

```
App.component("com",{
    setup (props, context) {
        let data = "setup 的数据";
// 返回 HTML 模板中需要使用的数据
        return {
            data
        }
    },
    props: {
        name: String,
    },
    template:'
        <div>{{data}}</div>
    '
})
```

如果我们不在组件中定义 template 模板，也可以直接使用 setup 方法返回一个渲染函数，当组件要被展示时，会使用此渲染函数进行渲染，上面的代码改写成如下形式会有一样的运行效果：

【源码见附件代码 / 第 7 章 /6.setup.html】

```
App.component("com",{
    setup (props, context) {
        let data = "setup 的数据";
        return () => Vue.h('div', [data])
    },
    props: {
```

```
        name: String,
    }
})
```

最后，再次提醒，在 setup 方法中不要使用 this 关键字，setup 方法中的 this 与当前组件实例并不是同一对象。

7.3.2　在 setup 方法中定义生命周期行为

在 setup 方法中本身也可以定义组件的生命周期方法，方便将相关的逻辑组合在一起。在 setup 方法中，常用的生命周期定义方式如表 7-1 所示。（在组件的原生命周期方法前加 on 即可）

表7-1　setup方法中常用的生命周期定义方式

组件原生命周期方法	setup方法中的生命周期方法
beforeMount	onBeforeMount
mounted	onMounted
beforeUpdate	onBeforeUpdate
updated	onUpdated
beforeUnmount	onBeforeUnmount
unmounted	onUnmounted
errorCaptured	onErrorCaptured
renderTracked	onRenderTracked
renderTriggered	onRenderTriggered

读者可能发现了，在表 7-1 中，我们去掉了 beforeCreate 和 created 两个生命周期方法，这是因为从逻辑上来说，setup 方法的执行时机与这两个生命周期方法的执行时机基本是一致的，在 setup 方法中直接编写逻辑代码即可。

下面的代码演示了在 setup 方法中定义组件的生命周期方法：

【源码见附件代码 / 第 7 章 /6.setup.html】

```
App.component("com",{
    setup (props, context) {
        let data = "setup 的数据 ";
        // 设置的函数参数的调用时机与 mounted 一样
        Vue.onMounted(()=>{
            console.log("setup 定义的 mounted")
        })
        return () => Vue.h('div', [data])
    },
    props: {
        name: String,
    },
    mounted() {
        console.log(" 组件内定义的 mounted")
    }
})
```

需要注意，如果组件中和 setup 方法中定义了同样的生命周期方法，它们之间并不会冲突。在实际调用时，会先调用 setup 方法中定义的，再调用组件中定义的。

7.4 范例演练：实现支持搜索和筛选的用户列表

本节将通过一个简单的实例来演示组合式 API 在实际开发中的应用。我们将模拟这样一种场景，有一个用户列表页面，页面的列表支持性别筛选与搜索。作为示例，我们可以假想用户数据是通过网络请求到前端页面的，在实际编写代码时可以使用延时函数来模拟这一场景。

7.4.1 常规风格的示例工程开发

首先新建一个名为 normal.html 的测试文件，在 HTML 文件的 head 标签中引用 Vue 框架并设置常规的模板字段如下：

【源码见附件代码 / 第 7 章 /7.normal.html】

```
<head>
    <meta charset="UTF-8">
    <meta http-equiv="X-UA-Compatible" content="IE=edge">
    <meta name="viewport" content="width=device-width, initial-scale=1.0">
    <title> 用户列表 </title>
    <script src="https://unpkg.com/vue@3/dist/vue.global.js"></script>
    <style>
        .container {
            margin: 50px;
        }
        .content {
            margin: 20px;
        }
    </style>
</head>
```

为了方便逻辑的演示，本节编写的范例并不添加过多复杂的 CSS 样式，主要从逻辑上梳理一个简单页面应用的开发思路。

步骤 01 设计页面的根组件的数据框架，分析页面的功能需求主要有 3 个：能够渲染用户列表，能够根据性别筛选数据，以及能够根据输入的关键字进行检索，因此至少需要 3 个响应式数据：用户列表数据、性别筛选字段以及关键词筛选字段，定义组件的 data 选项如下：

【源码见附件代码 / 第 7 章 /7.normal.html】

```
data(){
    return {
        // 性别筛选字段，-1 表示默认状态，不进行筛选
```

```
    sexFilter:-1,
    // 展示的用户列表数据
    showDatas:[],
    // 搜索的关键词，空字符串表示默认状态，不进行筛选
    searchKey:""
    }
}
```

上面定义的属性中，sexFilter 字段的取值可以是 -1、0 或者 1。-1 表示全部，0 表示性别男，1 表示性别女。

步骤 02 思考页面需要支持的行为，首先从网络上请求用户数据，将其渲染到页面上（使用延时函数来模拟这一过程），要支持性别筛选功能，需要定义一个筛选函数来完成，同样要实现关键词检索功能，也需要定义一个检索函数。定义组件的 methods 选项如下：

【源码见附件代码 / 第 7 章 /7.normal.html】

```
methods: {
    // 模拟获取用户数据
    queryAllData() {
        this.showDatas = mock
    },
    // 进行性别筛选
    filterData() {
    // 将关键词筛选置空
        this.searchKey = ""
    // 如果 sexFilter 的值为 -1，则表示不进行筛选，将 showDatas 赋值为完整数据列表
        if (this.sexFilter == -1) {
            this.showDatas = mock
        } else {
    // 使用 filter 函数将符合条件的数据筛选出来
            this.showDatas = mock.filter((data)=>{
                return data.sex == this.sexFilter
            })
        }
    },
    // 进行关键词检索
    searchData() {
    // 将性别筛选置空
        this.sexFilter = -1
    // 如果关键词为空字符串，则将 showDatas 赋值为完整数据列表
        if (this.searchKey.length == 0) {
            this.showDatas = mock
        } else {
            this.showDatas = mock.filter((data)=>{
                // 若名称中包含输入的关键词，则表示匹配成功
                return data.name.search(this.searchKey) != -1
            })
        }
    }
}
```

上面代码汇总，mock 变量是本地定义的模拟数据，方便我们测试效果。代码如下：

```
let mock = [
    {
        name:" 小王 ",
        sex:0
    },{
        name:" 小红 ",
        sex:1
    },{
        name:" 小李 ",
        sex:1
    },{
        name:" 小张 ",
        sex:0
    }
]
```

定义了功能函数，我们需要在合适的时机对其进行调用，queryAllData 方法可以在组件挂载时调用来获取数据，代码如下：

【源码见附件代码 / 第 7 章 /7.normal.html】

```
mounted () {
    // 模拟请求过程
    setTimeout(this.queryAllData, 3000);
}
```

当页面挂载后，延时 3 秒会获取到测试的模拟数据。对于性别筛选和关键词检索功能，我们可以监听对应的属性，当这些属性发生变化时，进行筛选或检索行为。定义组件的 watch 选项如下：

```
watch: {
    sexFilter(oldValue, newValue) {
        this.filterData()
    },
    searchKey(oldValue, newValue) {
        this.searchData()
    }
}
```

在 JavaScript 代码的最后，需要把定义好的组件挂载到一个 HTML 元素上：

```
App.mount("#Application")
```

至此，编写完成了当前页面应用的所有逻辑代码，还要将页面渲染所需的 HTML 框架搭建完成，示例代码如下：

```
<div id="Application">
    <div class="container">
        <div class="content">
            <input type="radio" :value="-1" v-model="sexFilter"/>全部
            <input type="radio" :value="0" v-model="sexFilter"/>男
            <input type="radio" :value="1" v-model="sexFilter"/>女
```

```
        </div>
        <div class="content">搜索：<input type="text" v-model="searchKey" /></div>
        <div class="content">
            <table border="1" width="300px">
                <tr>
                    <th> 姓名 </th>
                    <th> 性别 </th>
                </tr>
                <tr v-for="(data, index) in showDatas">
                    <td>{{data.name}}</td>
                    <td>{{data.sex == 0 ? '男' : '女'}}</td>
                </tr>
                </table>
        </div>
    </div>
</div>
```

尝试运行代码，可以看到一个支持筛选和检索的用户列表应用已经完成了，效果如图7-1～图7-3所示。

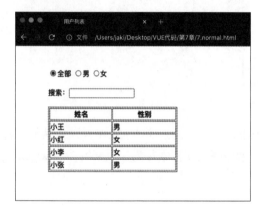

图 7-1 用户列表页面

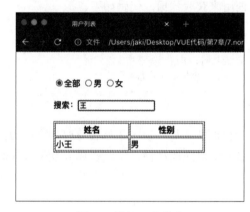

图 7-2 进行用户检索

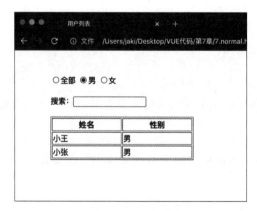

图 7-3 进行用户筛选

7.4.2 使用组合式 API 重构用户列表页面

在 7.4.1 节中，我们实现了完整的用户列表页面。深入分析我们编写的代码，可以发现，需要关注的逻辑点十分分散，例如用户的性别筛选是一个独立的功能，要实现这个功能，需要先在 data 选项中定义属性，之后在 methods 选项中定义功能方法，最后在 watch 选项中监听属性。这些逻辑点的分离使得代码的可读性变差，并且随着项目的迭代，页面的功能可能会越来越复杂，对于后续此组件的维护者来说，扩展会变得更加困难。

Vue 3 中提供的组合式 API 的开发风格可以很好地解决这个问题，我们可以将逻辑都梳理在 setup 方法中，相同的逻辑点聚合性更强，更易于阅读和扩展。

使用组合式 API 重写后的完整代码如下：

【源码见附件代码 / 第 7 章 /8.combination.html】

```
<!DOCTYPE html>
<html lang="en">
<head>
    <meta charset="UTF-8">
    <meta http-equiv="X-UA-Compatible" content="IE=edge">
    <meta name="viewport" content="width=device-width, initial-scale=1.0">
    <title>组合式 API 用户列表</title>
    <script src="https://unpkg.com/vue@next"></script>
    <style>
        .container {
            margin: 50px;
        }
        .content {
            margin: 20px;
        }
    </style>
</head>
<body>
    <div id="Application">
    </div>
    <script>
        let mock = [
            {
                name:" 小王 ",
                sex:0
            },{
                name:" 小红 ",
                sex:1
            },{
                name:" 小李 ",
                sex:1
            },{
                name:" 小张 ",
                sex:0
            }
        ]
        const App = Vue.createApp({
            setup() {
                // 先处理用户列表相关逻辑
                const showDatas = Vue.ref([])
```

```
        const queryAllData = () => {
        //  模拟请求过程
            setTimeout(()=>{
                showDatas.value = mock
            }, 3000);
        }
        //  组件挂载时获取数据
        Vue.onMounted(queryAllData)
        //  处理筛选与检索逻辑
        let sexFilter = Vue.ref(-1)
        let searchKey = Vue.ref("")
        let filterData = () => {
            searchKey.value = ""
            if (sexFilter.value == -1) {
                showDatas.value = mock
            } else {
                showDatas.value = mock.filter((data)=>{
                    return data.sex == sexFilter.value
                })
            }
        }
        searchData = () => {
            sexFilter.value = -1
            if (searchKey.value.lcngth == 0) {
                showDatas.value = mock
            } else {
                showDatas.value = mock.filter((data)=>{
                    return data.name.search(searchKey.value) != -1
                })
            }
        }
        //  添加侦听
        Vue.watch(sexFilter, filterData)
        Vue.watch(searchKey, searchData)
        //  将模板中需要使用的数据返回
        return {
            showDatas,
            searchKey,
            sexFilter
        }
    },
    template: '
<div class="container">
    <div class="content">
        <input type="radio" :value="-1" v-model="sexFilter"/> 全部
        <input type="radio" :value="0" v-model="sexFilter"/> 男
        <input type="radio" :value="1" v-model="sexFilter"/> 女
    </div>
    <div class="content">搜索: <input type="text" v-model="searchKey"
/></div>

    <div class="content">
        <table border="1" width="300px">
```

```
                            <tr>
                            <th> 姓名 </th>
                            <th> 性别 </th>
                            </tr>
                            <tr v-for="(data, index) in showDatas">
                            <td>{{data.name}}</td>
                            <td>{{data.sex == 0 ? '男' : '女'}}</td>
                            </tr>
                            </table>
                    </div>
                </div>
                '
            })
            App.mount("#Application")
        </script>
    </body>
</html>
```

上面代码的逻辑我们在 7.4.1 节已经做了详细的介绍，这里只是对其位置进行了调整，使用组合 API 的方式进行了逻辑的重组。在使用组合式 API 编写代码时，特别要注意，对于响应式数据，要使用 ref 方法或 reactive 方法进行包装。

7.5　小结与练习

本章介绍了 Vue 响应式编程的基本原理，也介绍了组合式 API 的基本使用。

练习 1：如何使得定义在 setup 方法中的数据具有响应性？

温馨提示：对于对象类的数据，我们可以使用reactive方法进行包装，对于直接的简单数据，可以使用ref方法进行包装，需要注意，使用ref方法包装的数据在setup方法中访问时，需要使用其内部的value属性进行访问，当我们将ref数据返回在模板中使用时，会默认进行转换，可以直接使用。除了使用reactive和ref方法来包装数据外，我们也可以使用computed方法来定义计算数据，以实现响应式。

练习 2：相比传统的 Vue 组件开发方式，使用组合式 API 的方法开发有什么不同？

温馨提示：传统的Vue组件开发方式需要将数据、方法、侦听等逻辑分别配置在不同的选项中，这使得对于完成一个独立的功能，其逻辑关注点要分别写在不同的地方，不利于代码的可读性。Vue 3中引入了组合式API的开发方式，开发者在编写组件时可以在setup方法中将组件的逻辑聚合地编写在一起。

第8章

动　画

在前端网页开发中，动画是一种非常重要的技术。合理地运用动画可以极大地提高用户的使用体验。Vue 中提供了一些与过渡和动画相关的抽象概念，这些概念可以帮助我们方便、快速地定义和使用动画。本章将从原生的 CSS 动画开始介绍，逐步深入 Vue 中动画 API 的相关应用。

本章学习内容

- 纯粹的 CSS3 动画的使用。
- 使用 JavaScript 的方式实现动画效果。
- Vue 中过渡组件的应用。
- 为列表的变化添加动画过渡。

8.1 使用 CSS3 创建动画

CSS3 支持非常丰富的动画效果。组件的过渡、渐变、移动、翻转等都可以添加动画效果。CSS3 动画的核心是定义 keyframes 或 transition。keyframes 定义了动画的行为，比如对于颜色渐变的动画，我们需要定义动画效果的起始颜色和终止颜色，浏览器会自动帮助我们计算其间的所有中间态来执行动画。transition 的使用更加简单，当组件的 CSS 属性发生变化时，我们使用 transition 来定义过渡动画的属性即可。

8.1.1　transition 过渡动画

首先新建一个名为 transition.html 的测试文件，在其中编写如下 JavaScript、HTML 和 CSS 代码：

【源码见附件代码 / 第 8 章 /1.transition.html】

```
<style>
    .demo {
        width: 100px;
        height: 100px;
        background-color: red;
    }
    .demo-ani {
        width: 200px;
        height: 200px;
        background-color: blue;
        transition: width 2s, height 2s,background-color 2s;
    }
</style>
<div id="Application">
    <div :class="cls" @click="run">
    </div>
</div>
<script>
    const App = Vue.createApp({
        data(){
            return {
        // 通过此属性控制 HTML 元素绑定的 CSS 类
                cls:"demo"
            }
        },
        methods: {
        // 修改 CSS 类，在样式修改过程中展示动画效果
            run() {
                if (this.cls == "demo") {
                    this.cls = "demo-ani"
                } else {
                    this.cls = "demo"
                }
            }
        }
    })
    App.mount("#Application")
</script>
```

　　如以上代码所示，CSS 中定义的 demo-ani 类中指定了 transition 属性，在这个属性中可以
设置要过渡的属性以及动画时间。运行上面的代码，单击页面中的色块，可以看到，色块变大
的过程会附带动画效果，颜色变化的过程也附带动画效果。上面的示例代码实际上使用了简写
方式，我们也可以逐条属性对动画效果进行设置。示例代码如下：

【源码见附件代码 / 第 8 章 /1.transition.html】

```
.demo {
    width: 100px;
    height: 100px;
```

```
    background-color: red;
    transition-property: width, height, background-color;
    transition-duration: 1s;
    transition-timing-function: linear;
    transition-delay: 2s;
}
```

其中，transition-property 用来设置动画的属性，transition-duration 用来设置动画的执行时长，transition-timing-function 用来设置动画的执行方式，linear 表示以线性的方式执行（执行速度是匀速的），transition-delay 用来设置延时，即延时多长时间开始执行动画。

8.1.2　keyframes 动画

transition 动画适合用来创建简单的过渡效果动画。CSS3 中也支持使用 animation 属性来配置更加复杂的动画效果。animation 属性根据 keyframes 配置来执行基于关键帧的动画效果。新建一个名为 keyframes.html 的测试文件，编写如下测试代码：

【源码见附件代码 / 第 8 章 /2.keyframes.html】

```
<style>
    @keyframes animation1 {
        0% {
            background-color: red;
            width: 100px;
            height: 100px;
        }
        25% {
            background-color: orchid;
            width: 200px;
            height: 200px;
        }
        75% {
            background-color: green;
            width: 150px;
            height: 150px;
        }
        100% {
            background-color: blue;
            width: 200px;
            height: 200px;
        }
    }
    .demo {
        width: 100px;
        height: 100px;
        background-color: red;

    }
    .demo-ani {
        animation: animation1 4s linear;
```

```
            width: 200px;
            height: 200px;
            background-color: blue;
        }
    </style>
    <div id="Application">
        <div :class="cls" @click="run">
        </div>
    </div>
    <script>
        const App = Vue.createApp({
            data(){
                return {
                    cls:"demo"
                }
            },
            methods: {
                run() {
                    if (this.cls == "demo") {
                        this.cls = "demo-ani"
                    } else {
                        this.cls = "demo"
                    }
                }
            }
        })
        App.mount("#Application")
    </script>
```

在上面的 CSS 代码中，keyframes 用来定义动画的名称和每个关键帧的状态，0% 表示动画起始时的状态，25% 表示动画执行到 1/4 时的状态，同理，100% 表示动画的终止状态。对于每个状态，我们将其定义为一个关键帧，具体定义多少个关键帧可以自行控制，一般来说，定义的关键帧越多，动画的过程越细致。在关键帧中，我们可以定义元素的各种渲染属性，比如宽高、位置、颜色等。在定义 keyframes 时，如果只关心起始状态与终止状态，也可以这样定义：

```
@keyframes animation1 {
    from {
        background-color: red;
        width: 100px;
        height: 100px;
    }
    to {
        background-color: orchid;
        width: 200px;
        height: 200px;
    }
}
```

定义了 keyframes 关键帧，在编写 CSS 样式代码时可以使用 animation 属性为其指定动画效果，以上代码设置要执行的动画为名为 animation1 的关键帧动画，执行时长为 4 秒，执行方式为线性执行。animation 的这些配置项也可以分别进行设置，示例如下：

【源码见附件代码 / 第 8 章 /2.keyframes.html】

```css
.demo-ani {
        /* 设置关键帧动画名称 */
        animation-name: animation1;
        /* 设置动画时长 */
        animation-duration: 3s;
        /* 设置动画播放方式：渐入渐出 */
        animation-timing-function: ease-in-out;
        /* 设置动画播放的方向 */
        animation-direction: alternate;
        /* 设置动画播放的次数 */
        animation-iteration-count: infinite;
        /* 设置动画的播放状态 */
        animation-play-state: running;
        /* 设置播放动画的延迟时间 */
        animation-delay: 1s;
        /* 设置动画播放结束应用的元素样式 */
        animation-fill-mode:forwards;
        width: 200px;
        height: 200px;
        background-color: blue;
}
```

通过上面的范例，我们已经基本了解了如何使用原生的 CSS 来创建动画效果，有了这些基础，再使用 Vue 中提供的动画相关 API 时会非常容易。

8.2　使用JavaScript的方式实现动画效果 <<<

动画的本质是将元素的变化以渐进的方式完成，也可以理解为将大的状态变化拆分成多个小的状态变化，通过不断执行这些变化来达到动画的效果。使用 JavaScript 代码启用定时器，按照一定频率进行组件的状态变化也可以实现动画效果。

下面来看一个 JavaScript 动画示例。新建一个名为 jsAnimation.html 的测试文件，在其中编写如下核心测试代码：

【源码见附件代码 / 第 8 章 /3.jsAnimation.html】

```html
<div id="Application">
    <div :style="{backgroundColor: 'blue', width: width + 'px', height:height
+ 'px'}" @click="run">
    </div>
</div>
```

```
<script>
    const App = Vue.createApp({
        data(){
            return {
                width:100,     // 组件的宽度，用来驱动宽度的变化
                height:100,    // 组件的高度，用来驱动高度的变化
                timer:null     // 定时器实例对象
            }
        },
        methods: {
            run() {
            // 创建定时器对象，频率为每 10 毫秒执行一次 animation 方法
                this.timer = setInterval(this.animation, 10)
            },
            animation() {
            // 如果组件的宽度已经达到 200，则停止定时器，动画结束
                if (this.width == 200) {
                    clearInterval(this.timer)
                    return
            // 以 1 为步长进行组件宽高的更新
                } else {
                    this.width += 1
                    this.height += 1
                }
            }
        }
    })
    App.mount("#Application")
</script>
```

setInterval 方法用来开启一个定时器，上面的代码中设置每 10 毫秒执行一次回调函数，在回调函数中，我们逐像素地将色块的尺寸放大，最终就产生了动画效果。使用 JavaScript 可以更加灵活地控制动画的效果，在实际开发中，结合 Canvas 绘图接口的使用，JavaScript 可以实现非常强大的自定义动画效果。还有一点需要注意，当动画结束后，要使用 clearInterval 方法将对应的定时器停止。

8.3　Vue 过渡动画

Vue 的组件在页面中被插入、移除或者更新的时候都可以附带转场效果，即可以展示过渡动画。例如，当我们使用 v-if 和 v-show 这些指令控制组件的显示和隐藏时，就可以将其过程以动画的方式展现。

8.3.1　定义过渡动画

Vue 过渡动画的核心原理依然是采用 CSS 类来实现的，只是 Vue 帮助我们在组件的不同生命周期自动切换不同的 CSS 类。

　　Vue 中默认提供了一个名为 transition 的内置组件，我们可以用该组件来包装要展示过渡动画的组件。transition 组件的 name 属性用来设置要执行的动画名称，Vue 中约定了一系列的 CSS 类名规则来定义各个过渡过程中的组件状态。我们可以通过一个简单的示例来体会 Vue 的这一功能。

　　首先，新建一个名为 vueTransition.html 测试文件，编写如下示例代码：

【源码见附件代码 / 第 8 章 /4.vueTransition.html】

```
<style>
    .ani-enter-from {
        width: 0px;
        height: 0px;
        background-color: red;
    }
    .ani-enter-active {
        transition: width 2s, height 2s, background-color 2s;
    }
    .ani-enter-to {
        width: 100px;
        height: 100px;
        background-color: blue;
    }
    .ani-leave-from {
        width: 100px;
        height: 100px;
        background-color: blue;
    }
    .ani-leave-active {
        transition: width 2s, height 2s, background-color 3s;
    }
    .ani-leave-to {
        width: 0px;
        height: 0px;
        background-color: red;
    }
</style>
<div id="Application">
    <button @click="click"> 显示 / 隐藏 </button>
    <transition name="ani">
        <div v-if="show">
        </div>
    </transition>
</div>
<script>
    const App = Vue.createApp({
        data(){
            return {
                show:false // 此属性控制组件的显示与隐藏
            }
        },
```

```
    methods:{
        click(){
            this.show = !this.show
        }
    }
})
App.mount("#Application")
</script>
```

运行代码，尝试单击页面上的功能按钮，可以看到组件在显示/隐藏的过程中表现出的过渡动画效果。上面代码的核心是定义的 6 个特殊的 CSS 类，这 6 个 CSS 类我们没有显式地使用，但是它们在组件执行动画的过程中起到了不可替代的作用。当我们将 transition 组件的 name 属性设置了动画名称之后，当组件被插入页面或被从页面移除时，它会自动寻找以此动画名称开头的 CSS 类，格式如下：

```
x-enter-from
x-enter-active
x-enter-to
x-leave-from
x-leave-active
x-leave-to
```

其中，x 表示定义的过渡动画名称。上面 6 种特殊的 CSS 类，前 3 种用来定义组件被插入页面的动画效果，后 3 种用来定义组件被移出页面的动画效果。

- x-enter-from 类在组件即将被插入页面时被添加到组件上，可以理解为组件的初始状态，元素被插入页面后此类会马上被移除。
- v-enter-to 类在组件被插入页面后立即被添加，此时 x-enter-from 类会被移除，可以理解为组件过渡的最终状态。
- v-enter-active 类在组件的整个插入过渡动画中都会被添加，直到组件的过渡动画结束后才会被移除。可以在这个类中定义组件过渡动画的时长、方式、延迟等。
- x-leave-from 与 x-enter-from 相对应，在组件即将被移除时此类会被添加。用来定义移除组件时过渡动画的起始状态。
- x-leave-to 对应的用来设置移除组件动画的终止状态。
- x-leave-active 类在组件的整个移除过渡动画中都会被添加，直到组件的过渡动画结束后才会被移除。可以在这个类中定义组件过渡动画的时长、方式、延迟等。

读者可能发现了，上面提到的 6 种特殊的 CSS 类虽然被添加的时机不同，但是最终都会被移除，因此，当动画执行完成后，组件的样式并不会保留，更常见的做法是在组件本身绑定一个最终状态的样式类，示例如下：

【源码见附件代码 / 第 8 章 /4.vueTransition.html】

```
<transition name="ani">
    <div v-if="show" class="demo">
    </div>
</transition>
```

CSS 代码如下：

```css
.demo {
    width: 100px;
    height: 100px;
    background-color: blue;
}
```

这样，组件的显示或隐藏过程就变得非常流畅了。上面的示例代码中使用的是 CSS 中的 transition 来实现的动画，其实使用 animation 的关键帧方式定义动画效果也是一样的，CSS 示例代码如下：

【源码见附件代码 / 第 8 章 /4.vueTransition.html】

```html
<style>
    @keyframes keyframe-in {
        from {
            width: 0px;
            height: 0px;
            background-color: red;
        }
        to {
            width: 100px;
            height: 100px;
            background-color: blue;
        }
    }
    @keyframes keyframe-out {
        from {
            width: 100px;
            height: 100px;
            background-color: blue;
        }
        to {
            width: 0px;
            height: 0px;
            background-color: red;
        }
    }
    .demo {
        width: 100px;
        height: 100px;
        background-color: blue;
    }
    .ani-enter-from {
        width: 0px;
        height: 0px;
        background-color: red;
    }
    .ani-enter-active {
        animation: keyframe-in 3s;
```

```
    }
    .ani-enter-to {
        width: 100px;
        height: 100px;
        background-color: blue;
    }
    .ani-leave-from {
        width: 100px;
        height: 100px;
        background-color: blue;
    }
    .ani-leave-active {
        animation: keyframe-out 3s;
    }
    .ani-leave-to {
        width: 0px;
        height: 0px;
        background-color: red;
    }
</style>
```

8.3.2 设置动画过程中的监听回调

我们知道，对于组件的加载或卸载过程，有一系列的生命周期函数会被调用。对于 Vue 中的转场动画来说，我们也可以注册一系列的函数来对其过程进行监听。示例如下：

【源码见附件代码 / 第 8 章 /5.observer.html】

```
<transition name="ani"
@before-enter="beforeEnter"
@enter="enter"
@after-enter="afterEnter"
@enter-cancelled="enterCancelled"
@before-leave="beforeLeave"
@leave="leave"
@after-leave="afterLeave"
@leave-cancelled="leaveCancelled">
    <div v-if="show" class="demo">
    </div>
</transition>
```

上面注册的回调方法需要在组件的 methods 选项中进行实现：

```
methods:{
    // 组件插入过渡开始前
    beforeEnter(el) {
        console.log("beforeEnter")
    },
    // 组件插入过渡开始
    enter(el, done) {
        console.log("enter")
    },
```

```
    // 组件插入过渡后
    afterEnter(el) {
        console.log("afterEnter")
    },
    // 组件插入过渡取消
    enterCancelled(el) {
        console.log("enterCancelled")
    },
    // 组件移除过渡开始前
    beforeLeave(el) {
        console.log("beforeLeave")
    },
    // 组件移除过渡开始
    leave(el, done) {
        console.log("leave")
    },
    // 组件移除过去后
    afterLeave(el) {
        console.log("afterLeave")
    },
    // 组件移除过渡取消
    leaveCancelled(el) {
        console.log("leaveCancelled")
    }
}
```

有了这些回调函数，我们可以在组件过渡动画过程中实现复杂的业务逻辑，也可以通过 JavaScript 来自定义过渡动画，当我们需要自定义过渡动画时，需要将 transition 组件的 css 属性关闭，代码如下：

```
<div id="Application">
    <button @click="click">显示 / 隐藏 </button>
    <transition name="ani" :css="false">
        <div v-show="show" class="demo">
        </div>
    </transition>
</div>
```

还有一点需要注意，上面列举的回调函数中，有两个函数比较特殊：enter 和 leave。这两个函数除了会将当前元素作为参数外，还有一个函数类型的 done 参数，如果我们将 transition 组件的 css 属性关闭，决定使用 JavaScript 来实现自定义的过渡动画，那么这两个方法中的 done 函数最后必须手动调用，否则过渡动画会立即完成。

8.3.3　多个组件的过渡动画

Vue 中的 transition 组件支持同时包装多个互斥的子组件元素，从而实现多组件的过渡效果。在实际开发中，有很多这类场景，例如元素 A 消失的同时元素 B 展示。核心示例代码如下：

【源码见附件代码 / 第 8 章 /6.vueMTransition.html】

```
<style>
    .demo {
        width: 100px;
        height: 100px;
        background-color: blue;
    }
    .demo2 {
        width: 100px;
        height: 100px;
        background-color: blue;
    }
    .ani-enter-from {
        width: 0px;
        height: 0px;
        background-color: red;
    }
    .ani-enter-active {
        transition: width 3s, height 3s, background-color 3s;
    }
    .ani-enter-to {
        width: 100px;
        height: 100px;
        background-color: blue;
    }
    .ani-leave-from {
        width: 100px;
        height: 100px;
        background-color: blue;
    }
    .ani-leave-active {
        transition: width 3s, height 3s, background-color 3s;
    }
    .ani-leave-to {
        width: 0px;
        height: 0px;
        background-color: red;
    }
</style>
<div id="Application">
    <button @click="click">显示 / 隐藏 </button>
    <transition name="ani">
        <div v-if="show" class="demo">
        </div>
        <div v-else class="demo2">
        </div>
    </transition>
</div>
<script>
    const App = Vue.createApp({
```

```
        data(){
            return {
                show:false
            }
        },
        methods:{
            click(){
                this.show = !this.show
            }
        }
    })
    App.mount("#Application")
</script>
```

运行代码，单击页面上的按钮，可以看到两个色块以过渡动画的方式交替出现。默认情况下，两个元素的插入和移除动画会同步进行，有些时候这并不能满足我们的需求，大多时候需要将移除的动画执行完成后再执行插入的动画。实现这一功能非常简单，只需要对 transition 组件的 mode 属性进行设置即可，当我们将其设置为 out-in 时，就会先执行移除动画，再执行插入动画。若将其设置为 in-out，则会先执行插入动画，再执行移除动画，代码如下：

【源码见附件代码 / 第 8 章 /6.vueMTransition.html】

```
<transition name="ani" mode="in-out">
    <div v-if="show" class="demo">
    </div>
    <div v-else class="demo2">
    </div>
</transition>
```

8.3.4 列表过渡动画

在实际开发中，列表是一种非常流行的页面设计方式。在 Vue 中，通常使用 v-for 指令来动态地构建列表视图。在动态地构建列表视图的过程中，其中的元素经常会有增删、重排等操作，在 Vue 中使用 transition-group 组件可以非常方便地实现列表元素变动的动画效果。

新建一个名为 listAnimation.html 的测试文件，编写如下核心示例代码：

【源码见附件代码 / 第 8 章 /7.listAnimation.html】

```
<style>
    .list-enter-active,
    .list-leave-active {
        transition: all 1s ease;
    }
    .list-enter-from,
    .list-leave-to {
        opacity: 0;
    }
</style>
<div id="Application">
```

```
    <button @click="click"> 添加元素 </button>
    <transition-group name="list">
        <div v-for="item in items" :key="item">
        元素: {{ item }}
        </div>
    </transition-group>
</div>
<script>
    const App = Vue.createApp({
        data(){
            return {
                items:[1,2,3,4,5]
            }
        },
        methods:{
            click(){
                this.items.push(this.items[this.items.length-1] + 1)
            }
        }
    })
    App.mount("#Application")
</script>
```

上面的代码非常简单，可以尝试运行一下，单击页面中的"添加元素"按钮后，可以看到列表中的元素在增加，并且是以渐现动画的方式插入的。

在使用 transition-group 组件实现列表动画时，与 transition 类似，首先需要定义动画所需的 CSS 类，上面的示例代码中，我们只定义了透明度变化的动画。有一点需要注意，如果要使用列表动画，列表中的每一个元素都需要有一个唯一的 key 值。如果为上面的列表再添加一个删除元素的功能，它依然会很好地展示动画效果，删除元素的方法如下：

```
dele() {
    if(this.items.length > 0) {
        this.items.pop()
    }
}
```

除了对列表中的元素进行插入和删除可以添加动画外，对列表元素的排序过程也可以采用动画来进行过渡，只需要额外定义一个 v-move 类型的特殊动画类即可，例如为上面的代码增加如下 CSS 类：

```
.list-move {
    transition: transform 1s ease;
}
```

之后可以尝试对列表中的元素进行逆序，Vue 会以动画的方式将其中的元素移动到正确的位置。

8.4 范例演练：优化用户列表页面

对于前端网页开发来说，功能实现只是开发产品的第一步，如何给用户以最优的使用体验才是工程师需要核心关注的地方。在本书第 7 章的实战部分，我们一起完成了一个用户列表示例页面的开发，页面筛选和搜索功能都比较生硬，通过本章的学习，我们可以尝试为这个示例添加一些动画效果。

首先实现列表动画效果，需要对定义的组件模板结构做一些改动，示例代码如下：

【源码见附件代码 / 第 8 章 /8.demo.html】

```
template: '
    <div class="container">
        <div class="content">
            <input type="radio" :value="-1" v-model="sexFilter"/> 全部
            <input type="radio" :value="0" v-model="sexFilter"/> 男
            <input type="radio" :value="1" v-model="sexFilter"/> 女
        </div>
        <div class="content"> 搜索: <input type="text" v-model="searchKey" /></div>
        <div class="content">
            <div class="tab" width="300px">
                <div>
                <div class="item"> 姓名 </div>
                <div class="item"> 性别 </div>
                </div>
                <transition-group name="list">
                    <div v-for="(data, index) in showDatas" :key="data.name">
                    <div class="item">{{data.name}}</div>
                    <div class="item">{{data.sex == 0 ? '男' : '女'}}</div>
                    </div>
                </transition-group>
            </div>
        </div>
    </div>
    '
```

上面的代码使用 transition-group 动画组件包装列表，并指定了动画名称，对应地，定义 CSS 样式与动画样式如下：

```
<style>
    .container {
        margin: 50px;
    }
    .content {
        margin: 20px;
    }
    .tab {
        width: 300px;
```

```
        position: absolute;
    }
    .item {
        border: gray 1px solid;
        width: 148px;
        text-align: center;
        transition: all 0.8s ease;
        display: inline-block;
    }
    .list-enter-active {
        transition: all 1s ease;
    }
    .list-enter-from,
    .list-leave-to {
        opacity: 0;
    }
    .list-move {
        transition: transform 1s ease;
    }
    .list-leave-active {
        position: absolute;
        transition: all 1s ease;
    }
</style>
```

尝试运行代码，可以看到当对用户列表进行筛选和搜索时，列表的变化已经有了动画过渡效果。

8.5　小结与练习

动画对于网页应用是非常重要的，良好的动画设计可以提升用户的交互体验，并且减少用户对产品功能的理解成本。通过本章的学习，读者对 Web 动画的使用应该有了新的理解，尝试回答以下问题。

练习 1：页面应用如何添加动画效果？

温馨提示：需要熟练使用CSS样式动画，当元素的CSS发生变化时，我们可以为其指定过渡动画效果。当然，也可以使用JavaScript来精准地控制页面元素的渲染效果，通过定时器不停地对组件进行刷新渲染，也可以实现非常复杂的动画效果。

练习 2：Vue 中如何为组件的过渡添加动画？

温馨提示：Vue中按照一定的命名规则约定了一些特殊的CSS类名，在需要对组件的显示或隐藏添加过渡动画时，可以使用transition组件对其进行嵌套，并实现指定命名的CSS类来定义动画，同样Vue中也支持在列表视图改变时添加动画效果，并且提供了一系列可监听的动画过程函数，为开发者使用JavaScript完全自定义动画提供了支持。

第9章 ← Chapter 9

Vue CLI 工具的使用

Vue 本身是一个渐进式的前端 Web 开发框架，它允许我们只在项目的部分页面中使用 Vue 进行开发，也允许我们只使用 Vue 中的部分功能来进行项目开发。但是如果你的目标是完成一个风格统一的、可扩展性强的现代化的 Web 单页面应用，那么使用 Vue 提供的一整套完整的流程进行开发是非常适合的。Vue CLI 就是这样一个基于 Vue 进行快速项目开发的完整系统工具。

本章将介绍 Vue CLI 工具的安装和使用，以及使用 Vue CLI 创建的 Web 工程的基本开发流程。

本章学习内容

- Vue CLI 工具的安装与基本使用。
- Vue CLI 中图形化工具的用法。
- 完整 Vue 工程的结构与开发流程。
- 在本地对 Vue 项目进行运行和调试。
- Vue 工程的构建方法。
- 了解 Vite 工具的使用。

9.1 Vue CLI 工具入门

Vue CLI 是一个帮助开发者快速创建和开发 Vue 项目的系统工具，其核心功能是提供了可交互式的项目脚手架，并且提供了运行时的服务依赖，对于开发者来说，使用 Vue CLI 开发和调试 Vue 应用都非常方便。

9.1.1 Vue CLI 工具的安装

Vue CLI 工具是一个需要全局安装的 NPM 包，安装 Vue CLI 工具的前提是设备需要安装好 Node.js 软件包，如果读者使用的是 macOS 操作系统，则系统默认会安装 Node.js 软件。如果系统默认没有安装，手动进行安装也非常简单。访问 Node.js 官网：

```
https://nodejs.org
```

网页打开后，在页面中间可以看到一个 Node.js 软件下载入口，如图 9-1 所示。

图 9-1 Node.js 官网

Node.js 官网会自动根据当前设备的系统类型推荐需要下载的软件，选择当前最新的稳定版本进行下载即可，下载完成后，按照安装普通软件的方式对其进行安装即可。

配置好 Node.js 环境后，即可在终端使用 npm 相关指令来安装软件包。在终端输入如下命令可以检查 Node.js 环境是否正确安装完成：

```
node -v
```

执行上面的命令后，只要终端输出了版本号信息，就表明 Node.js 已经安装成功。

下面使用 npm 安装 Vue CLI 工具。在终端输入如下命令并执行：

```
npm install -g @vue/cli
```

由于有很多依赖包需要下载，因此安装过程可能会持续一段时间，耐心等待即可。需要注意，如果在安装过程中终端输出了如下的异常错误信息：

```
Unhandled rejection Error: EACCES: permission denied
```

是因为当前操作系统登录的用户权限不足，使用如下命令重新安装即可：

```
sudo npm install -g @vue/cli
```

在命令前面添加 sudo 表示使用超级管理员权限进行执行命令，执行命令前终端会要求输入设备的启动密码。等待终端安装完成后，可以使用如下命令检查 Vue CLI 工具是否安装成功：

```
vue --version
```

如果终端正确输出了工具的版本号，则表明已经安装成功。之后，如果官方的 Vue CLI 工具有升级，在终端使用如下命令即可进行升级：

```
npm update -g @vue/cli
```

9.1.2 快速创建项目

本节将演示使用 Vue CLI 创建一个完整的 Vue 项目工程的过程。在终端执行如下命令来创建 Vue 项目工程：

```
vue create hello-world
```

其中 hello-world 是我们要创建的工程名称，Vue CLI 工具本身是有交互性的，执行上面的命令后，终端会输出如下信息询问我们是否需要替换资源地址：

```
Your connection to the default yarn registry seems to be slow.
Use https://registry.npm.taobao.org for faster installation?
```

输入 Y 表示同意，之后继续创建工程，在终端上还会询问一系列的配置问题，我们都选择默认的选项即可，完成所有的初始配置工作后，稍等片刻，Vue CLI 即可为我们创建一个 Vue 项目模板工程。打开此工程目录，可以看到当前工程的目录结构如图 9-2 所示。

一个完整的 Vue 模板工程相对原生的 HTML 工程要复杂很多，后面我们会介绍工程中默认生成的文件夹及文件的意义和用法。

至此，我们已经使用 Vue CLI 工具创建了一个完整的 Vue 项目工程。前面使用的是终端交互式命令的方式

图 9-2　Vue 模板工程的目录结构

创建的工程，Vue CLI 工具还提供了可交互的图形化页面来创建工程，在终端输入如下命令即可在浏览器中打开一个 Vue 项目管理器页面：

```
vue ui
```

初始页面如图 9-3 所示。

图 9-3　Vue 项目管理器页面

可以看到，在页面中可以创建项目、导入项目或对已有的项目进行管理。现在，我们尝试创建一个项目，单击"创建"按钮，之后对项目的详情进行完善，如图 9-4 所示。

图 9-4　对所创建的项目详情进行设置

在"详情"页面中，填写项目的名称，选择项目所在的目录位置，并进行项目包管理器的选择以及 Git 等相关配置。完成后，进行项目预设，如图 9-5 所示。

图 9-5　选择项目预设

我们可以选择 Default preset(Vue 3) 这套项目预设。之后单击"创建项目"按钮，页面就会进入项目创建过程，稍等片刻，创建完成后进入对应的目录查看，可以看到使用图形化页面创建的项目与使用终端命令创建的项目结构是一样的。

无论是使用命令的方式还是使用图形化页面的方式创建和管理项目，其功能是一样的，我们可以根据自己的习惯来进行选择，总体来说，使用命令的方式更加便捷，而使用图形化页面的方式更加直观。

9.2　Vue CLI 项目模板工程

前面我们尝试使用 Vue CLI 工具创建了一个完整的 Vue 项目工程。其实项目工程的创建只是 Vue CLI 工具链的一部分，在安装 Vue CLI 工具时，我们同步安装了 vue-cli-service 工具，该工具提供了 Vue 项目的代码检查、编译、服务部署等功能。本节将介绍 Vue CLI 创建的模板工程的目录结构，并运行这个模板工程。

9.2.1　模板工程的目录结构

通过观察 Vue CLI 创建的工程目录，可以发现其中主要包含 3 个文件夹和 5 个独立文件。我们先来看这 5 个独立文件：

- .gitignore 文件
- babel.config.js 文件
- package.json 文件
- README.md 文件
- yarn.lock 文件

.gitignore 是一个隐藏文件，它用来配置 Git 版本管理工具需要忽略的文件或文件夹，在创建工程时，其默认会配置好，将一些依赖、编译产物、LOG 日志等文件忽略掉，我们不需要修改。

babel.config.js 是 Babel 工具的配置文件，Babel 本身是一个 JavaScript 编译器，它会将 ES 6 版本的代码转换成旧版本兼容的 JavaScript 代码，这个文件我们一般也无须修改。

package.json 相对是一个比较重要的文件，其中存储的是一个 JSON 对象数据，用来配置当前的项目名称、版本号、脚本命令以及模块依赖等。当我们需要向项目中添加额外的依赖时，就会被记录到这个文件中，在默认的模板工程中，生产环境的依赖如下：

【源码见附件代码 / 第 9 章 /1_hello_world/package.json】

```
"dependencies": {
  "core-js": "^3.6.5",
  "vue": "^3.0.0"
}
```

开发环境的依赖如下：

```
"devDependencies": {
  "@vue/cli-plugin-babel": "~4.5.0",
  "@vue/cli-plugin-eslint": "~4.5.0",
  "@vue/cli-service": "~4.5.0",
  "@vue/compiler-sfc": "^3.0.0",
  "babel-eslint": "^10.1.0",
  "eslint": "^6.7.2",
  "eslint-plugin-vue": "^7.0.0"
}
```

README.md 文件是一个 MarkDown 格式的文件，其中记录了项目的编译和调试方式。我们也可以将项目的介绍编写在这个文件中。

最后，yarn.lock 文件记录了 YARN 包管理器安装的依赖版本信息，我们无须关心。

了解了这些独立文件的意义及用法，我们再来看一下默认生成的 3 个文件夹：

- node_modules
- public
- src

其中，node_modules 文件夹下存放的是 npm 安装的依赖模块，这个文件夹会默认被 Git 版本管理工具忽略，对于其中的文件，我们也不需要手动添加或修改。

public 文件夹正如其命名一样，用来放置一些公有的资源文件，例如网页用到的图标、静态的 HTML 文件等。

src 是最重要的一个文件夹，核心功能代码文件都放在这个文件夹下，在默认的模板工程中，这个文件夹下还有两个子文件夹：assets 和 components，顾名思义，assets 存放资源文件，components 存放组件文件。我们按照页面的加载流程来看一下 src 文件下默认生成的几个文件。

main.js 文件是应用程序的入口文件，其中的代码如下：

【源码见附件代码 / 第 9 章 /1_hello_world/src/main.js】

```
// 导入 Vue 框架中的 createApp 方法
import { createApp } from 'vue'
// 导入我们自定义的根组件
import App from './App.vue'
// 挂载根组件
createApp(App).mount('#app')
```

读者可能有些疑惑，main.js 文件中怎么只有组件创建和挂载的相关逻辑，并没有对应的 HTML 代码，那么组件是挂载到哪里的呢？其实前面已经介绍过，在 public 文件夹下包含一个名为 index.html 的文件，它就是网页的入口文件，其中代码如下：

【源码见附件代码 / 第 9 章 /1_hello_world/public/index.html】

```
<!DOCTYPE html>
<html lang="">
  <head>
    <meta charset="UTF-8">
    <meta http-equiv="X-UA-Compatible" content="IE=edge">
    <meta name="viewport" content="width=device-width,initial-scale=1.0">
    <link rel="icon" href="<%= BASE_URL %>favicon.ico">
    <title><%= htmlWebpackPlugin.options.title %></title>
  </head>
  <body>
    <noscript>
      <strong>We're sorry but <%= htmlWebpackPlugin.options.title %> doesn't work properly without JavaScript enabled. Please enable it to continue.</strong>
    </noscript>
```

```
    <div id="app"></div>
    <!-- built files will be auto injected -->
  </body>
</html>
```

现在你明白了吧，main.js 中定义的根组件将被挂载到 id 为 app 的 div 标签上。回到 main.
js 文件，其中导入了一个名为 App 的组件作为根组件，可以看到，项目工程中有一个名为
App.vue 的文件，这其实使用了 Vue 中单文件组件的定义方法，即将组件定义在单独的文件中，
以便于开发和维护。

App.vue 文件中的内容如下：

【源码见附件代码 / 第 9 章 /1_hello_world/src/App.vue】

```
<template>
  <img alt="Vue logo" src="./assets/logo.png">
  <HelloWorld msg="Welcome to Your Vue.js App"/>
</template>
<script>
// 导入使用到的子组件
import HelloWorld from './components/HelloWorld.vue'
// 当前组件的定义
export default {
  name: 'App',
  components: {
    HelloWorld
  }
}
</script>
<style>
#app {
  font-family: Avenir, Helvetica, Arial, sans-serif;
  -webkit-font-smoothing: antialiased;
  -moz-osx-font-smoothing: grayscale;
  text-align: center;
  color: #2c3e50;
  margin-top: 60px;
}
</style>
```

单文件组件通常需要定义 3 部分内容，包括 template 模板部分、script 脚本代码部分和
style 样式代码部分。如以上代码所示，在 template 模板中布局了一个图标和一个自定义的
HelloWorld 组件，在 JavaScript 中导出了当前组件。下面再来关注一下 HelloWorld.vue 文件，
其中的内容如下：

【源码见附件代码 / 第 9 章 /1_hello_world/src/components/HelloWorld.vue】

```
<template>
  <div class="hello">
    <h1>{{ msg }}</h1>
    <p>
```

```
        For a guide and recipes on how to configure / customize this project,<br>
        check out the
        <a href="https://cli.vuejs.org" target="_blank" rel="noopener">vue-cli
documentation</a>.
      </p>
      <h3>Installed CLI Plugins</h3>
      <ul>
        <li><a href="https://github.com/vuejs/vue-cli/tree/dev/packages/%40vue/
cli-plugin-babel" target="_blank" rel="noopener">babel</a></li>
        <li><a href="https://github.com/vuejs/vue-cli/tree/dev/packages/%40vue/
cli-plugin-eslint" target="_blank" rel="noopener">eslint</a></li>
      </ul>
      <h3>Essential Links</h3>
      <ul>
        <li><a href="https://vuejs.org" target="_blank" rel="noopener">Core
Docs</a></li>
        <li><a href="https://forum.vuejs.org" target="_blank"
rel="noopener">Forum</a></li>
        <li><a href="https://chat.vuejs.org" target="_blank"
rel="noopener">Community Chat</a></li>
        <li><a href="https://twitter.com/vuejs" target="_blank"
rel="noopener">Twitter</a></li>
        <li><a href="https://news.vuejs.org" target="_blank"
rel="noopener">News</a></li>
      </ul>
      <h3>Ecosystem</h3>
      <ul>
        <li><a href="https://router.vuejs.org" target="_blank"
rel="noopener">vue-router</a></li>
        <li><a href="https://vuex.vuejs.org" target="_blank"
rel="noopener">vuex</a></li>
        <li><a href="https://github.com/vuejs/vue-devtools#vue-devtools"
target="_blank" rel="noopener">vue-devtools</a></li>
        <li><a href="https://vue-loader.vuejs.org" target="_blank"
rel="noopener">vue-loader</a></li>
        <li><a href="https://github.com/vuejs/awesome-vue" target="_blank"
rel="noopener">awesome-vue</a></li>
      </ul>
    </div>
  </template>
  <script>
  export default {
    name: 'HelloWorld',
    props: {
      msg: String
    }
  }
  </script>
  <!-- Add "scoped" attribute to limit CSS to this component only -->
  <style scoped>
  h3 {
```

```
    margin: 40px 0 0;
  }
  ul {
    list-style-type: none;
    padding: 0;
  }
  li {
    display: inline-block;
    margin: 0 10px;
  }
  a {
    color: #42b983;
  }
</style>
```

HelloWorld.vue 文件中的代码很多，我们现在无须关心其内容，总体来看只是定义了很多可跳转元素，并没有太多逻辑，现在读者应该对默认生成的模板项目已经有了初步的了解，9.2.2 节将尝试在本地运行和调试它。

9.2.2 运行 Vue 项目工程

要运行 Vue 模板项目非常简单，首先打开终端，进入当前 Vue 项目工程目录，执行如下命令即可：

```
npm run serve
```

之后，进行 Vue 项目工程的编译，并在本机启动一个开发服务器，若终端输出如下信息，则表明项目已经运行完成：

```
DONE  Compiled successfully in 3168ms                    7:29:53 PM
 App running at:
 - Local:   http://localhost:8080/
 - Network: http://192.168.26.96:8080/
 Note that the development build is not optimized.
 To create a production build, run yarn build.
```

之后，在浏览器中输入如下地址，便会打开当前的 Vue 项目页面，如图 9-6 所示。

```
http://localhost:8080/
```

默认情况下，Vue 项目要运行在 8080 端口上，我们也可以手动指定端口，示例如下：

```
npm run serve -- --port 9000
```

当启动开发服务器后，会默认附带热重载模块，我们修改代码之后进行保存，网页就会自动进行更新。读者可以尝试修改 App.vue 文件中 HelloWorld 组件的 msg 参数，之后保存，可以看到浏览器页面中的标题也会自动进行更新。

使用 Vue CLI 中的图形化页面可以更加方便和直观地对 Vue 项目进行编译和运行，在 CLI 图形化网页工具中进入对应的项目，单击页面中的"运行"按钮即可，如图 9-7 所示。

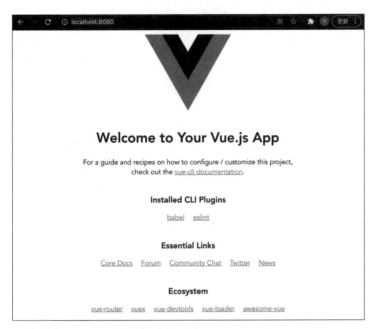

图 9-6 HelloWorld 示例项目

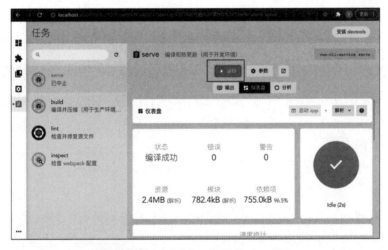

图 9-7 使用图形化工具管理 Vue 项目

在图形化工具中不仅可以对项目进行编译、运行和调试，还提供了许多分析报表，比如资源体积、运行速度、依赖项等，非常好用。

9.3 在项目中使用依赖

在 Vue 项目开发中，额外插件的使用必不可少。后面的章节中，也会为读者介绍各种各样的 Vue 插件，如网络插件、路由插件、状态管理插件等。本节将介绍如何使用 Vue CLI 工程脚手架来安装和管理插件。

Vue CLI 创建的工程使用的是基于插件的架构。通过查看 package.json 文件，可以发现在开发环境下默认安装了需要的工具依赖，主要用来进行代码编译、服务运行和代码检查等。安装依赖包依然使用 npm 相关命令。新建一个名为 2_hello_world 的 Vue 工程，例如，如果需要安装 vue-axios 依赖，可以在项目工程目录下执行如下命令：

```
npm install --save axios vue-axios
```

需要注意，如果安装过程中出现权限问题，那么需要在命令前添加 sudo 再执行。

安装完成后，可以看到 package.json 文件会自动进行更新，更新后的依赖信息如下：

【源码见附件代码 / 第 9 章 /2_hello_world/package.json】

```
"dependencies": {
    "axios": "^1.3.4",
    "core-js": "^3.8.3",
    "vue": "^3.2.13",
    "vue-axios": "^3.5.4"
}
```

其实，不止 package.json 文件会更新，在 node_modules 文件夹下也会新增 axios 和 vue-axios 相关的模块文件。

我们也可以使用图形化的工具进行依赖管理，在项目管理器的依赖管理版块下，可以查看当前项目安装的依赖有哪些、版本如何，我们也可以直接在其中安装和卸载插件，如图 9-8 所示。

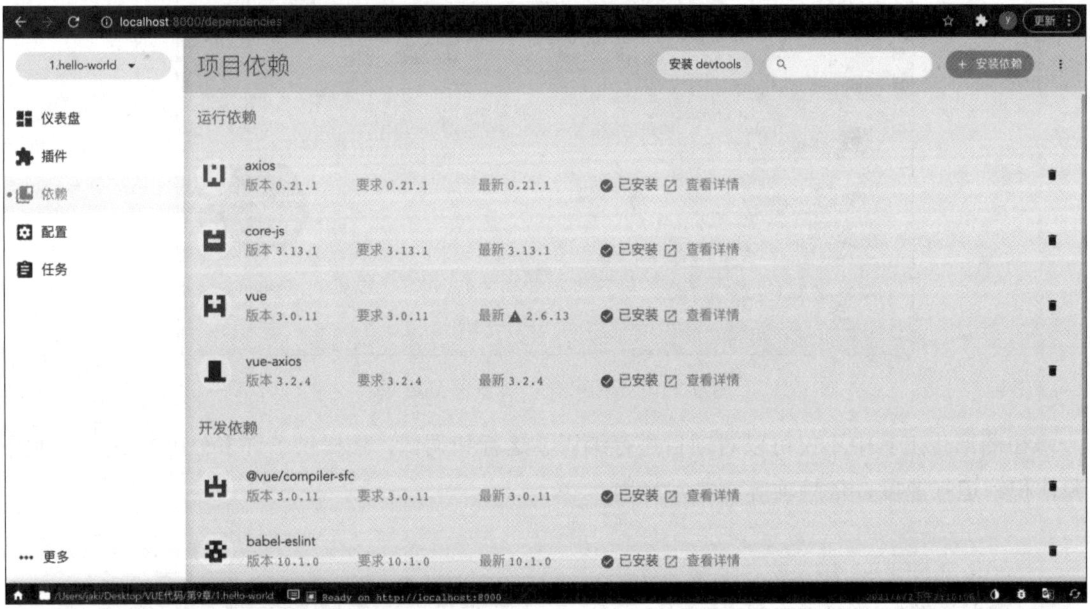

图 9-8 使用图形化工具进行依赖管理

读者可以尝试在图形化工具中卸载组件，单击页面中的"安装依赖"按钮，可以在所有可用的依赖中进行搜索，选择自己需要的依赖进行安装，如图 9-9 所示。

另外，vue-axios 是一个在 Vue 中用于网络请求的依赖库，后面的章节会专门介绍它。

图 9-9　使用图形化工具安装依赖

9.4　工程构建

开发完成一个 Vue 项目后，我们需要将其构建成可发布的代码产品。Vue CLI 提供了对应的工具链来实现这些功能。

在 Vue 工程目录下执行如下命令，可以直接将项目代码编译构建成生产包：

```
npm run build
```

构建过程可能需要一段时间，构建完成后，在工程的根目录下会生成一个名为 dist 的文件夹，这个文件夹就是我们要发布的软件包。可以看到，这个文件夹下包含一个名为 index.html 的文件，它是项目的入口文件，除此之外，还包含一些静态资源与 CSS、JavaScript 等相关文件，这些文件中的代码都是被压缩后的。

当然，我们也可以使用图形化管理工具来构建工程，如图 9-10 所示。

图 9-10　使用图形化管理工具构建工程

　　需要注意，我们不添加任何参数进行构建会按照默认规则进行，例如构建完成后的目标文件将生成在 dist 文件夹中，默认的构建环境是生产环境（开发环境的依赖不会被添加）。在构建时，我们可以对一些构建参数进行配置，以使用图形化工具为例，可配置的参数如图 9-11 所示。

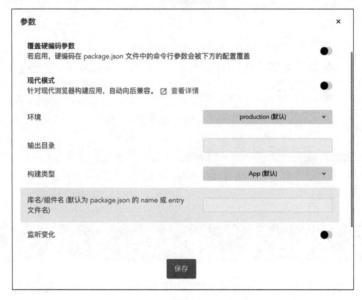

图 9-11　对构建参数进行配置

9.5　新一代前端构建工具 Vite

　　现在，读者应该已经了解了 Vue CLI 工具的基本使用。Vue CLI 是非常优秀的 Vue 项目构建工具，但它并不是唯一的，如果追求极致的构建速度，Vite 将是不错的选择。

9.5.1　Vite 与 Vue CLI

　　Vue CLI 非常适合大型商业项目的开发，它是构建大型 Vue 项目不可或缺的工具，Vue CLI 主要包括工程脚手架、带热重载模块的开发服务器、插件系统、用户界面等。与 Vue CLI 类似，Vite 也是一个提供项目脚手架和开发服务器的构建工具。不同的是，Vite 不是基于 Webpack 的，它有一套自己的开发服务器，并且 Vite 本身并不像 Vue CLI 那样功能完善而强大，它只专注提供基本构建的功能和开发服务器。因此，Vite 更加小巧迅捷，其开发服务器比基于 Webpack 的开发服务器快 10 倍左右，这对开发者来说太重要了，开发服务器的响应速度直接会影响开发者的编程体验和开发效率。对于大型项目来说，可能会有成千上万个 JavaScript 模块，这时构建速度的差异就会非常明显。

　　虽然 Vite 在"速度"上无疑比 Vue CLI 强大很多，但其没有用户界面，也没有提供插件管理系统，对于初学者并不是很友好。在实际项目开发中，到底要使用 Vue CLI 还是使用 Vite 没有一定的标准，读者可以按需选择。

9.5.2　体验 Vite 构建工具

在创建基于 Vite 脚手架的 Vue 项目前，首先要确保我们所使用的 Node.js 版本高于 12.0.0。
在终端执行如下指令可以查看当前使用的 Node.js 版本：

```
node -v
```

如果终端输出的 Node.js 版本号并不高于 12.0.0，则有两种处理方式，一种是直接从 Node.js
官网下载最新的 Node.js 软件，安装新版本即可，官网地址如下：

```
http://nodejs.cn/
```

另一种是使用 NVM 来管理 Node.js 版本，NVM 可以在安装的多个版本的 Node.js 间任意选
择需要使用的，非常方便。NVM 和 Node.js 的安装不是本小节的重点，这里不再赘述。

确认当前使用的 Node.js 版本符合要求后，
在终端执行如下指令来创建 Vue 项目工程：

```
npm init vite
```

之后需要一步一步渐进式地选择一些
配置项，首先输入工程名和包名，例如取名
为 ViteDemo，之后选择要使用的框架，Vite
不止支持构建 Vue 项目，也支持构建基于
React 等框架的项目，这里选择 Vue 项目、
JavaScript 语言即可。

项目创建完成后，可以看到生成的工程
目录结构如图 9-12 所示。

图 9-12　Vite 创建的 Vue 项目工程

从目录结构来看，Vite 创建的工程与 Vue CLI 创建的工程十分类似，主要差别在于
package.json 文件，Vite 工程的代码如下：

```
{
"name": "vitedemo",
"version": "0.0.0",
"scripts": {
"dev": "vite",
"build": "vite build",
"serve": "vite preview"
},
"dependencies": {
"vue": "^3.2.47"
},
"devDependencies": {
"@vitejs/plugin-vue": "^4.1.0",
"vite": "^4.2.0"
}
}
```

在工程目录下执行 npm run dev 命令（第一次执行前别忘记先执行 npm install 命令安装依赖）即可开启开发服务器，执行 npm run build 命令即可进行打包操作。此模板工程的运行效果如图 9-13 所示。

图 9-13 Vite 创建的 Vue 项目模板工程

无论读者选择使用 Vue CLI 构建工具还是 Vite 构建工具都没有关系，本书后面章节介绍的内容都只是专注 Vue 框架本身的使用，使用任何构建工具都可以完成。

9.6 小结与练习

在日常开发中，大多数 Vue 项目都会采用 Vue CLI 工具来创建、开发、打包以及发布，流程化的工具链可以大大减轻开发者的项目搭建和管理负担。

练习：思考 Vue CLI 是怎样一种开发工具，以及如何使用。

温馨提示：Vue CLI 是一个完整的基于 Vue.js 进行快速开发的系统，它提供了一套可交互的项目脚手架，无论是项目开发过程中的环境配置、插件和依赖管理，还是工程的构建打包与部署，使用 Vue CLI 工具都可以极大地简化开发者需要做的工作。Vue CLI 也提供了一套完全图形化的管理工具，开发者使用起来更加方便直观。另外，Vue CLI 还配套了一个 vue-cli-service 服务，可以帮助开发者方便地在开发环境中运行工程。

第10章 ← Chapter 10

Element Plus 基于 Vue 3 的 UI 组件库

通过前面章节的学习，读者应该对 Vue 框架的基本知识有了全面的掌握。在实际开发中，更多时候我们需要结合使用各种基于 Vue 框架开发的第三方模块来完成项目。以最直接的 UI 展现为例，通过使用基于 Vue 的组件库，可以快速地搭建功能强大、样式美观的页面。本章将介绍一款名为 Element Plus 的前端 UI 框架，其本身是基于 Vue 的 UI 框架，在 Vue 项目中，可以完全兼容地使用。

Element Plus 框架是 Vue 开发中非常流行的一款 UI 组件库，它可以带给用户全网一致的使用体验、目的清晰的控制反馈等。对于开发者来说，由于 Element Plus 内置了非常丰富的样式与布局框架，使用它可以大大降低页面开发的成本。

本章学习内容

- 集成 Element Plus 框架到 Vue 项目进行快速页面开发。
- 基础的 Element Plus 独立组件的应用。
- Element Plus 中布局与容器组件的应用。
- Element Plus 中表单与相关输入组件的应用。
- Element Plus 中列表与导航相关组件的应用。

10.1 Element Plus 入门

Element Plus 可以直接使用 CDN 的方式引入，单独地使用其提供的组件和样式，这与渐进式风格的 Vue 框架十分类似，同时，也可以使用 npm 在 Vue CLI 创建的模板工程中依赖 Element Plus 框架进行使用。本节将介绍 Element Plus 这两种使用方式，并通过一些简单的组件介绍 Element Plus 的基本使用方法。

10.1.1　Element Plus 的安装与使用

Element Plus 支持使用 CDN 的方式引入，如果在开发简单静态页面时使用了 CDN 的方式引入 Vue 框架，那么也可以使用同样的方式来引入 Element Plus 框架。

新建一个名为 element.html 的测试文件，在其中编写如下示例代码：

【源码见附件代码 / 第 10 章 /1.element.html】

```html
<!DOCTYPE html>
<html lang="en">
<head>
    <meta charset="UTF-8">
    <meta http-equiv="X-UA-Compatible" content="IE=edge">
    <meta name="viewport" content="width=device-width, initial-scale=1.0">
    <title>ElementUI</title>
    <!-- 引入 Vue -->
    <script src="https://unpkg.com/vue@3/dist/vue.global.js"></script>
</head>
<body>
    <div id="Application" style="text-align: center;">
        <h1>这里是模板的内容 :{{count}} 次单击 </h1>
        <button v-on:click="clickButton"> 按钮 </button>
    </div>
    <script>
        const App = {
            data() {
                return {
                    count:0,
                }
            },
            methods: {
                clickButton() {
                    this.count = this.count + 1
                }
            }
        }
        Vue.createApp(App).mount("#Application")
    </script>
</body>
</html>
```

相信对于上面的示例代码，读者一定非常熟悉，在学习 Vue 的基础知识时，我们经常会使用上面的计数器示例，运行上面的代码，页面上显示的标题和按钮都是原生的 HTML 元素，样式不怎么美观，下面尝试为其添加 Element Plus 的样式。

首先，在 head 标签中引入 Element Plus 框架，代码如下：

【源码见附件代码 / 第 10 章 /1.element.html】

```
<!-- 引入样式 -->
<link rel="stylesheet" href="https://unpkg.com/element-plus/dist/index.css" />
<!-- 引入组件库 -->
<script src="https://unpkg.com/element-plus"></script>
```

之后，在 JavaScript 代码中对创建的应用实例进行一些修改，使其挂载 Element Plus 相关的功能，代码如下：

【源码见附件代码 / 第 10 章 /1.element.html】

```
// 创建 Vue 应用实例
let instance = Vue.createApp(App)
// 挂载使用 Element Plus 模块
instance.use(ElementPlus)
// 挂载应用实例
instance.mount("#Application")
```

调用 Vue 的 createApp 方法后，返回创建的应用实例，调用此实例的 use 方法来加载 ElementPlus 模块，之后就可以在 HTML 模板中直接使用 Element Plus 中内置的组件，修改 HTML 代码如下：

【源码见附件代码 / 第 10 章 /1.element.html】

```
<div id="Application" style="text-align: center;">
    <div style="margin: 40px;"><el-tag> 这里是模板的内容 :{{count}} 次单击 </el-tag>
</div>
    <div><el-button v-on:click="clickButton"> 按钮 </el-button></div>
</div>
```

el-tag 与 el-button 是 Element Plus 中提供的标签组件与按钮组件，运行代码，页面效果如图 10-1 所示。可以看到组件美观了很多。

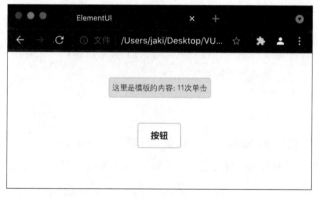

图 10-1 Element Plus 组件示例

上面演示了在单文件中使用 Element Plus 框架，在完整的 Vue 工程中使用也非常方便。例如新建一个名为 2_element 的 Vue 工程，直接在创建好的 Vue 工程目录下执行如下命令即可：

```
npm install element-plus --save
```

需要注意，如果有权限问题，在上面的命令前添加 sudo 即可。执行完成后，可以看到工程下的 package.json 文件中指定依赖的部分已经被添加了 Element Plus 框架：

【源码见附件代码 / 第 10 章 /2.element/package.json】

```
"dependencies": {
    "core-js": "^3.8.3",
    "element-plus": "^2.3.1",
    "vue": "^3.2.13"
}
```

之后，修改工程的 main.js 文件，引入 Element Plus 模块，代码如下：

【源码见附件代码 / 第 10 章 /2.element/src/main.js】

```
import { createApp } from 'vue'
import App from './App.vue'
// 引入 Element Plus 模块
import ElementPlus from 'element-plus'
import 'element-plus/dist/index.css'
    // 挂载 ElementPlus 模块
const app = createApp(App)
app.use(ElementPlus)
app.mount('#app')
```

下面尝试修改工程中的 HelloWorld.vue，在其中使用 Element Plus 内置的组件，修改 HelloWorld.vue 文件中的 template 模板如下：

【源码见附件代码 / 第 10 章 /2.element/src/components/HelloWorld.vue】

```
<template>
  <div class="hello">
    <h1>{{ msg }}</h1>
      <el-empty description=" 空空如也 ~~~"></el-empty>
  </div>
</template>
```

图 10-2　空态组件示例

其中，el-empty 组件是一个空态页组件，用来展示无数据时的页面占位图，运行项目，效果如图 10-2 所示。

10.1.2　按钮组件

Element Plus 中提供了 el-button 组件来创建按钮，el-button 组件中提供了很多属性来对按钮的样式进行定制，可用属性列举如表 10-1 所示。

表10-1　el-button组件中的可用属性

属　　性	意　　义	值
size	设置按钮尺寸	default：中等尺寸 small：小尺寸 large：大尺寸

（续表）

属　性	意　义	值
type	按钮类型，设置不同的类型会默认配置配套的按钮风格	primary：常规风格 success：成功风格 warning：警告风格 danger：危险风格 info：详情风格 text：文本风格
plain	是否采用描边风格的按钮	布尔值
round	是否采用圆角按钮	布尔值
circle	是否采用圆形按钮	布尔值
loading	是否采用加载中按钮（附带一个loading指示器）	布尔值
disabled	是否为禁用状态	布尔值
autofocus	是否为自动聚焦	布尔值
icon	设置图标名称	图标名字符串

下面通过代码来实操上面列举的属性的用法。

size 属性枚举了 3 种按钮的尺寸，加上默认的尺寸，一共有 4 种可用。我们可以根据不同的场景为按钮选择合适的尺寸，各种尺寸的按钮示例代码如下：

【源码见附件代码 / 第 10 章 /2.element/src/components/HelloWorld.vue】

```
<el-button> 默认按钮 </el-button>
<el-button size="large"> 大型按钮 </el-button>
<el-button size="small"> 小型按钮 </el-button>
```

渲染效果如图 10-3 所示。

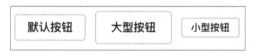

图 10-3　不同尺寸的按钮组件

type 属性主要控制按钮的风格，el-button 组件默认提供了一组风格可供开发者选择，不同的风格适用于不同的业务场景，例如 danger 风格通常用来提示用户这个按钮的单击是一个相对危险的操作。示例代码如下：

【源码见附件代码 / 第 10 章 /2.element/src/components/HelloWorld.vue】

```
<el-button type="primary"> 常规按钮 </el-button>
<el-button type="success"> 成功按钮 </el-button>
<el-button type="info"> 信息按钮 </el-button>
<el-button type="warning"> 警告按钮 </el-button>
<el-button type="danger"> 危险按钮 </el-button>
```

效果如图 10-4 所示。

图 10-4　各种风格的按钮示例

plain 属性控制按钮是填充风格的还是描边风格的，round 属性设置是否为圆角按钮，circle 属性设置是否为圆形按钮，loading 属性设置是否为加载中按钮，disable 属性设置按钮是否为禁用状态，示例代码如下：

【源码见附件代码 / 第 10 章 /2.element/src/components/HelloWorld.vue】

```html
<el-button type="primary" :plain="true"> 描边 </el-button>
<el-button type="primary" :round="true"> 圆角 </el-button>
<el-button type="primary" :circle="true"> 圆形 </el-button>
<el-button type="primary" :disable="true"> 禁用 </el-button>
<el-button type="primary" :loading="true"> 加载 </el-button>
```

效果如图 10-5 所示。

图 10-5　按钮的各种配置属性

Element Plus 框架也提供了很多内置图标可以直接使用，要使用这些图标，需要依赖 element-plus-icons 模块，运行如下指令安装：

```
npm install @element-plus/icons-vue --save
```

在使用这些图标前，需要进行全局注册，在 main.js 文件中添加如下代码：

【源码见附件代码 / 第 10 章 /2.element/src/main.js】

```js
// 引入图标
import * as ElementPlusIconsVue from '@element-plus/icons-vue'
const app = createApp(App)
// 遍历 ElementPlusIconsVue 中的所有组件进行注册
for (const [key, component] of Object.entries(ElementPlusIconsVue)) {
    // 向应用实例中全局注册图标组件
    app.component(key, component)
}
```

之后在使用 el-button 按钮组件时，可以通过设置其 icon 属性来使用图标按钮，示例如下：

【源码见附件代码 / 第 10 章 /2.element/src/components/HelloWorld.vue】

```html
<el-button type="primary" icon="Share"></el-button>
  <el-button type="primary" icon="Delete"></el-button>
<el-button type="primary" icon="Search"> 图标在前 </el-button>
<el-button type="primary"> 图标在后 <el-icon class="el-icon--right"><Upload />
</el-icon></el-button>
```

效果如图 10-6 所示。

图 10-6 带图标的按钮

10.1.3 标签组件

从展示样式来看，Element Plus 中的标签组件与按钮组件非常相似。Element Plus 中使用 el-tag 组件来创建标签，el-tag 组件可用的属性列举如表 10-2 所示。

表10-2 el-tag组件的可用属性

属　　性	意　　义	值
type	标签类型	success：成功风格 info：详情风格 warning：警告风格 danger：危险风格
size	标签尺寸	default：中等尺寸 small：小尺寸 large：大尺寸
hit	是否描边	布尔值
color	标签的背景色	字符串
effect	主题	dark：暗黑主题 light：明亮主题 plain：通用主题
closable	标签是否可关闭	布尔值
disable-transitions	使用禁用渐变动画	布尔值
click	单击标签的触发事件	函数
close	单击标签上的关闭按钮的触发事件	函数

el-tag 组件的 type 属性和 size 属性的用法与 el-button 组件相同，这里不再赘述，hit 属性用来设置标签是否带描边，color 属性用来定制标签的背景颜色，示例代码如下：

【源码见附件代码 / 第 10 章 /2.element/src/components/HelloWorld.vue】

```
<el-tag> 普通标签 </el-tag>
<el-tag :hit="true"> 描边标签 </el-tag>
<el-tag color="purple"> 紫色背景标签 </el-tag>
```

效果如图 10-7 所示。

图 10-7 标签组件示例

closable 属性用来控制标签是否为可关闭的,通过设置这个属性,标签组件会自带删除按钮,在许多实际的业务场景中,我们都需要灵活地进行标签的添加和删除,示例代码如下:

【源码见附件代码 / 第 10 章 /2.element/src/components/HelloWorld2.vue】

```
<template>
<div>
  <template v-for="(tag,index) in tags" :key="tag">
    <el-tag :closable="true" @close="closeTag(index)">{{tag}}</el-tag>
    <span style="padding:10px"></span>
  </template>
  <el-input style="width: 90px"
            v-if="show"
            v-model="inputValue"
            @keyup.enter="handleInputConfirm"
            @blur="handleInputConfirm"
            size="small">
  </el-input>
  <el-button size="small" v-else @click="showInput">新建标签 +</el-button>
</div>
</template>
<script>
export default {
  data() {
    return {
      tags:[" 男装 "," 女装 "," 帽子 "," 鞋子 "],    // 默认展示的标签
      show:false,                                    // 控制输入框是否展示
      inputValue:""                                  // 与输入框进行数据绑定
    }
  },
  methods:{
// 删除某个标签的方法，将其从数据源数组中移除
    closeTag(index) {
      this.tags.splice(index, 1);
    },
// 显示输入框，新建标签时将输入框展示出来
    showInput() {
      this.show = true
    },
// 确认输入，当输入框失去焦点时调用，向数据源列表中新增数据
    handleInputConfirm(){
      let inputValue = this.inputValue;
      if (inputValue) {
        this.tags.push(inputValue);
      }
      this.show = false;
      this.inputValue = '';
    }
  }
}
</script>
```

运行上面的代码，效果如图 10-8 所示。

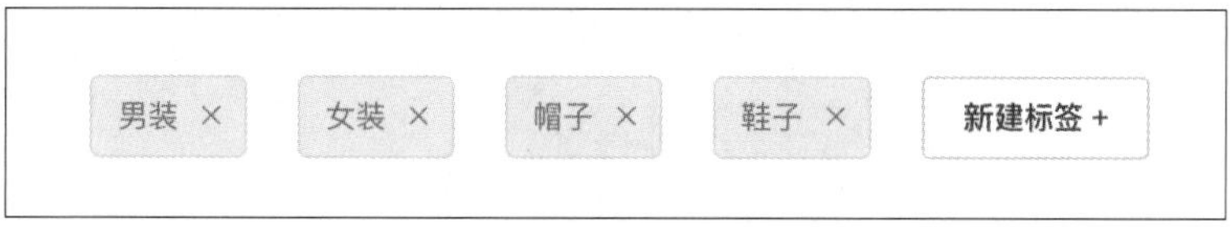

图 10-8 动态编辑标签示例

当单击标签上的关闭按钮时，对应的标签会被删除，当单击"新建标签"时，当前位置会展示一个输入框，el-input 是 Element Plus 中提供的输入框组件。

关于标签组件，Element Plus 还提供了一种类似于复选框的标签组件 el-check-tag，这个组件的使用非常简单，只需要设置其 checked 属性来控制是否选中即可，示例如下：

【源码见附件代码 / 第 10 章 /2.element/src/components/HelloWorld2.vue】

```
<el-check-tag :checked="true"> 足球 </el-check-tag>
<el-check-tag :checked="false"> 篮球 </el-check-tag>
```

效果如图 10-9 所示。

足球　　　　篮球

图 10-9 el-check-tag 组件示例

10.1.4 空态图与加载占位图组件

当页面没有数据或者页面正在加载数据时，通常需要一个空态图或占位图来提示用户。针对这两种场景，Element Plus 中分别提供了 el-empty 与 el-skeleton 组件。

el-empty 用来定义空态图组件，当页面没有数据时，我们可以使用这个组件来进行占位提示。el-empty 组件的可用属性列举如表 10-3 所示。

表10-3 el-empty组件的可用属性

属　　性	意　　义	值
image	设置空态图所展示的图片，若不设置，则为默认图	字符串
image-size	设置图片展示的大小	数值
description	设置描述文本	字符串

用法示例如下：

【源码见附件代码 / 第 10 章 /2.element/src/components/HelloWorld3.vue】

```
<el-empty description=" 设置空态图的描述文案 " :image-size="400"></el-empty>
```

页面渲染效果如图 10-10 所示。

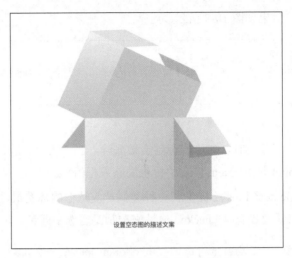

图 10-10　空态图组件的渲染样式

　　el-empty 组件还提供了许多插槽，使用这些插槽可以更加灵活地定制所需要的空态图样式。示例代码如下：

【源码见附件代码 / 第 10 章 /2.element/src/components/HelloWorld3.vue】

```
<el-empty>
  <!-- image 具名插槽用来替换默认的图片部分 -->
  <template v-slot:image>
    <div> 这里是自定义图片位置 </div>
  </template>
  <!-- description 具名插槽用来替换默认的描述部分 -->
  <template v-slot:description>
    <h3> 自定义描述内容 </h3>
  </template>
  <!-- 默认的插槽用来在空态图的尾部追加内容 -->
  <el-button> 看看其他内容 </el-button>
</el-empty>
```

　　如以上代码所示，el-empty 组件内实际上定义了 3 个插槽，默认的插槽可以向空态图组件的尾部追加元素，image 具名插槽用来完全自定义组件的图片部分，description 具名插槽用来完全自定义组件的描述部分。

　　在 Element Plus 中，数据加载的过程可以使用骨架屏来占位。使用骨架屏往往比单纯地使用一个加载动画用户体验要好很多。el-skeleton 组件中常用的属性列举如表 10-4 所示。

表10-4　el-skeleton组件的常用属性

属　　性	意　　义	值
animated	是否使用动画	布尔值
count	渲染多少个骨架模板	数值
loading	是否展示真实的元素	布尔值
rows	骨架屏额外渲染的行数	整数
throttle	防抖属性，设置延迟渲染的时间	整数，单位为毫秒

示例代码如下：

【源码见附件代码 / 第 10 章 /2.element/src/components/HelloWorld3.vue】

```
<el-skeleton :rows="10" :animated="true"></el-skeleton>
```

页面效果如图 10-11 所示。

图 10-11　骨架屏渲染效果

需要注意，rows 属性设置的行数是骨架屏中额外渲染的行数，在实际的页面展示效果中，渲染的行数比这个参数设置的数值多 1。配置 animated 参数为 true 时，可以使骨架屏展示成闪动的效果，这样加载过程更加逼真。

我们也可以完全自定义骨架屏的样式，使用 template 具名插槽即可。十分方便的是，Element Plus 还提供了 el-skeleton-item 组件，这个组件通过设置不同的样式，可以非常灵活地定制与实际要渲染的元素相似的骨架屏，示例代码如下：

【源码见附件代码 / 第 10 章 /2.element/src/components/HelloWorld3.vue】

```
<el-skeleton :animated="true">
  <template #template>
    <!-- 定义标题骨架 -->
    <el-skeleton-item variant="h1" style="width: 100px; height: 30px;
padding:0"/>
    <!-- 定义图片骨架 -->
    <el-skeleton-item variant="image" style="width: 240px; height: 240px;
padding:0" />
    <!-- 定义段落骨架 -->
    <el-skeleton-item variant="p" style="width: 30%; padding:0; margin-
top:20px"/>
    <el-skeleton-item variant="p" style="width: 90%; padding:0"/>
    <el-skeleton-item variant="p" style="width: 90%; padding:0"/>
  </template>
</el-skeleton>
```

渲染效果如图 10-12 所示。

图 10-12　自定义骨架屏布局样式

　　el-skeleton 组件中默认的插槽用来渲染真正的页面元素，通过组件的 loading 属性控制是展示加载中的占位元素还是真正的功能元素，例如可以使用一个延时函数来模拟请求数据的过程，示例代码如下：

【源码见附件代码 / 第 10 章 /2.element/src/components/HelloWorld3.vue】

HTML 模板代码：

```html
<el-skeleton :rows="1" :animated="true" :loading="loading">
  <h1> 这里是真实的页面元素 </h1>
  <p>{{msg}}</p>
</el-skeleton>
```

JavaScript 逻辑代码：

```javascript
export default {
  data() {
    return {
      msg:"",                 // 页面展示绑定的数据
      loading:true            // 控制是否为 loading 状态
    }
  },
  // 模拟页面加载 3 秒后请求到数据
  mounted(){
    setTimeout(this.getData, 3000);
  },
  methods:{
    getData() {
      this.msg = " 这里是请求到的数据 "
      this.loading = false
    }
  }
}
```

最后需要注意，throttle 属性是 el-skeleton 组件提供的一个防抖属性，如果设置了这个属性，其骨架屏的渲染会被延迟，这在实际开发中非常有用。很多时候，我们的数据请求是非常快的，这样在页面加载时会出现骨架屏一闪而过的抖动现象，有了防抖处理，当数据的加载速度很快时，可以极大地提高用户体验。

10.1.5　图片与头像组件

针对加载图片的元素，Element Plus 中提供了 el-image 组件，相比原生的 image 标签，这个组件封装了一些加载过程的回调以及处理相关占位图的插槽。常用的属性如表 10-5 所示。

表10-5　el-image组件的常用属性

属　　性	意　　义	值
fit	设置图片的适应方式	fill：拉伸充满 contain：缩放到完整展示 cover：简单覆盖 none：不进行任何拉伸处理 scale-down：缩放处理
hide-on-click-modal	开启预览功能时，是否可以通过单击遮罩来关闭预览	布尔值
lazy	是否开启懒加载	布尔值
preview-src-list	设置图片预览功能	数组
src	图片资源地址	字符串
load	图片加载成功后的回调	函数
error	图片加载失败后的回调	函数

示例代码如下：

【源码见附件代码 / 第 10 章 /2.element/src/components/HelloWorld4.vue】

```
<el-image style="width:500px" src="http://huishao.cc/img/head-img.png"></el-image>
```

el-image 组件本身的使用比较简单，更多时候使用 el-image 组件是为了方便添加图片加载中或加载失败时的占位元素，使用 placeholder 插槽来设置加载中的占位内容，使用 error 插槽来设置加载失败的占位内容，示例如下：

【源码见附件代码 / 第 10 章 /2.element/src/components/HelloWorld4.vue】

```
<el-image style="width:500px" src="http://huishao.cc/img/head-img.png">
  <template #placeholder>
    <h1>加载中 ...</h1>
  </template>
  <template #error>
    <h1>加载失败 </h1>
  </template>
</el-image>
```

el-avatar 组件是 Element Plus 中提供的一个更加面向应用的图片组件，其专门用于展示头像类的元素，示例代码如下：

【源码见附件代码 / 第 10 章 /2.element/src/components/HelloWorld4.vue】

```
<!-- 使用文本类型的头像 -->
<el-avatar style="margin:20px">用户</el-avatar>
<!-- 使用图标类型的头像 -->
<el-avatar style="margin:20px"><el-icon><User/></el-icon></el-avatar>
<!-- 使用图片类型的头像 -->
<el-avatar style="margin:20px" :size="100" src="http://huishao.cc/img/avatar.
jpg"></el-avatar>
<el-avatar style="margin:20px" src="http://huishao.cc/img/avatar.jpg"></el-
avatar>
<el-avatar style="margin:20px" shape="square" src="http://huishao.cc/img/
avatar.jpg"></el-avatar>
```

el-avatar 组件支持使用文本、图标和图片来进行头像的渲染，同时也可以设置 shape 属性来定义头像的形状，支持圆形和方形，上面示例代码的运行效果如图 10-13 所示。

图 10-13 头像组件效果示例

同样，对于 el-avatar 组件，我们也可以使用默认插槽来完全自定义头像内容，在 Element Plus 框架中，大部分组件都非常灵活，除了默认提供的一套样式外，也支持开发者进行定制。

10.2 表单类组件

表单类组件一般只可以进行用户交互，可以根据用户的操作改变页面逻辑的相关组件。Element Plus 中对常用的交互组件都有封装，例如单选框、多选框、选择列表、开关等。

10.2.1 单选框与多选框

1 单选框

在 Element Plus 中，使用 el-radio 组件来定义单选框，该组件支持多种样式，使用起来非常简单。el-radio 的常规用法示例如下：

【源码见附件代码 / 第 10 章 /2.element/src/components/HelloWorld5.vue】

```
<el-radio v-model="radio" label="0">男</el-radio>
<el-radio v-model="radio" label="1">女</el-radio>
```

同属一组的单选框的 v-model 需要绑定到相同的组件属性上，当选中某个选项时，属性对应的值为单选框 label 设置的值。效果如图 10-14 所示。

图 10-14　单选框组件示例

当选项比较多时，我们也可以直接使用 el-radio-group 组件来进行包装，之后只需要对 el-radio-group 组件进行数据绑定即可，示例如下：

【源码见附件代码 / 第 10 章 /2.element/src/components/HelloWorld5.vue】

```
<el-radio-group v-model="radio2">
  <el-radio label="1"> 选项 1</el-radio>
  <el-radio label="2"> 选项 2</el-radio>
  <el-radio label="3"> 选项 3</el-radio>
  <el-radio label="4"> 选项 4</el-radio>
</el-radio-group>
```

除了 el-radio 可以创建单选框外，Element Plus 中还提供了 el-radio-button 组件来创建按钮样式的单选组件，示例如下：

【源码见附件代码 / 第 10 章 /2.element/src/components/HelloWorld5.vue】

```
<el-radio-group v-model="city">
  <el-radio-button label="1"> 北京 </el-radio-button>
  <el-radio-button label="2"> 上海 </el-radio-button>
  <el-radio-button label="3"> 广州 </el-radio-button>
  <el-radio-button label="4"> 深圳 </el-radio-button>
</el-radio-group>
```

效果如图 10-15 所示。

| 北京 | 上海 | 广州 | 深圳 |

图 10-15　按钮样式的单选组件

el-radio 组件的常用属性如表 10-6 所示。

表10-6　el-radio组件的常用属性

属　性	意　义	值
disabled	是否禁用	布尔值
border	是否显示描边	布尔值
change	选择内容发生变化时的触发事件	函数

el-radio-group 组件的常用属性如表 10-7 所示。

表10-7　el-radio-group组件的常用属性

属　　性	意　　义	值
disabled	是否禁用	布尔值
test-color	设置按钮样式的选择组件的文本颜色	字符串
fill	按钮样式的选择组件的填充颜色	字符串
change	选择内容发生变化时的触发事件	函数

2 多选框

多选框组件使用 el-checkbox 创建，其用法与单选框类似，基础的用法示例如下：

【源码见附件代码 / 第 10 章 /2.element/src/components/HelloWorld5.vue】

```
<el-checkbox label="1" v-model="checkBox">A</el-checkbox>
<el-checkbox label="2" v-model="checkBox">B</el-checkbox>
<el-checkbox label="3" v-model="checkBox">C</el-checkbox>
<el-checkbox label="4" v-model="checkBox">D</el-checkbox>
```

渲染效果如图 10-16 所示。

图 10-16　复选框组件示例

需要注意，上面的示例代码运行后，Vue 在控制台会输出警告信息，更标准的用法与单选框类似，将一组复选框使用 el-checkbox-group 组件进行包装，通过设置 min 和 max 属性来设置最少/最多可以选择多少个选项，示例如下：

【源码见附件代码 / 第 10 章 /2.element/src/components/HelloWorld5.vue】

```
<el-checkbox-group v-model="checkBox2" :min="1" :max="3">
   <el-checkbox label="1">A</el-checkbox>
   <el-checkbox label="2">B</el-checkbox>
   <el-checkbox label="3">C</el-checkbox>
   <el-checkbox label="4">D</el-checkbox>
</el-checkbox-group>
```

Element Plus 对应地也提供了 el-checkbox-button 组件创建按钮样式的复选框，其用法与单选框类似，我们可以通过编写实际代码来测试与学习其用法，这里不再赘述。

10.2.2　标准输入框组件

在 Element Plus 框架中，输入框是一种非常复杂的 UI 组件，el-input 组件提供了非常多的属性供开发者进行定制。输入框一般用来展示用户的输入内容，可以使用 v-model 对其进行数据绑定，el-input 组件的常用属性如表 10-8 所示。

表10-8　el-input组件的常用属性

属　性	意　义	值
type	输入框的类型	text：文本框　textarea：文本区域
maxlength	设置最大文本长度	数值
minlength	设置最小文本长度	数值
show-word-limit	是否显示输入字数统计	布尔值
placeholder	输入框默认的提示文本	字符串
clearable	是否展示清空按钮	布尔值
show-password	是否展示密码保护按钮	布尔值
disabled	是否禁用此输入框	布尔值
size	设置尺寸	default：中等尺寸 small：小尺寸 large：大尺寸
prefix-icon	输入框前缀图标	字符串
suffix-icon	输入框尾部图标	字符串

autosize	是否自适应内容高度	当设置为布尔值时，是否自动适应
		当设置为如下格式对象时：
		　{
		　minRows：控制展示的最小行数
		　maxRows：控制展示的最大行数
		　}

autocomplete	是否自动补全	布尔值
resize	设置能否被用户拖曳缩放	none：进行缩放 both：支持水平和竖直方向缩放 horizontal：支持水平缩放 vertical：支持竖直方向缩放
autofocus	是否自动获取焦点	布尔值
label	输入框关联的标签文案	字符串
blur	输入框失去焦点时触发	函数
focus	输入框获取焦点时触发	函数
change	输入框失去焦点或用户按回车键时触发	函数
input	在输入的值发生变化时触发	函数
clear	在用户单击输入框的清空按钮后触发	函数

输入框的基础使用方法示例如下：

【源码见附件代码 / 第 10 章 /2.element/src/components/HelloWorld6.vue】

```
<el-input v-model="value"
placeholder="helloWorld"
:disabled="false"
:show-password="true"
:clearable="true"
prefix-icon="Search"
type="text"></el-input>
```

代码运行效果如图 10-17 所示。

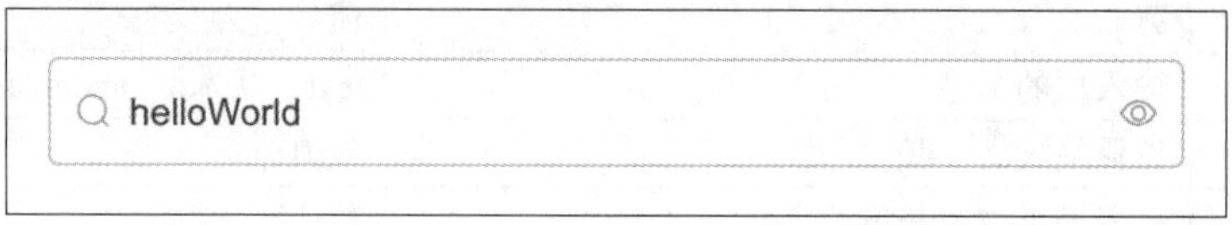

图 10-17　输入框样式示例

el-input 组件内部也封装了许多有用的插槽，使用插槽可以为输入框定制前置内容、后置内容或者图标。插槽名称列举与说明如表 10-9 所示。

表10-9　el-input组件内部封装的插槽

名　　称	说　　明
prefix	输入框头部内容，一般为图标
suffix	输入框尾部内容，一般为图标
prepend	输入框前置内容
append	输入框后置内容

前置内容和后置内容在有些场景下非常实用，示例代码如下：

【源码见附件代码 / 第 10 章 /2.element/src/components/HelloWorld6.vue】

```
<el-input v-model="value2" type="text">
  <template #prepend>Http://</template>
  <template #append>.com</template>
</el-input>
```

效果如图 10-18 所示。

图 10-18　为输入框增加前置内容和后置内容

10.2.3　带推荐列表的输入框组件

读者应该遇到过这样的场景，当激活了某个输入框时，自动弹出推荐列表供用户选择。在 Element Plus 框架中提供了 el-autocomplete 组件来支持这种场景。el-autocomplete 组件的常用属性如表 10-10 所示。

表10-10　el-autocomplete组件的常用属性

属　　性	意　　义	值
placeholder	输入框的占位文本	字符串
disabled	设置是否禁用	布尔值
debounce	获取输入建议的防抖动延迟	数值，单位为毫秒
placement	弹出建议菜单的位置	top、top-start、top-end、bottom、bottom-start、bottom-end

（续表）

属　性	意　义	值
fetch-suggestions	当需要从网络请求建议数据时，设置此函数	函数类型为Function(queryString, callback)，当获取建议数据后，使用 callback参数返回
trigger-on-focus	是否在输入框获取焦点时自动显示建议列表	布尔值
prefix-icon	头部图标	字符串
suffix-icon	尾部图标	字符串
hide-loading	是否隐藏加载时的loading图标	布尔值
highlight-first-item	是否对建议列表中的第一项进行高亮处理	布尔值
value-key	建议列表中用来展示的对象键名	字符串，默认为value
select	单击选中建议项时触发	函数
change	输入框中的值发生变化时触发	函数

示例代码如下：

【源码见附件代码 / 第 10 章 /2.element/src/components/HelloWorld6.vue】

```
<el-autocomplete v-model="value3"
    :fetch-suggestions="queryData"
    placeholder=" 请输入内容 "
    @select="selected"
    :highlight-first-item="true"
></el-autocomplete>
```

对应的 JavaScript 逻辑代码如下：

```
export default {
  data() {
    return {
      value3:"",
    }
  },
  methods:{
// 定义方法，模拟获取输入框的自动提示补全数据
    queryData(queryString, callback) {
// queryString 参数为当前输入框输入的数据，调用 callback 回调来返回补全数据
      let array = []
      if (queryString.length > 0) {
// 将当前输入的内容作为自动提示的第一个选项
        array.push({value:queryString})
  }
// 追加一些测试数据
      array.push(...[{value:" 衣服 "},{value:" 裤子 "},{value:" 帽子 "},{value:" 鞋
子 "}])
      callback(array)
    },
// 选中某个选项后，进行 alert 提示
```

```
    selected(obj) {
      alert(obj.value)
    }
  }
}
```

图 10-19 提供建议列表的输入框

运行代码，效果如图 10-19 所示。

需要注意，如以上代码所示，我们在 queryData 函数中调用 callback 回调时需要传递一组数据，此数组中的数据都是 JavaScript 对象，在渲染列表时，默认会取对象的 value 属性的值作为列表中渲染的值，我们也可以自定义这个要取的键名，配置组件的 value-key 属性即可。

el-input 组件支持的属性和插槽，el-autocomplete 组件也都支持，可以通过 prefix、suffix、prepend 和 append 这些插槽来对 el-autocomplete 组件中的输入框进行定制。

10.2.4 数字输入框

数字输入框专门用来输入数值，我们在电商网站购物时，经常会遇到此类输入框，例如商品数量的选择、商品尺寸的选择等。Element Plus 中使用 el-input-number 来创建数字输入框，其常用属性如表 10-11 所示。

表10-11 el-input-number组件的常用属性

属　　性	意　　义	值
min	设置允许输入的最小值	数值
max	设置允许输入的最大值	数值
step	设置步长	数值
step-strictly	设置是否只能输入步长倍数的值	布尔值
precision	数值精度	数值
size	计数器尺寸	large、default、small
disabled	是否禁用输入框	布尔值
controls	是否使用控制按钮	布尔值
controls-position	设置控制按钮的位置	right
placeholder	设置输入框的默认提示文案	字符串
change	输入框的值发生变化时触发	函数
blur	输入框失去焦点时触发	函数
focus	输入框获得焦点时触发	函数

一个简单的数字输入框示例如下：

【源码见附件代码 / 第 10 章 /2.element/src/components/HelloWorld6.vue】

```
<el-input-number :min="1" :max="10" :step="1" v-model="num"></el-input-number>
```

效果如图 10-20 所示。

图 10-20　数字输入框示例

10.2.5　选择列表

选择列表组件是一种常用的用户交互元素，它可以提供一组选项供用户进行选择，支持单选，也支持多选。Element Plus 中使用 el-select 来创建选择列表组件，el-select 组件的功能非常丰富，常用属性如表 10-12 所示。

表10-12　el-select组件的常用属性

属　性	意　义	值
multiple	是否支持多选	布尔值
disabled	是否禁用	布尔值
size	输入框尺寸	large、small、default
clearable	是否可清空选项	布尔值
collapse-tags	多选时，是否将选中的值以文字的形式展示	布尔值
multiple-limit	设置多选时最多可选择的项目数	数值，若设置为0，则不进行限制
placeholder	输入框的占位文案	字符串
filterable	是否支持搜索	布尔值
allow-create	是否允许用户创建新的条目	布尔值
filter-method	搜索方法	函数
remote	是否为远程搜索	布尔值
remote-method	远程搜索方法	函数
loading	是否正在从远程获取数据	布尔值
loading-text	数据加载时需要	字符串
no-match-text	当没有能搜索到的结果时显示的文字	字符串
no-data-text	选项为空时显示的文字	字符串
automatic-dropdown	对于不支持搜索的选择框，是否获取焦点	布尔值
clear-icon	自定义清空图标	字符串
change	选中的值发生变化时触发的事件	函数
visible-change	下拉框出现/隐藏时触发的事件	函数
remove-tag	在多选模式下，移除标签时触发的事件	函数
clear	用户单击清空按钮后触发的事件	函数
blur	选择框失去焦点时触发的事件	函数
focus	选择框获取焦点时触发的事件	函数

示例代码如下：

【源码见附件代码 / 第 10 章 /2.element/src/components/HelloWorld7.vue】

```
<el-select :multiple="true" :clearable="true" v-model="value">
  <el-option v-for="item in options"
  :value="item.value"
  :label="item.label"
  :key="item.value">
  </el-option>
</el-select>
```

对应的 JavaScript 代码如下：

```
export default {
  data() {
    return {
      value:[],
      options:[{
          value: '选项 1',
          label: '足球'
        }, {
          value: '选项 2',
          label: '篮球',
          disabled: true
        }, {
          value: '选项 3',
          label: '排球'
        }, {
          value: '选项 4',
          label: '乒乓球'
        }, {
          value: '选项 5',
          label: '排球'
        }]
    }
  }
}
```

代码运行效果如图 10-21 所示。

如以上代码所示，选择列表组件中选项的定义是通过 el-option 组件来完成的，此组件的可配置属性有 value、label 和 disabled。其中 value 通常设置为选项的值，label 设置为选项的文案，disabled 控制选项是否禁用。

选择列表也支持进行分组，我们可以将同类的选项进行归并，示例如下：

【源码见附件代码 / 第 10 章 /2.element/src/components/HelloWorld7.vue】

```
<el-select :multiple="true" :clearable="true2" v-model="value">
  <el-option-group v-for="group in options2"
  :key="group.label"
  :label="group.label">
    <el-option v-for="item in group.options"
    :value="item.value"
```

```
      :label="item.label"
      :key="item.value">
    </el-option>
  </el-option-group>
</el-select>
```

对应渲染组件的数据结构如下：

```
options:[{
  label:" 球类 ",
  options:[{
    value: ' 选项 1',
    label: ' 足球 '
  }, {
    value: ' 选项 2',
    label: ' 篮球 ',
    disabled: true
  }, {
    value: ' 选项 3',
    label: ' 排球 '
  }, {
    value: ' 选项 4',
    label: ' 乒乓球 '
  }]
},{
  label:" 休闲 ",
  options:[{
    value: ' 选项 5',
    label: ' 散步 '
  }, {
    value: ' 选项 6',
    label: ' 游泳 ',
  }]
}]
```

代码运行效果如图 10-22 所示。

图 10-21　选择列表组件示例

图 10-22　对选择列表进行分组

关于选择列表组件的搜索相关功能，这里就不再演示，在实际使用时只需要实现对应的搜索函数来返回搜索的结果列表即可。

10.2.6　多级列表组件

el-select 组件创建的选择列表都是单列的，在很多实际应用场景中，我们需要使用多级的选择列表，在 Element Plus 框架中提供了 el-cascader 组件来提供支持。

当数据集合有清晰的层级结构时，可以通过使用 el-cascader 组件来让用户逐级查看和选择选项。el-cascader 组件使用简单，常用属性如表 10-13 所示。

表10-13　el-cascader组件的常用属性

属　性	意　义	值
options	可选项的数据源	数组
props	配置对象，后面会介绍如何配置	对象
size	设置尺寸	large、small、default
placeholder	设置输入框的占位文本	字符串
disabled	设置是否禁用	布尔值
clearable	设置是否支持清空选项	布尔值
show-all-levels	设置输入框中是否展示完整的选中路径	布尔值
collapse-tags	设置多选模式下是否隐藏标签	布尔值
separator	设置选项分隔符	字符串
filterable	设置是否支持搜索	布尔值
filter-method	自定义搜索函数	函数
debounce	防抖间隔	数值，单位为毫秒
before-filter	调用搜索函数前的回调	函数
change	当选中项发生变化时回调的函数	函数
expand-change	当展开的列表发生变化时回调的函数	函数
blur	当输入框失去焦点时回调的函数	函数
focus	当输入框获得焦点时回调的函数	函数
visible-change	当下拉菜单出现/隐藏时回调的函数	函数
remove-tag	在多选模式下，移除标签时回调的函数	函数

在上面列出的属性列表中，props 属性需要设置为一个配置对象，此配置对象可以设置选择列表是否可以多选、子菜单的展开方式等。props 对象可配置键及其意义，如表 10-14 所示。

表10-14　props对象可配置键及其意义

键	意　义	值
expandTrigger	设置子菜单的展开方式	click：单击展开 hover：鼠标触碰展开
multiple	是否支持多选	布尔值
exitPath	当选中的选项发生变化时，是否返回此选项的完整路径数组	布尔值

（续表）

键	意　义	值
lazy	是否对数据懒加载	布尔值
lazyLoad	懒加载时的动态数据获取函数	函数
value	指定选项的值为数据源对象中的某个属性	字符串，默认值为 'value'
label	指定标签渲染的文本为数据源对象中的某个属性	字符串，默认值为 'label'
children	指定选项的子列表为数据源对象中的某个属性	字符串，默认值为 'children'

下面的代码演示多级列表组件的基本使用方法，首先需要准备一组测试的数据源数据，代码如下：

【源码见附件代码 / 第 10 章 /2.element/src/components/HelloWorld7.vue】

```
datas: [
  {
    value: "父 1",
    label: "运动",
    children: [
      {
        value: "子 1",
        label: "足球",
      },
      {
        value: "子 2",
        label: "篮球",
      },
    ],
  },
  {
    value: "父 2",
    label: "休闲",
    children: [
      {
        value: "子 1",
        label: "游戏",
      },
      {
        value: "子 2",
        label: "魔方",
      },
    ],
  },
]
```

编写 HTML 结构代码如下：

```
<el-cascader
  v-model="value"
  :options="datas"
  :props="{ expandTrigger: 'hover' }"
></el-cascader>
```

运行上面的代码，效果如图 10-23 所示。

图 10-23 多级选择列表示例

10.3 开关与滑块组件

开关是很常见的一种页面元素，有开和关两种状态来支持用户交互。在 Element Plus 中，使用 el-switch 来创建开关组件。开关组件的状态只有两种，如果需要使用连续状态的组件，则可以使用 el-slider 组件，这个组件能够渲染出进度条与滑块，用户可以方便地对进度进行调节。

10.3.1 开关组件

el-switch 组件支持开发者对开关颜色、背景颜色等进行定制，常用属性如表 10-15 所示。

表10-15 el-switch组件的常用属性

属　　性	意　　义	值
disabled	设置是否禁用	布尔值
loading	设置是否加载中	布尔值
width	设置按钮的宽度	数值
active-text	设置开关打开时的文字描述	字符串
inactive-text	设置开关关闭时的文字描述	字符串
active-value	设置开关打开时的值	布尔值/字符串/数值
inactive-value	设置开关关闭时的值	布尔值/字符串/数值
active-color	设置开关打开时的背景色	字符串
inactive-color	设置开关关闭时的背景色	字符串
validate-event	改变开关状态时，是否触发表单校验	布尔值
before-change	开关状态变化之前调用的函数	函数
change	开关状态发生变化后调用的函数	函数

下面的代码演示几种基础的标签样式：

【源码见附件代码 / 第 10 章 /2.element/src/components/HelloWorld8.vue】

```
<div id="div">
<el-switch
    v-model="switch1"
    active-text=" 会员 "
    inactive-text=" 非会员 "
    active-color="#00FF00"
    inactive-color="#FF0000"
  ></el-switch>
</div>
<div id="div">
  <el-switch
    v-model="switch2"
    active-text=" 加载中 "
```

```
      :loading="true"
  ></el-switch>
</div>
<div id="div">
  <el-switch
    v-model="switch3"
    inactive-text=" 禁用 "
    :disabled="true"
  ></el-switch>
</div>
```

代码运行效果如图 10-24 所示。

图 10-24　开关组件示例

10.3.2　滑块组件

当页面元素有多种状态时，我们可以尝试使用滑块组件来实现。滑块组件既支持承载连续变化的值，也支持承载离散变化的值。同时，滑块组件支持结合输入框一起使用，可谓非常强大。el-slider 组件的常用属性如表 10-16 所示。

表10-16　el-slider组件的常用属性

属　　性	意　　义	值
min	设置滑块的最小值	数值
max	设置滑块的最大值	数值
disabled	设置是否禁用滑块	布尔值
step	设置滑块的步长	数值
show-input	设置是否显示输入框	布尔值
show-input-controls	设置显示的输入框是否有控制按钮	布尔值
input-size	设置输入框的尺寸	large、small、default
show-stops	是否显示间断点	布尔值
show-tooltip	是否显示刻度提示	布尔值
format-tooltip	对刻度信息进行格式化	函数
range	设置是否为范围选择模式	布尔值
vertical	设置是否为竖向模式	布尔值
height	设置竖向模式时滑块组件的高度	字符串
marks	设置标记	对象
change	滑块组件的值发生变化时调用的函数，只在鼠标拖曳结束时触发	函数
input	滑块组件的值发生变化时调用的函数，鼠标拖曳过程中也会触发	函数

滑块组件默认的取值范围为 0 ～ 100，我们几乎无须设置任何额外的属性，就可以对滑块组件进行使用，例如：

【源码见附件代码 / 第 10 章 /2.element/src/components/HelloWorld8.vue】

```
<el-slider v-model="sliderValue"></el-slider>
```

组件的渲染效果如图 10-25 所示。

图 10-25　滑块组件示例

如图 10-25 所示，当我们对滑块进行拖曳时，当前的值会显示在滑块上方，对于显示的文案，我们可以通过 format-tooltip 属性来进行定制，例如要显示百分比，示例如下：

```
<el-slider v-model="sliderValue" :format-tooltip="format"></el-slider>
```

format 函数的实现如下：

```
format(value) {
  return '${value}%';
}
```

如果滑块组件可选中的值为离散的，则可以通过 step 属性来进行控制，在上面代码的基础上，若只允许选择以 10% 为间隔的值，示例如下：

```
<el-slider
  v-model="sliderValue"
  :format-tooltip="format"
  :step="10"
  :show-stops="true"
></el-slider>
```

效果如图 10-26 所示。

图 10-26　离散值的滑块组件示例

如果设置了 show-input 属性的值为 true，则页面还会渲染出一个输入框，输入框中输入的值与滑块组件的值之间是联动的，如图 10-27 所示。

图 10-27　带输入框的滑块组件示例

el-slider 组件也支持进行范围选择，当我们需要让用户选中一段范围时，可以设置其 range 属性为 true，效果如图 10-28 所示。

图 10-28　支持范围选择的滑块组件示例

最后，再来看一下 el-slider 组件的 marks 属性，这个属性可以为滑块的进度条配置一组标记，对于某些重要的节点，可以使用标记突出展示。示例如下：

【源码见附件代码 / 第 10 章 /2.element/src/components/HelloWorld8.vue】

```
<el-slider v-model="sliderValue" :marks="marks"></el-slider>
```

marks 数据配置如下：

```
marks: {
  0: " 起点 ",
  50: " 半程啦！",
  90: {
    style: {
      color: "#ff0000",
    },
    label: " 就到终点啦 ",
  }
}
```

运行代码，效果如图 10-29 所示。

图 10-29　为滑块组件添加标记示例

10.4　选择器组件

选择器组件的使用场景与选择列表类似，只是其场景更加定制化，Element Plus 提供了时间日期、颜色相关的选择器，在需要的场景中可以直接使用。

10.4.1　时间选择器

el-time-picker 用来创建时间选择器，它可以方便用户选择一个时间点或时间范围。el-time-picker 组件的常用属性列举如表 10-17 所示。

表10-17 el-time-picker组件的常用属性

属　性	意　义	值
readonly	设置是否只读	布尔值
disabled	设置是否禁用	布尔值
clearable	设置是否显示清楚按钮	布尔值
size	设置输入框的尺寸	large、small、default
placeholder	设置占位内容	字符串
start-placeholder	在范围选择模式下，设置起始时间的占位内容	字符串
end-placeholder	在范围选择模式下，设置结束时间的占位内容	字符串
is-range	设置是否为范围选择模式	布尔值
arrow-control	设置是否使用箭头进行时间选择	布尔值
align	设置对齐方式	Left、center、right
range-separator	设置范围选择时的分隔符	字符串
format	显示在输入框中的时间格式	字符串，默认为HH:mm:ss
default-value	设置选择器打开时默认显示的时间	时间对象
prefix-icon	设置头部图标	字符串
clear-icon	自定义清空图标	字符串
disabled-hours	禁止选择某些小时	函数
disabled-minutes	禁止选择某些分钟	函数
disabled-seconds	禁止选择某些秒	函数
change	用户选择的值发生变化时触发	函数
blur	输入框失去焦点时触发	函数
focus	输入框获取焦点时触发	函数

下面的代码演示 el-time-picker 组件的基本使用方法：

【源码见附件代码 / 第 10 章 /2.element/src/components/HelloWorld9.vue】

```
<el-time-picker
  :is-range="true"
  v-model="time"
  range-separator="~"
  :arrow-control="true"
  start-placeholder=" 开始时间 "
  end-placeholder=" 结束时间 "
>
</el-time-picker>
```

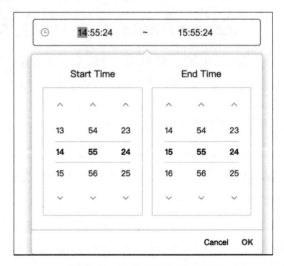

图 10-30 时间选择器效果示例

效果如图 10-30 所示。

需要注意，el-time-picker 创建的时间选择器的样式是表格类型的，Element Plus 框架还提供了一个 el-time-select 组件，这个组件渲染出的选择器是列表样式的。

10.4.2　日期选择器

el-time-picker 提供了对时间选择的支持，如果要选择日期，那么可以使用 el-data-picker 组件。此组件会渲染出一个日历视图，方便用户可以在日历视图上进行日期选择。el-data-picker 组件的常用属性如表 10-18 所示。

表10-18　el-data-picker组件的常用属性

属 性	意 义	值
readonly	设置是否只读	布尔值
disabled	设置是否禁用	布尔值
editable	设置文本框是否可编辑	布尔值
clearable	设置是否显示清楚按钮	布尔值
size	设置输入框组件的尺寸	large、small、default
placeholder	设置输入框的占位内容	字符换
start-placeholder	在范围选择模式下，设置起始日期的占位内容	字符串
end-placeholder	在范围选择模式下，设置结束日期的占位内容	字符串
type	日历的类型	year、month、date、dates、week、datetime、datetimerange、daterange、monthrange
format	日期的格式	字符串，默认为YYYY-MM-DD
range-separator	设置分隔符	字符串
default-value	设置默认日期	Date对象
prefix-icon	设置头部图标	字符串
clear-icon	自定义清空图标	字符串
validate-event	输入时是否触发表单的校验	布尔值
disabled-date	设置需要禁用的日期	函数
change	用户选择的日期发生变化时触发的函数	函数
blur	输入框失去焦点时触发的函数	函数
focus	输入框获取焦点时触发的函数	函数

el-data-picker 组件的简单用法示例如下：

【源码见附件代码 / 第 10 章 /2.element/src/components/HelloWorld9.vue】

```
<el-date-picker
  v-model="date"
  type="daterange"
  range-separator=" 至 "
  start-placeholder=" 开始日期 "
  end-placeholder=" 结束日期 "
  >
</el-date-picker>
```

运行代码，页面效果如图 10-31 所示。

需要注意，当 el-data-picker 组件的 type 属性设置为 datatime 时，可以同时支持选择日期和时间，使用非常方便。

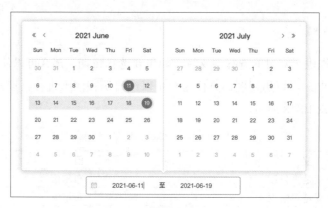

图 10-31 日期选择器组件示例

10.4.3 颜色选择器

颜色选择器提供了一个调色板组件，方便用户在调色板上进行颜色的选择。在某些场景下，如果页面支持用户进行颜色定制，那么可以使用颜色选择器组件。颜色选择器使用 el-color-picker 创建，常用属性如表 10-19 所示。

表10-19 el-color-picker组件的常用属性

属　　性	意　　义	值
disabled	设置是否禁用	布尔值
size	设置尺寸	large、small、default
show-alpha	设置是否支持透明度选择	布尔值
color-format	设置颜色格式	hsl、hsv、hex、rgb
predefine	设置预定义颜色	数组

颜色选择器的简单使用示例如下：

【源码见附件代码 / 第 10 章 /2.element/src/components/HelloWorld9.vue】

```
<el-color-picker :show-alpha="true" v-model="color"></el-color-picker>
```

效果如图 10-32 所示。

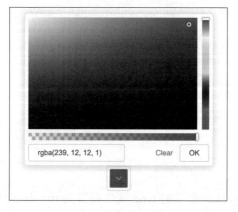

图 10-32 颜色选择器示例

10.5　提示类组件

Element Plus 框架中提供了许多提示类的组件，这类组件在实际开发中的应用非常频繁。当我们需要对某些用户的操作做出提示时，就可以使用这类组件。Element Plus 框架中提供的提示类组件交互非常友好，主要包括警告组件、加载提示组件、消息提醒组件、通知和弹窗组件等。

10.5.1　警告组件

警告组件用来在页面上展示重要的提示信息，页面产生错误、用户交互处理产生失败等场景都可以使用警告组件来提示用户。警告组件使用 el-alert 创建，分为 4 种类型，分别可以使用在操作成功提示、普通信息提示、行为警告提示和操作错误提示场景下。

el-alert 警告组件的常用属性如表 10-20 所示。

表10-20　el-alert警告组件的常用属性

属　　性	意　　义	值
title	设置标题	字符串
type	设置类型	success、warning、info、error
description	设置描述文案	字符串
closeable	设置是否可以关闭提示	布尔值
center	设置文本是否居中显示	布尔值
close-text	自定义关闭按钮的文本	字符串
show-icon	设置是否显示图标	布尔值
effect	设置主题	light、dark
close	关闭提示时触发的事件	函数

下面的代码演示不同类型的警告提示样式：

【源码见附件代码 / 第 10 章 /2.element/src/components/HelloWorld10.vue】

```
<el-alert title=" 成功提示的文案 " type="success"> </el-alert>
<br />
<el-alert title=" 消息提示的文案 " type="info"> </el-alert>
<br />
<el-alert title=" 警告提示的文案 " type="warning"> </el-alert>
<br />
<el-alert title=" 错误提示的文案 " type="error"> </el-alert>
```

效果如图 10-33 所示。单击提示栏上的关闭按钮，提示栏会自动被消除。

需要注意，el-alert 是一种常驻的提示组件，除非用户手动单击关闭按钮，否则提示框不会自动关闭，如果需要使用悬浮式的提示组件，Element Plus 也提供了相关的方法，10.5.2 节再介绍。

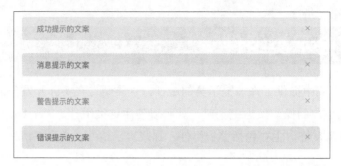

图 10-33　警告提示组件示例

10.5.2　消息提示

Element Plus 提供了主动触发消息提示的方法，当触发消息提示时，页面顶部会出现一个提示栏，展示 3 秒后自动消失。简单示例如下：

【源码见附件代码 / 第 10 章 /2.element/src/components/HelloWorld10.vue】

```
<el-button @click="popTip">弹出信息提示</el-button>
```

实现 popTip 方法如下：

```
popTip() {
  this.$message({
    message: " 提示内容 ",
    type: "warning",
  });
}
```

需要注意，Element Plus 为 Vue 中的 app.config.globalProperties 全局注册了 $message 方法，因此在 Vue 组件内部可以直接使用 this 调用来触发消息提示。此方法的可配置参数列举如表 10-21 所示。

表10-21　$message方法的可配置参数

参　数　名	意　　义	值
message	设置提示的消息文字	字符串或VNode
type	设置提示组件的类型	success、warning、info、error
duration	设置展示时间	数值，单位为毫秒，默认为3000
show-close	是否展示关闭按钮	布尔值
center	设置文字是否居中	布尔值
on-close	提示栏关闭时回调的函数	函数
offset	设置出现提示栏的位置距离窗口顶部的偏移量	数值

$message 方法适用于对用户进行简单提示的场景，如果需要进行用户交互，则 Element Plus 提供了另一个方法 $msgbox，这个方法触发的提示框功能类似于系统的 alert、confirm 和 prompt 方法，可以进行用户交互。示例如下：

【源码见附件代码 / 第 10 章 /2.element/src/components/HelloWorld10.vue】

```
popAlert() {
  this.$msgbox({
    title: "提示",
    message: "详细的提示内容",
    type: "warning",
    showCancelButton: true,
    showConfirmButton: true,
    showInput: true,
  });
}
```

图 10-34 提示弹窗示例

运行代码，效果如图 10-34 所示。

$msgbox 方法常用的可配置参数如表 10-22 所示。

表10-22 $msgbox方法常用的可配置参数

参 数 名	意　义	值
title	设置提示框标题	字符串
message	设置提示框展示的信息	字符串
type	设置提示框类型	success、info、warning、error
callback	用户交互的回调，当用户单击了提示框上的按钮后会触发	函数
show-close	设置是否展示关闭按钮	布尔值
before-close	提示框关闭前的回调	函数
lock-scroll	是否在提示框出现时将页面滚动锁定	布尔值
show-cancel-button	设置是否显示取消按钮	布尔值
show-confirm-button	设置是否显示确认按钮	布尔值
cancel-button-text	自定义取消按钮的文本	字符串
confirm-button-text	自定义确认按钮的文本	字符串
close-on-click-modal	设置是否可以通过单击遮罩来关闭当前的提示框	布尔值
close-on-press-escape	设置是否可以通过按Esc键关闭当前提示框	布尔值
show-input	设置是否展示输入框	布尔值
input-placeholder	设置输入框的占位文案	字符串
input-value	设置输入框的初始文案	字符串
input-validator	设置输入框的校验方法	函数
input-error-message	设置校验不通过时展示的文案	字符串
center	设置布局是否居中	布尔值
round-button	设置是否使用圆角按钮	布尔值

10.5.3　通知组件

通知用来全局地进行系统提示，可以像消息提醒一样出现一定时间后自动关闭，也可以像提示栏那样常驻，只有用户手动才能关闭。在 Vue 组件中，可以直接调用全局方法 $notify 来触发通知，常用的参数定义如表 10-23 所示。

表10-23　$notify方法常用的参数定义

参 数 名	意 义	值
title	设置通知的标题	字符串
message	设置通知的内容	字符串
type	设置通知的样式	success、warning、info、error
duration	设置通知的显示时间	数值，若设置为0，则不会自动消失
position	设置通知的弹出位置	top-right、top-left、bottom-right、bottom-left
show-close	设置是否展示关闭按钮	布尔值
on-close	通知关闭时回调的函数	函数
on-click	单击通知时回调的函数	函数
offset	设置通知距离页面边缘的偏移量	数值

示例代码如下：

【源码见附件代码 / 第 10 章 /2.element/src/components/HelloWorld10.vue】

```
notify() {
  this.$notify({
    title: "通知标题",
    message: "通知内容",
    type: "success",
    duration: 3000,
    position: "top-right",
  });
}
```

页面效果如图 10-35 所示。

图 10-35　通知组件示例

10.6　数据承载相关组件

前面已经学习了很多轻量美观的 UI 组件，本节将介绍更多专门用来承载数据的组件，例如表格组件、导航组件、卡片和折叠面板等组件。使用这些组件来组织页面数据非常方便。

10.6.1　表格组件

表格组件能够承载大量的数据信息，因此在实际开发中需要展示大量数据的页面都会使用表格组件。在 Element Plus 中，使用 el-table 与 el-table-column 组件来构建表格。首先，编写如下示例代码：

【源码见附件代码 / 第 10 章 /2.element/src/components/HelloWorld11.vue】

```
<el-table :data="tableData">
  <el-table-column prop="name" label=" 姓名 "></el-table-column>
  <el-table-column prop="age" label=" 年龄 "></el-table-column>
  <el-table-column prop="subject" label=" 科目 "></el-table-column>
</el-table>
```

tableData 数据结构如下：

```
tableData: [
  {
    name: " 小王 ",
    age: 29,
    subject: "Java",
  },
  {
    name: " 小李 ",
    age: 30,
    subject: "C++",
  },
  {
    name: " 小张 ",
    age: 28,
    subject: "JavaScript",
  },
]
```

其中，el-table-column 用来定义表格中的
每一列，其 prop 属性设置此列要渲染的数据
对应表格数据中的键名，label 属性设置列头
信息，代码运行效果如图 10-36 所示。

姓名	年龄	科目
小王	29	Java
小李	30	C++
小张	28	JavaScript

图 10-36 表格组件示例

el-table 和 el-table-column 组件也提供了非常多的属性供开发者进行定制。

el-table 组件的常用属性如表 10-24 所示。

表10-24 el-table组件的常用属性

属　　性	意　　义	值
data	设置列表的数据源	数组
height	设置表格的高度，如果设置了这个属性，那么表格头会被固定	数值
max-height	设置表格的最大高度	数值
stripe	设置表格是否有斑马纹，即相邻的行有颜色差异	布尔值
border	设置表格是否有边框	布尔值
size	设置表格的尺寸	large、small、default
fit	设置列的宽度是否自适应	布尔值
show-header	设置是否显示表头	布尔值

（续表）

属　　性	意　　义	值
highlight-current-row	设置是否高亮显示当前行	布尔值
row-class-name	设置行的class属性，需要设置为回调函数	Function({row, rowIndex}) 可以指定不同的行使用不用的className，返回字符串
row-style	设置行的style属性，需要设置为回调函数	Function({row, rowIndex}) 可以指定不同的行使用不同的style，返回样式对象
cell-class-name	设置具体单元格的className	Function({row, column, rowIndex, columnIndex})
cell-style	设置具体单元格的style属性	Function({row, column, rowIndex, columnIndex})
header-row-class-name	设置表头行的className	Function({row, rowIndex})
header-row-style	设置表头行的style属性	Function({row, rowIndex})
header-cell-class-name	设置表头单元格的className	Function({row, column, rowIndex, columnIndex})
header-cell-style	设置表头单元格的style属性	Function({row, column, rowIndex, columnIndex})
row-key	设置行的key值	Function(row)
empty-text	设置空数据时展示的占位内容	字符串
default-expand-all	设置是否默认展开所有行	布尔值
expand-row-keys	设置要默认展开的行	数组
default-sort	设置排序方式	ascending：升序 descending：降序
show-summary	是否在表格尾部显示合计行	布尔值
sum-text	设置合计行第一列的文本	字符串
summary-method	用来定义合计方法	Function({ columns, data })
span-method	用来定义合并行或列的方法	Function({ row, column, rowIndex, columnIndex })
lazy	是否对子节点进行懒加载	布尔值
load	数据懒加载方法	函数
tree-props	渲染嵌套数据的配置选项	对象
select	选中某行数据时回调的函数	函数
select-all	全选后回调的函数	函数
selection-change	选择项发生变化时回调的函数	函数
cell-mouse-enter	鼠标覆盖到单元格时回调的函数	函数
cell-mouse-leave	鼠标离开单元格时回调的函数	函数
cell-click	当某个单元格被单击时回调的函数	函数
cell-dblclick	当某个单元格被双击时回调的函数	函数
row-click	当某一行被单击时回调的函数	函数
row-contextmenu	当某一行右击时回调的函数	函数
row-dblclick	当某一行被双击时回调的函数	函数
header-click	表头被单击时回调的函数	函数
header-contextmenu	表头被右击时回调的函数	函数
sort-change	排序发生变化时回调的函数	函数
filter-change	筛选条件发生变化时回调的函数	函数

（续表）

属　性	意　义	值
current-change	表格当前行发生变化时回调的函数	函数
header-dragend	拖曳表头改变列宽度时回调的函数	函数
expand-change	当某一行展开会关闭时回调的函数	函数

通过上面的属性列表可以看到，el-table 组件非常强大，除了能够渲染常规的表格外，还支持行列合并、合计、行展开、多选、排序和筛选等，这些功能很多需要结合 el-table-column 来使用，el-table-column 组件的常用属性列举如表 10-25 所示。

表10-25　el-table-column组件的常用属性

属　性	意　义	值
type	设置当前列的类型，默认为无类型，即常规的数据列	selection：多选类型 index：标号类型 expand：展开类型
index	自定义索引	Function(index)
column-key	设置列的key值，用来进行筛选	字符串
label	设置显示的标题	字符串
prop	设置此列对应的数据字段	字符串
width	设置列的宽度	字符串
min-width	设置列的最小宽度	字符串
fixed	设置此列是否固定，默认不固定	left：固定在左侧 right：固定在右侧
render-header	使用函数来渲染列的标题部分	Function({ column, $index })
sortable	设置对应列是否可排序	布尔值
sort-method	自定义数据排序的方法	函数
sort-by	设置以哪个字段进行排序	字符串
resizable	设置是否可以通过拖曳来改变此列的宽度	布尔值
filter-method	自定义过滤数据的方法	函数

10.6.2　导航菜单组件

导航组件为页面提供导航功能的菜单，导航组件一般出现在页面的顶部或侧面，单击导航组件上不同的栏目页面会对应跳转到指定的页面。在 Element Plus 中，使用 el-menu、el-sub-menu 与 el-menu-item 来定义导航组件。

下面的示例代码演示顶部导航的基本使用：

【源码见附件代码 / 第 10 章 /2.element/src/components/HelloWorld11.vue】

```
<el-menu mode="horizontal">
  <el-menu-item index="1">首页 </el-menu-item>
  <el-sub-menu index="2">
    <template #title>广场 </template>
    <el-menu-item index="2-1">音乐 </el-menu-item>
```

```
    <el-menu-item index="2-2"> 视频 </el-menu-item>
    <el-menu-item index="2-3"> 游戏 </el-menu-item>
    <el-sub-menu index="2-4">
      <template #title> 体育 </template>
      <el-menu-item index="2-4-1"> 篮球 </el-menu-item>
      <el-menu-item index="2-4-2"> 足球 </el-menu-item>
      <el-menu-item index="2-4-3"> 排球 </el-menu-item>
    </el-sub-menu>
  </el-sub-menu>
  <el-menu-item index="3" :disabled="true"> 个人中心 </el-menu-item>
  <el-menu-item index="4"> 设置 </el-menu-item>
</el-menu>
```

如以上代码所示，el-sub-menu 的 title 插槽用来定义子菜单的标题，其内部可以继续嵌套子菜单组件，el-menu 组件的 mode 属性可以设置导航的布局方式为水平或竖直。运行上面的代码，效果如图 10-37 所示。

图 10-37　导航组件示例

el-menu 组件非常简洁，提供的可配置属性不多，列举如表 10-26 所示。

表10-26　el-menu组件的可配置属性

属　　性	意　　义	值
mode	设置菜单模式	vertical：竖直 horizontal：水平
collapse	是否水平折叠收起菜单，只在vertical模式下有效	布尔值
background-color	设置菜单的背景色	字符串
text-color	设置菜单的文字颜色	字符串
active-text-color	设置当前菜单激活时的文字颜色	字符串
default-active	设置默认激活的菜单	字符串
default-openeds	设置需要默认展开的子菜单，需要设置为子菜单index的列表	数组
unique-opened	是否只保持一个子菜单展开	布尔值
menu-trigger	设置子菜单展开的触发方式，只在horizontal模式下有效	hover：鼠标覆盖展开 click：鼠标单击展开
router	是否使用路由模式	布尔值
collapse-transition	是否开启折叠动画	布尔值
select	选中某个菜单项时回调的函数	函数

（续表）

属　　性	意　　义	值
open	子菜单展开时回调的函数	函数
close	子菜单收起时回调的函数	函数

el-sub-menu 组件的常用属性列举如表 10-27 所示。

表10-27　el-sub-menu组件的常用属性

属　　性	意　　义	值
index	唯一标识	字符串
show-timeout	设置展开子菜单的延时	数值，单位毫秒
hide-timeout	设置收起子菜单的延时	数值，单位毫秒
disabled	设置是否禁用	布尔值

el-menu-item 组件的常用属性列举如表 10-28 所示。

表10-28　el-menu-item组件的常用属性

属　　性	意　　义	值
index	唯一标识	字符串
route	路由对象	对象
disabled	设置是否禁用	布尔值

导航组件最重要的作用是进行页面管理，大多数时候都会结合路由组件使用，导航组件与路由组件结合使用，页面的跳转管理会非常简单方便。

10.6.3　标签页组件

标签页组件用来将页面分割成几部分，单击不同的标签可以对页面内容进行切换。使用 el-tabs 来创建标签页组件。使用示例如下：

【源码见附件代码 / 第 10 章 /2.element/src/components/HelloWorld11.vue】

```
<el-tabs type="border-card">
  <el-tab-pane label="页面1" name="1">页面1</el-tab-pane>
  <el-tab-pane label="页面2" name="2">页面2</el-tab-pane>
  <el-tab-pane label="页面3" name="3">页面3</el-tab-pane>
  <el-tab-pane label="页面4" name="4">页面4</el-tab-pane>
</el-tabs>
```

运行代码效果如图 10-38 所示，单击不同的标签将会切换不同的内容。

图 10-38 标签页组件示例

el-tabs 组件的常用属性如表 10-29 所示。

表10-29　el-tabs组件的常用属性

属　　性	意　　义	值
closable	设置标签是否可关闭	布尔值
addable	标签是否可增加	布尔值
editable	标签是否可编辑（增加和删除）	布尔值
tab-position	标签栏所在的位置	top、right、bottom、left
stretch	设置标签是否自动撑开	布尔值
before-leave	当标签即将切换时回调的函数	函数
tab-click	当某个标签被选中时回调的函数	函数
tab-remove	当某个标签被移除时回调的函数	函数
tab-add	单击新增标签按钮时回调的函数	函数
edit	当新增标签或移除标签时回调的函数	函数

el-tab-pane 用来定义每个具体的标签卡，常用属性列举如表 10-30 所示。

表10-30　el-tab-pane组件的常用属性

属　　性	意　　义	值
label	设置标签卡的标题	字符串
disabled	设置当前标签卡是否禁用	布尔值
name	与标签卡绑定的value数据	字符串
closable	设置此标签卡	布尔值
lazy	设置标签是否延迟渲染	布尔值

el-tab-pane 组件可以通过内部的 label 插槽来自定义标题内容。

10.6.4　抽屉组件

抽屉组件是一种全局的弹窗组件，在流行的网页应用中非常常见。当用户打开抽屉组件时，会从页面的边缘滑出一个内容面板，我们可以灵活定制内容面板的内容来实现产品的需求。示例代码如下：

【源码见附件代码 / 第 10 章 /2.element/src/components/HelloWorld11.vue】

```
<div style="margin:300px">
  <el-button @click="drawer = true" type="primary">
    点我打开抽屉
  </el-button>
</div>
<el-drawer
  title=" 抽屉面板的标题 "
  v-model="drawer"
  direction="ltr">
  抽屉面板的内容
</el-drawer>
```

需要注意，不要忘记在组件的 data 选项中定义 drawer 属性控制抽屉的开关。上面的代码中，我们使用按钮控制抽屉的打开，el-drawer 组件的 direction 属性可以设置抽屉的打开方向。运行代码，效果如图 10-39 所示。

图 10-39　抽屉组件示例

10.6.5　布局容器组件

布局容器可以方便、快速地搭建页面的基本结构。观察当下流行的网站页面，其实可以发现，它们从布局结构上都是十分相似的。一般都是由头部模块、尾部模块、侧栏模块和主内容模块构成。

在 Element Plus 中，使用 el-container 创建布局容器，其内部的子元素一般是 el-header、el-aside、el-main 或 el-footer。其中 el-header 定义头部模块，el-aside 定义侧边栏模块，el-main 定义主内容模块，el-footer 定义尾部模块。

el-container 组件可配置的属性只有一个，如表 10-31 所示。

表10-31　el-container组件可配置的属性

属　　性	意　　义	值
direction	设置子元素的排列方式	horizontal：水平 vertical：竖直

el-header 组件和 el-footer 组件默认会水平撑满页面，可以设置其渲染高度，如表 10-32 所示。

表10-32　设置渲染高度的属性

属　　性	意　　义	值
height	设置高度	字符串

el-aside 组件默认高度会撑满页面，可以设置其宽度，如表 10-33 所示。

表10-33　el-aside组件设置宽度的属性

属　　性	意　　义	值
width	设置宽度	字符串

示例代码如下：

【源码见附件代码 / 第 10 章 /2.element/src/components/HelloWorld12.vue】

```
<el-container>
  <el-header height="80px" style="background-color:gray">Header</el-header>
  <el-container>
    <el-aside width="200px" style="background-color:red">Aside</el-aside>
    <el-container>
      <el-main>
          <div style="height:300px;background-color:#f1f1f1"> 内容 </div>
      </el-main>
      <el-footer height="80px" style="background-color:gray">Footer</el-footer>
    </el-container>
  </el-container>
</el-container>
```

运行效果如图 10-40 所示。

图 10-40　布局容器示例

10.7 实战：教务系统学生表

本章的内容有些繁杂，介绍的每个 UI 组件几乎都有很多不同的配置属性，如果读者坚持学习到了此处，那么恭喜你，已经能够运用所学的内容完成大部分网站页面的开发工作。本节将通过一个简单的学生列表页面帮助读者实践应用之前学习的表格组件、容器组件、导航组件等。

首先，我们想要实现的页面是这样的：页面由 3 部分构成，顶部的标题栏展示当前页面的名称，左侧的侧边栏进行年级和班级的选择，中间的内容部分分为上下两部分，上面部分为标题栏，显示一些控制按钮，如新增学生信息、搜索学生信息；下面部分为当前班级完整的学生列表，用于展示名字、年龄、性别以及添加信息的日期。页面布局草图如图 10-41 所示。

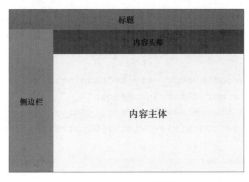

图 10-41　页面布局草图

　　使用 Vue 脚手架工具新建一个名为 educational_admin 的工程，使用 npm 工具对 element-plus 模块进行安装，同时不要忘记在 main.js 文件中引入 Element Plus 模块以及对应的 CSS 样式表。在模板工程的 HelloWorld.vue 文件中编写 HTML 模板代码如下：

【源码见附件代码 / 第 10 章 /3.educational_admin/src/components/HelloWorld.vue】

```
<template>
  <el-container>
    <el-header height="80px" style="padding:0">
      <div class="header"> 教务系统学生管理 </div>
    </el-header>
    <el-container>
      <el-aside width="200px">
          <el-menu class="aside" @select="selectFunc" default-active="1"
:unique-opened="true">
              <el-sub-menu index="1">
                  <template #title>
                      <span> 七年级 </span>
                  </template>
                  <el-menu-item index="1">1 班 </el-menu-item>
                  <el-menu-item index="2">2 班 </el-menu-item>
                  <el-menu-item index="3">3 班 </el-menu-item>
              </el-sub-menu>
              <el-sub-menu index="2">
                  <template #title>
                      <span> 八年级 </span>
                  </template>
                  <el-menu-item index="4">1 班 </el-menu-item>
                  <el-menu-item index="5">2 班 </el-menu-item>
                  <el-menu-item index="6">3 班 </el-menu-item>
              </el-sub-menu>
              <el-sub-menu index="3">
                  <template #title>
                      <span> 九年级 </span>
                  </template>
                  <el-menu-item index="7">1 班 </el-menu-item>
                  <el-menu-item index="8">2 班 </el-menu-item>
                  <el-menu-item index="9">3 班 </el-menu-item>
```

```
                        </el-sub-menu>
                    </el-menu>
                </el-aside>
                <el-container>
                    <el-header height="80px" style="padding:0;margin:0">
                        <el-container class="subHeader">
                            <div class="desc">{{desc}}</div>
                            <el-button style="width:100px;height:30px;margin:20px">新增记录
</el-button>
                        </el-container>
                    </el-header>
                    <el-main style="margin:0;padding:0">
                        <div class="content">
                            <el-table :data="stus">
                                <el-table-column
                                prop="name"
                                label=" 姓名 ">
                                </el-table-column>
                                <el-table-column
                                prop="age"
                                label=" 年龄 ">
                                </el-table-column>
                                <el-table-column
                                prop="sex"
                                label=" 性别 ">
                                </el-table-column>
                                <el-table-column
                                prop="date"
                                label=" 录入日期 ">
                                </el-table-column>
                            </el-table>
                        </div>
                    </el-main>
                    <el-footer height="30px" class="footer">Vue 框架搭建，ElementPlus 提供组件
支持 </el-footer>
                </el-container>
            </el-container>
        </el-container>
    </template>
```

上面的代码对要完成的页面的基本骨架进行了搭建，为了使页面看起来更加协调美观，补充 CSS 代码如下：

【源码见附件代码 / 第 10 章 /3.educational_admin/src/components/HelloWorld.vue】

```
<style scoped>
.header {
    font-size: 30px;
    line-height: 80px;
    background-color: #f1f1f1;
}
```

```css
.aside {
    background-color: wheat;
    height: 600px;
}
.subHeader {
    background-color:cornflowerblue;
}
.desc {
    font-size: 25px;
    line-height: 80px;
    color: white;
    width: 800px;
}
.content {
    height: 410px;
}
.footer {
    background-color:dimgrey;
    color: white;
    font-size: 17px;
    line-height: 30px;
}
</style>
```

最后，完成核心的 JavaScript 逻辑代码，提供一些测试数据并实现菜单的交互逻辑，代码如下：

【源码见附件代码 / 第 10 章 /3.educational_admin/src/components/HelloWorld.vue】

```javascript
<script>
export default {
    data () {
        return {
            desc:" 七年级 1 班学生统计 ",
            stus:[
                {
                    name:" 小王 ",
                    age:14,
                    sex:" 男 ",
                    date:"2020 年 8 月 15 日 "
                },{
                    name:" 小张 ",
                    age:15,
                    sex:" 男 ",
                    date:"2020 年 5 月 15 日 "
                },{
                    name:" 小秋 ",
                    age:15,
                    sex:" 女 ",
                    date:"2020 年 8 月 15 日 "
                }
```

```
            ]
        }
    },
    methods: {
        selectFunc(index) {
            let strs = ["七","八","九"]
            let rank = strs[Math.floor((index-1) / 3)]
            this.desc = '${rank}年级${((index-1) % 3) + 1}班学生统计'
        }
    }
}
</script>
```

最终，页面的运行效果如图 10-42 所示。

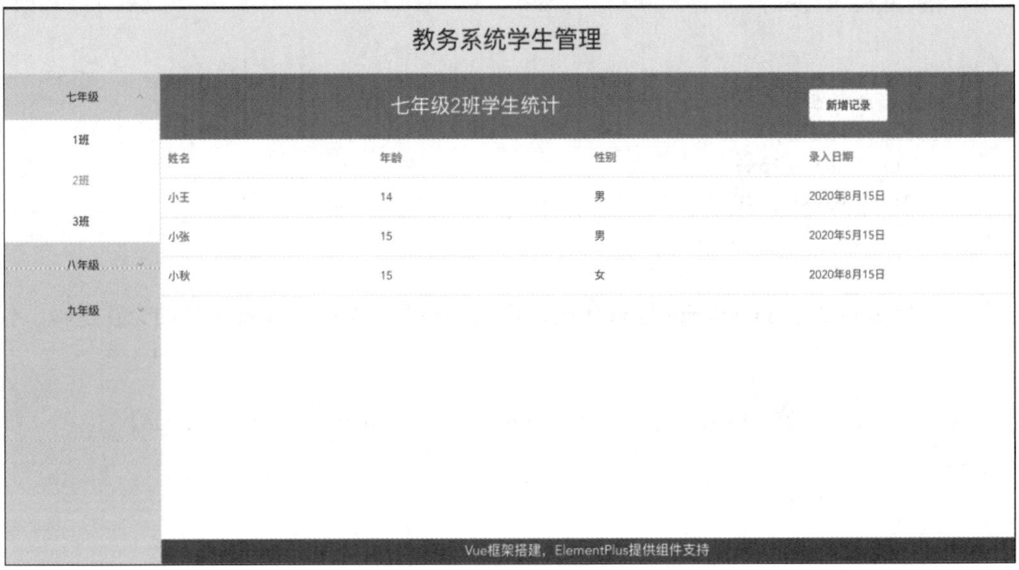

图 10-42 实战效果示例

Vue 结合 Element Plus 进行页面的搭建，就是如此简单便捷。

10.8 小结与练习

本章介绍了非常多的实用页面组件，要想熟练地使用这些组件进行页面的搭建，大量的练习是必不可少的，建议读者在网上找几个感兴趣的网页，模仿其使用 Vue + Element Plus 进行实现，这会使你受益良多。

练习：思考一下，为什么需要使用 Element Plus 框架？

温馨提示：Vue毕竟是一个前端开发框架，前端离不开用户页面，Element Plus中定义了大量的标准UI组件，并有极强的定制灵活性，可以大大减少前端页面的开发成本。

基于 Vue 的网络框架 vue-axios 的应用

互联网应用自然离不开网络，我们在浏览器中浏览的网页数据几乎都是通过网络传输的，对于开发独立的网站应用来说，页面本身和页面要渲染的数据通常是分开传输的。浏览器首先根据用户输入的地址来获取静态的网页文件、依赖的相关脚本代码等，之后由脚本代码实现其他数据的获取逻辑。对于 Vue 应用来说，通常使用 vue-axios 进行网络数据的请求。

本章学习内容

- 如何利用互联网上的接口数据来构建自己的应用。
- vue-axios 模块的安装和数据请求。
- vue-axios 的接口配置与高级用法。
- 具有网络功能的 Vue 应用的基本开发方法。

11.1 使用 vue-axios 请求天气数据

本节将介绍如何使用互联网上提供的免费 API 资源来实现生活小工具类应用。互联网的免费资源其实非常多，我们可以用这些资源来实现新闻推荐、天气预报、问答机器人等有趣的应用。本节将以天气预报数据为例，介绍如何使用 vue-axios 获取这些数据。

11.1.1 使用互联网上免费的数据服务

互联网上有许多第三方的 API 接口，使用这些服务可以方便地开发个人使用的小工具应用，也可以方便地进行编程技能的学习和测试。"聚合数据"是一个非常优秀的数据提供商，它可以提供涵盖各个领域的数据接口服务。官方网址如下：

```
https://www.juhe.cn
```

要使用"聚合数据"提供的接口服务，首先需要注册一个"聚合数据"网站的会员，注册过程本身是完全免费的，并且该网站提供的免费 API 接口服务足够我们之后学习使用。注册会员的网址如下：

https://www.juhe.cn/register

在注册页面中，我们需要填写一些基本的信息，可以选择使用电子邮箱注册或者使用手机号注册，使用电子邮箱注册时的页面如图 11-1 所示。

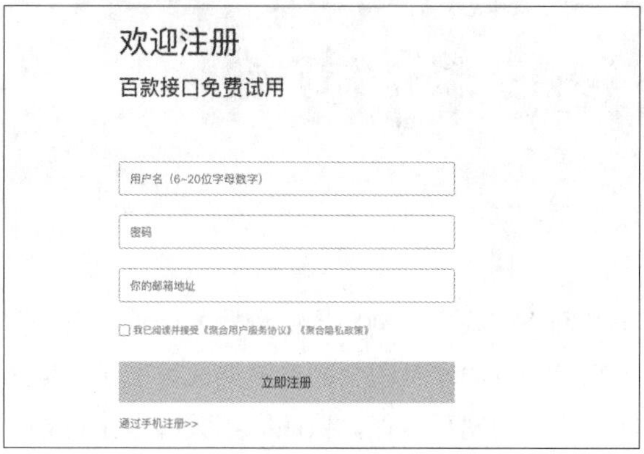

图 11-1　注册"聚合数据"会员

需要注意，在注册前请务必阅读《聚合用户服务协议》与《聚合隐私协议》，并且填写真实有效的邮箱地址，要真正完成注册过程，需要登录邮箱进行验证。

注册成功后，还需要通过实名认证才能使用"聚合数据"提供的接口服务，在个人中心的实名认证页面，根据提示提供对应的身份认证信息，等待审核通过即可。

下面查找一款感兴趣的 API 接口服务，如图 11-2 所示。

图 11-2　选择感兴趣的 API 接口服务

以天气预报服务为例，申请使用后，可以在"个人中心"→"数据中心"→"我的 API"栏目中看到此数据服务，需要记录其中的请求 Key，后面在调用此接口服务时需要使用，如图 11-3 所示。

图 11-3　获取接口服务的 Key 值

之后，进入"天气预报"服务的详情页，在详情页会提供此接口服务的接口地址、请求方式、请求参数说明以及返回参数说明等信息，我们需要根据这些信息来进行应用的开发，如图 11-4 所示。

图 11-4　接口文档示例

现在，尝试使用终端进行接口的请求测试，在终端输入如下指令：

```
curl http://apis.juhe.cn/simpleWeather/query\?city\=%E8%8B%8F%E5%B7%9E\&key\=c
ffe158caf3fe63aa2959767aXXXXX
```

需要注意，其中参数 key 对应的值为前面记录的应用的 Key 值，city 对应的为要查询的城市的名称，需要对其进行 urlencode 编码。如果终端正确输出了我们请求的天气预报信息，那么恭喜你，已经成功做完准备工作，可以进行后面的学习了。

11.1.2　使用 vue-axios 进行数据请求

axios 本身是一个基于 Promise 的 HTTP 客户端工具，vue-axios 是针对 Vue 对 axios 进行了一层简单的包装。在 Vue 应用中，使用 vue-axios 进行网络数据的请求非常简单。使用 Vue 脚手架新建一个名为 axios_demo 的示例工程。

首先，在项目工程下执行如下指令安装 vue-axios 模块：

```
npm install --save axios vue-axios
```

安装完成后，可以检查 package.json 文件中是否已经添加了 vue-axios 的依赖。读者是否还记得使用 Element Plus 框架时的步骤？使用 vue-axios 与其类似，首先需要在 main.js 文件中对其进行导入和注册，代码如下：

【源码见附件代码 / 第 11 章 /1.axios_demo/src/main.js】

```
// 导入 vue-axios 模块
import VueAxios from 'vue-axios'
import axios from 'axios';
// 导入自定义的根组件
import App from './App.vue'
// 挂载根组件
const app = createApp(App)
// 注册 axios
app.use(VueAxios, axios)
app.mount('#app')
```

需要注意，要在导入自定义的组件之前导入 vue-axios 模块。之后，我们可以用任意一个组件，在其生命周期方法中编写如下代码进行请求的测试：

【源码见附件代码 / 第 11 章 /1.axios_demo/src/component/HelloWorld.vue】

```
mounted () {
    let api = "http://apis.juhe.cn/simpleWeather/query?city=%E8%8B%8F%E5%B7%9E
&key=cffe158caf3fe63aa2959767a503bxxx"
    this.axios.get(api).then((response)=>{
        console.log(response)
    })
}
```

运行代码，打开浏览器的控制台，读者会发现请求并没有按照我们的预期方式成功完成，控制台会输出如下信息：

```
Access to XMLHttpRequest at 'http://apis.juhe.cn/simpleWeather/query?
city=%E8%8B%8F%E5%B7%9E&key=cffe158caf3fe63aa2959767a503bxxx' from origin
'http://192.168.34.13:8080' has been blocked by CORS policy: No 'Access-Control-
Allow-Origin' header is present on the requested resource.
```

出现此问题的原因是产生了跨域请求，在 Vue Cli 创建的项目中更改全局配置可以解决此问题，首先在 Vue 项目的根目录下创建 vue.config.js 文件（如果已经存在，则可以直接在此文件中修改），在其中编写如下配置项：

【源码见附件代码 / 第 11 章 /1.axios_demo/vue.config.js】

```
const { defineConfig } = require('@vue/cli-service')
module.exports = defineConfig({
  transpileDependencies: true,
  devServer: {
```

```
        proxy: {
            // 对以 /myApi 开头的请求进行代理
            '/myApi': {
                // 将请求目标指定到接口服务地址
                target: 'http://apis.juhe.cn/',
                // 设置允许跨域
                changeOrigin: true,
                // 设置非 HTTPS 请求
                secure:false,
                // 重写路径，将 /myApi 即之前的内容清除
                pathRewrite:{
                                    '^/myApi':''
                }
            }
        }
    }
})
```

修改请求数据的测试代码如下：

【源码见附件代码 / 第 11 章 /1.axios_demo/src/component/HelloWorld.vue】

```
mounted () {
    let city = "上海"
    city = encodeURI(city)
    let api = '/simpleWeather/query?city=${city}&key=cffe158caf3fe63aa2959767a5
03xxxx'
    this.axios.get("/myApi" + api).then((response)=>{
        console.log(response.data)
    })
}
```

如以上代码所示，我们将请求的 API 接口前的地址强制替换成了字符串 "/myApi"，这样请求就能进入我们配置的代理逻辑中实现跨域请求，还有一点需要注意，我们要请求的城市是上海，真正发起请求时，需要对城市进行 URI 编码，重新运行 Vue 项目，在浏览器控制台可以看到，我们已经能够正常访问接口服务了，如图 11-5 所示。

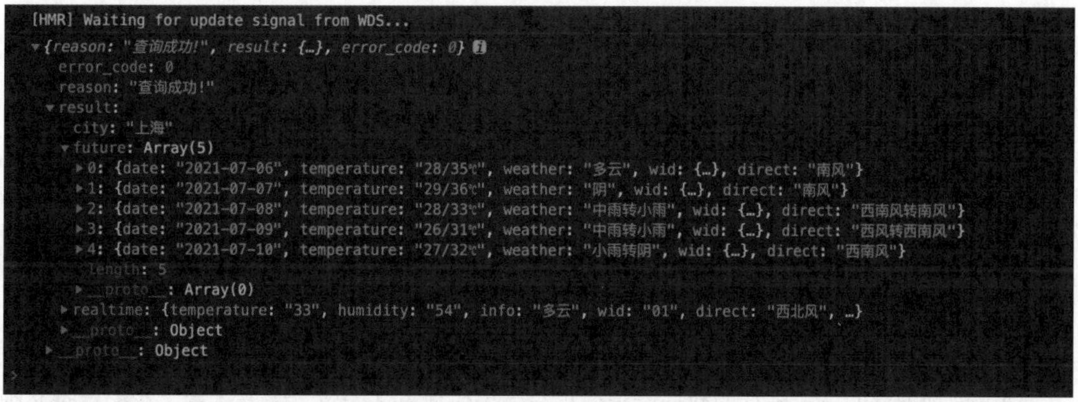

图 11-5　请求到了天气预报数据

通过实例代码可以看到，使用 vue-axios 进行数据的请求非常简单，在组件内部直接使用 this.axios.get 方法即可发起 GET 请求，当然也可以使用 this.axios.post 方法发起 POST 请求，此方法会返回 Pormise 对象，后续可以获取到请求成功后的数据或失败的原因。11.2 节将介绍更多 vue-axios 中提供的功能接口。

11.2　vue-axios 实用功能介绍

本节将介绍 vue-axios 中提供的功能接口，这些 API 接口可以帮助开发者快速对请求进行配置处理。

11.2.1　通过配置的方式进行数据请求

vue-axios 中提供了许多快捷的请求方法，在 11.1 节中，我们编写的请求示例代码中使用的就是其提供的快捷方法。如果直接进行 GET 请求，使用如下方法即可：

```
axios.get(url[, config])
```

其中，url 参数是要请求的接口，config 参数是选填的，用来配置请求的额外选项。与此方法类似，vue-axios 中还提供了下面的常用快捷方法：

```
// 快捷发起 POST 请求，data 设置请求的参数
axios.post(url[, data[, config]])
// 快捷发起 DELETE 请求
axios.delete(url[, config])
// 快捷发起 HEAD 请求
axios.head(url[, config])
// 快捷发起 OPTIONS 请求
axios.options(url[, config])
// 快捷发起 PUT 请求
axios.put(url[, data[, config]])
// 快捷发起 PATCH 请求
axios.patch(url[, data[, config]])
```

除了使用这些快捷方法外，我们也可以完全通过自己的配置来进行数据请求，示例如下：

```
let city = "上海"
city = encodeURI(city)
let api = '/simpleWeather/query?city=${city}&key=cffe158caf3fe63aa2959767a503xxxx'
this.axios({
    method:'get',
    url:"/myApi" + api,
}).then((response)=>{
    console.log(response.data)
})
```

通过这种配置的方式进行的数据请求效果与使用快捷方法一致，需要注意，在配置时必须设置请求的 method 方法。

大多数时候，在同一个项目中，使用的请求很多配置都是相同的，对于这种情况，可以创建一个新的 axios 请求实例，之后所有的请求都使用这个实例来发起，实例本身的配置会与快捷方法的配置合并，这样既能够复用大多数相似的配置，又可以实现某些请求的定制化，示例如下：

【源码见附件代码 / 第 11 章 /1.axios_demo/src/component/HelloWorld.vue】

```
// 统一配置 URL 前缀、超时时间和自定义的 header
const instance =this. axios.create({
    baseURL: '/myApi',
    timeout: 1000,
    headers: {'X-Custom-Header': 'custom'}
});
let city = " 上海 "
city = encodeURI(city)
let api = '/simpleWeather/query?city=${city}&key=cffe158caf3fe63aa2959767a503xx
xx'
instance.get(api).then((response)=>{
    console.log(response.data)
})
```

如果需要让某些配置作用于所有请求，即需要重设 axios 的默认配置，那么可以使用 axios 的 defaults 属性进行配置，例如：

```
this.axios.defaults.baseURL = '/myApi'
let city = " 上海 "
city = encodeURI(city)
let api = '/simpleWeather/query?city=${city}&key=cffe158caf3fe63aa2959767a503xx
xx'
this.axios.get(api).then((response)=>{
    console.log(response.data);
})
```

在对请求配置进行合并时，会按照一定的优先级进行选择，优先级排序如下：

axios 默认配置 ＜ defaults 属性配置 ＜ 请求时的 config 参数配置

11.2.2　请求的配置与响应数据结构

在 axios 中，无论使用配置的方式进行数据请求还是使用快捷方法进行数据请求，都可以传一个配置对象来对请求进行配置，此配置对象可配置的参数非常丰富，列举如表 11-1 所示。

表11-1　配置对象可配置的参数

参　　数	意　　义	值
url	设置请求的接口URL	字符串
method	设置请求方法	字符串，默认为 'get'
baseURL	设置请求的接口前缀，会拼接在url之前	字符串
transformRequest	用来拦截请求，在发起请求前进行数据的修改	函数，此函数会传入（data, headers）两个参数，将修改后的data返回即可

（续表）

参　　数	意　　义	值
transformResponse	用来拦截请求回执，在收到请求回执后调用	函数，此函数会传入（data）作为参数，将修改后的data返回即可
headers	自定义请求头数	对象
paramsSerializer	自定义参数的序列化方法	函数
data	设置请求要发送的数据	字符、对象、数组等
timeout	设置请求的超时时间	数值，单位为毫秒，若设置为0，则永不超时
withCredentials	设置跨域请求时是否需要凭证	布尔值
auth	设置用户信息	对象
responseType	设置响应数据的数据类型	字符串，默认为 'json'
responseEncoding	设置响应数据的编码方式	字符串，默认为 'utf8'
maxContentLength	设置允许响应的最大字节数	数值
maxBodyLength	设置请求内容的最大字节数	数值
validateStatus	自定义请求结束的状态是成功还是失败	函数，会传入请求到的（status）状态码作为参数，需要返回布尔值决定请求是否成功

通过表 11-1 列出的配置属性基本可以满足各种场景下的数据请求需求。当一个请求被发出后，axios 会返回一个 Promise 对象，通过此 Promise 对象可以异步地等待数据返回，axios 返回的数据是一个包装好的对象，其中包装的属性列举如表 11-2 所示。

表11-2　包装对象的属性

属　　性	意　　义	值
data	接口服务返回的响应数据	对象
status	接口服务返回的HTTP状态码	数值
statusText	接口服务返回的HTTP状态信息	字符串
headers	响应头数据	对象
config	axios设置的请求配置信息	对象
request	请求实例	对象

读者可以尝试在浏览器中打印这些数据，观察这些数据中的信息。

11.2.3　拦截器的使用

拦截器的功能是允许开发者在请求发起前或请求完成后进行拦截，从而在这些时机添加一些定制化的逻辑。举一个很简单的例子，在请求发送前需要激活页面的 Loading 特效，在请求完成后移除 Loading 特效，同时，如果请求的结果是异常的，还需要进行一个弹窗提示，这些逻辑对于项目中的大部分请求来说都是通用的，这时就可以使用拦截器。

要在请求开始前进行拦截，示例代码如下：

【源码见附件代码 / 第 11 章 /1.axios_demo/src/component/HelloWorld.vue】

```
this.axios.interceptors.request.use((config)=>{
    alert(" 请求将要开始 ")
    return config
},(error)=>{
    alert(" 请求出现错误 ")
    return Promise.reject(error)
})
this.axios.get(api).then((response)=>{
    console.log(response.data);
})
```

运行上面的代码，在请求开始前会有弹窗提示。

我们也可以在请求完成后进行拦截，示例代码如下：

```
this.axios.interceptors.response.use((response)=>{
    alert(response.status)
    return response
},(error)=>{
    return Promise.reject(error)
})
```

在拦截器中，也可以对响应数据进行修改，将修改后的数据返回到请求调用处使用。

需要注意，请求拦截器的添加是和 axios 请求实例绑定的，后续此实例发起的请求都会被拦截器拦截，但是我们可以使用以下方式在不需要拦截器的时候将其移除：

```
let i = this.axios.interceptors.request.use((config)=>{
    alert(" 请求将要开始 ")
    return config
},(error)=>{
    alert(" 请求出现错误 ")
    return Promise.reject(error)
})
this.axios.interceptors.request.eject(i)
```

11.3　范例演练：天气预报应用

本节将结合聚合数据提供天气预报接口服务尝试开发一款天气预报网页应用。前面，如果读者观察过天气预报接口返回的数据结构，会发现其中包含两部分数据，一部分是当前的天气信息数据，另一部分是未来几天的天气数据。在进行页面设计时，也可以分成两个模块，分别展示当日的天气信息和未来几日的天气信息。

11.3.1　搭建页面框架

使用 Vue 脚手架工具新建一个名为 weather_demo 的示例工程。在工程中进入基础的 Element Plus 和 vue-axios 模块。最终依赖如下：

【源码见附件代码 / 第 11 章 /2.weather_demo/package.json】

```json
"dependencies": {
  "core-js": "^3.8.3",
  "vue": "^3.2.13",
  "element-plus": "^2.3.1",
  "@element-plus/icons-vue": "^2.1.0",
  "vue-axios": "^3.5.2",
  "axios": "^1.3.4"
}
```

在 main.js 文件中对需要使用的模块进行注册，代码如下：

【源码见附件代码 / 第 11 章 /2.weather_demo/src/main.js】

```js
// 模块引入
import { createApp } from 'vue'
import App from './App.vue'
import VueAxios from 'vue-axios'
import axios from 'axios';
import ElementPlus from 'element-plus'
import 'element-plus/dist/index.css'
import * as ElementPlusIconsVue from '@element-plus/icons-vue'
const app = createApp(App)
// 注册 Element Plus 图标组件
for (const [key, component] of Object.entries(ElementPlusIconsVue)) {
// 向应用实例中全局注册图标组件
    app.component(key, component)
}
// 注册 Element
app.use(ElementPlus)
// 注册 axios
app.use(VueAxios, axios)
app.mount('#app')
```

之后，在 component 中创建一个名为 WeatherDemo.vue 的组件文件，编写 HTML 模板代码如下：

【源码见附件代码 / 第 11 章 /2.weather_demo/src/component/WeatherDemo.vue】

```html
<template>
    <el-container class="container">
        <el-header>
            <el-input placeholder=" 请输入 " class="input" v-model="city">
                <template #prepend> 城市名： </template>
            </el-input>
        </el-header>
        <el-main class="main">
            <div class="today">
                今天：
                <span>{{this.todayData.weather ?? this.plc}} {{this.todayData.
temperature ?? this.plc}}</span>
                <span style="margin-left:20px">{{this.todayData.direct ??
this.plc}}</span>
                <span style="margin-left:100px">{{this.todayData.date}}</span>
            </div>
```

```
            <div class="real">
                <span class="temp">{{this.realtime.temperature ?? this.
plc}}° </span>
                <span class="realInfo">{{this.realtime.info ?? this.plc}}</
span>
                <span class="realInfo" style="margin-left:20px">{{this.
realtime.direct ?? this.plc}}</span>
                <span class="realInfo" style="margin-left:20px">{{this.
realtime.power ?? this.plc}}</span>
            </div>
            <div class="real">
                <span class="realInfo"> 空气质量: {{this.realtime.aqi ?? this.
plc}}° </span>
                <span class="realInfo" style="margin-left:20px"> 湿度: {{this.
realtime.humidity ?? this.plc}}</span>
            </div>
            <div class="future">
                <div class="header">5 日天气预报 </div>
                <el-table :data="futureData" style="margin-top:30px">
                    <el-table-column prop="date" label=" 日期 "></el-table-
column>
                    <el-table-column prop="temperature" label=" 温度 "></el-
table-column>
                    <el-table-column prop="weather" label=" 天气 "></el-table-
column>
                    <el-table-column prop="direct" label=" 风向 "></el-table-
column>
                </el-table>
            </div>
        </el-main>
    </el-container>
</template>
```

如以上示例代码所示，从布局结构上，页面分为头部和主体两部分，头部布局了一个输入框，用来输入要查询天气的城市名称，主体分为上下两部分，上面展示当前的天气信息，下面为一个列表，用来展示未来几天的天气信息。

实现简单的 CSS 样式代码如下：

【源码见附件代码 / 第 11 章 /2.weather_demo/src/component/WeatherDemo.vue】

```
<style>
.container {
    background: linear-gradient(rgb(13, 104, 188), rgb(54, 131, 195));
}
.input {
    width: 300px;
    margin-top: 20px;
}
.today {
    font-size: 20px;
    color: white;
}
.temp {
    font-size: 79px;
```

```
    color: white;
    }
    .realInfo {
        color: white;
    }
    .future {
        margin-top: 40px;
    }
    .header {
        color: white;
        font-size: 27px;
    }
</style>
```

11.3.2　实现天气预报应用的核心逻辑

天气预报组件的 JavaScript 逻辑代码非常简单，我们只需要监听用户输入的城市名，进行接口请求，当接口数据返回后，用其来动态地渲染页面即可，示例代码如下：

【源码见附件代码 / 第 11 章 /2.weather_demo/src/component/WeatherDemo.vue】

```
<script>
export default {
    mounted () {
        // 组件挂载时，进行默认数据的初始化
        this.axios.defaults.baseURL = '/myApi'
        this.requestData()
    },
    data() {
        return {
            city:" 上海 ",
            weatherData:{},
            todayData:{},
            plc:" 暂无数据 ",
            realtime:{},
            futureData:[]
        }
    },
    watch: {
        // 当用户输入的城市发生变化后，调用接口进行数据请求
        city() {
            this.requestData()
        }
    },
    methods: {
        requestData() {
            let city = encodeURI(this.city)
            let api = '/simpleWeather/query?city=${city}&key=cffe158caf3fe63aa2
959767a503bbfe'
            this.axios.get(api).then((response)=>{
                this.weatherData = response.data
                this.todayData = this.weatherData.result.future[0]
                this.realtime = this.weatherData.result.realtime
                this.futureData = this.weatherData.result.future
```

```
                console.log(response.data)
            })
        }
    }
}
</script>
```

需要注意，如果遇到请求跨域问题，可以参照 11.1 节的解决方案处理。至此，一个功能完整的实用天气预报应用就开发完成了，可以看到，使用 Vue 及其生态内的其他 UI 支持模块、网络支持模块等开发一款应用程序非常方便。

运行编写好的组件代码，效果如图 11-6 所示。

图 11-6　天气预报应用页面效果

11.4　小结与练习

本章介绍了基于 Vue 的网络请求框架 vue-axios，并且通过一个简单的实战项目练习了 Vue 具有网络功能的应用的开发方法。相信有了网络技术的加持，读者可以使用 Vue 开发出更多有趣而实用的应用。

练习：尝试利用互联网提供的免费 API 接口制作一个展示新闻的小应用。

温馨提示：使用 vue-axios 进行数据请求，应用 Vue 的数据绑定技术将接口数据渲染到页面上。

第12章 ← Chapter 12

Vue 路由管理

路由是用来管理页面切换或跳转的一种方式。Vue 十分适合用来创建单页面应用，所谓单页面应用，不是指"只有一个用户页面"的应用，而是从开发角度来讲的一种架构方式，单页面只有一个主应用入口，通过组件的切换来渲染不同的功能页面。当然，对于组件的切换，我们可以借助 Vue 的动态组件功能，但其管理起来非常麻烦，且不易维护，幸运的是，Vue 有配套的路由管理方案——Vue Router，使得可以更加自然地进行功能页面的管理。

本章学习内容

- Vue Router 模块的安装与简单使用。
- 动态路由、嵌套路由的用法。
- 路由的传参方法。
- 为路由添加导航守卫。
- Vue Router 的进阶用法。

12.1 Vue Router 的安装与简单使用

Vue Router 是 Vue 官方的路由管理器，与 Vue 框架本身深度契合。Vue Router 主要包含如下功能：

- 路由支持嵌套。
- 可以模块化地进行路由配置。
- 支持路由参数、查询和通配符。
- 提供了视图过渡效果。
- 能够精准地进行导航控制。

本节就来一起安装 Vue Router 模块，并对其功能进行简单的体验。

12.1.1　Vue Router 的安装

与 Vue 框架本身一样，Vue Router 支持使用 CDN 的方式引入，也支持使用 NPM 的方式进行安装，在本章的示例中，采用 Vue CLI 创建的项目进行演示，采用 NPM 的方式安装 Vue。如果读者需要使用 CDN 的方式引入，地址如下：

```
https://unpkg.com/vue-router@4
```

使用 Vue CLI 创建一个名为 router_demo 的示例项目工程，使用终端在项目根目录下执行如下指令来安装 Vue Router 模块：

```
npm install vue-router@4 --save
```

稍等片刻，安装完成后，在项目的 package.json 文件中会自动添加 Vue Router 的依赖，例如：

【源码见附件代码 / 第 12 章 /1.router_demo/package.json】

```
"dependencies": {
    "core-js": "^3.8.3",
    "vue": "^3.2.13",
    "vue-router": "^4.1.6"
}
```

需要注意，读者安装的 Vue Router 版本并不一定需要和书中的一样，但若是 4.x.x 系列的版本，则大版本不同的 Vue Router 模块的接口和功能差异较大。

做完上面的工作后，我们就可以尝试对 Vue Router 进行简单使用了。

12.1.2　一个简单的 Vue Router 的使用示例

前面一直在讲路由的作用是进行页面管理，在实际应用中，我们需要做的其实非常简单：将定义好的 Vue 组件绑定到指定的路由，然后通过路由指定在何时或何处渲染这个组件。

首先，创建两个简单的示例组件。在工程的 components 文件夹下新建两个文件，分别命名为 DemoOne.vue 和 DemoTwo.vue，在其中编写如下示例代码：

【源码见附件代码 / 第 12 章 /1.router_demo/src/components/DemoOne.vue】

```
DemoOne.vue:
<template>
    <h1> 示例页面 1</h1>
</template>
<script>
export default {
};
</script>
```

【源码见附件代码 / 第 12 章 /1.router_demo/src/components/DemoTwo.vue】

```
DemoTwo.vue:
<template>
    <h1> 示例页面 2</h1>
```

```
</template>
<script>
export default {
};
</script>
```

DemoOne 和 DemoTwo 这两个组件作为示例使用，非常简单。修改 App.vue 文件如下：

【源码见附件代码 / 第 12 章 /1.router_demo/src/App.vue】

```
<template>
    <h1>HelloWorld</h1>
    <p>
      <!-- route-link 是路由跳转组件，用 to 来指定要跳转的路由 -->
      <router-link to="/demo1">页面一 </router-link>
      <br/>
      <router-link to="/demo2">页面二 </router-link>
    </p>
    <!-- router-view 是路由的页面出口，路由匹配到的组件会渲染在此   -->
    <router-view></router-view>
</template>
<script>
export default {
  name: 'App',
  components: {

  }
}
</script>
```

如以上代码所示，router-link 组件是一个自定义的链接组件，它比常规的 a 标签要强大很多，其允许在不重新加载页面的情况下更改页面的 URL。router-view 用来渲染与当前 URL 对应的组件，我们可以将其放在任何位置，例如带顶部导航栏的应用，其页面主体内容部分就可以放置 router-view 组件，通过导航栏上按钮的切换来替换内容组件。

修改项目中的 main.js 文件，在其中进行路由的定义与注册，示例代码如下：

【源码见附件代码 / 第 12 章 /1.router_demo/src/main.js】

```
// 导入 Vue 框架中的 createApp 方法
import { createApp } from 'vue'
// 导入 Vue Router 模块中的 createRouter 和 createWebHashHistory 方法
import { createRouter, createWebHashHistory } from 'vue-router'
// 导入自定义的根组件
import App from './App.vue'
// 导入路由需要用到的自定义组件
import Demo1 from './components/DemoOne.vue'
import Demo2 from './components/DemoTwo.vue'
// 挂载根组件
const app = createApp(App)
// 定义路由
const routes = [
```

```
    { path: '/demo1', component: Demo1 },
    { path: '/demo2', component: Demo2 },
]
// 创建路由对象
const router = createRouter({
  history: createWebHashHistory(),
  routes: routes
})
// 注册路由
app.use(router)
// 进行应用挂载
app.mount('#app')
```

运行上面的代码，单击页面中的两个切换按钮，可以看到对应的内容组件也会进行切换，如图 12-1 所示。

图 12-1　Vue Router 体验

12.2　带参数的动态路由

我们已经了解到，不同的路由可以匹配到不同的组件，从而实现页面的切换。但有些时候，还需要将同一类型的路由匹配到同一个组件，通过路由的参数来控制组件的渲染。例如对于"用户中心"这类页面组件，不同的用户渲染的信息是不同的，这时就可以通过为路由添加参数来实现。

12.2.1　路由参数匹配

我们先编写一个示例的用户中心组件，此组件非常简单，直接通过解析路由中的参数来显示当前用户的昵称和编号。在工程的 components 文件夹下新建一个名为 UserDemo.vue 的文件，在其中编写如下代码：

【源码见附件代码 / 第 12 章 /1.router_demo/src/components/UserDemo.vue】

```
<template>
    <h1> 姓名：{{$route.params.username}}</h1>
    <h2>id:{{$route.params.id}}</h2>
</template>
<script>
export default {
};
</script>
```

如以上代码所示，在组件内部可以使用 $route 属性获取全局的路由对象，路由中定义的参数可以在此对象的 params 属性中获取。在 main.js 中定义路由如下：

【源码见附件代码 / 第 12 章 /1.router_demo/src/main.js】

```
import User from './components/UserDemo.vue'
```

```
const routes = [
    { path: '/user/:username/:id', component:User }
]
```

在定义路由的路径 path 时，使用冒号来标记参数，如以上代码中定义的路由路径，username 和 id 都是路由的参数，以下路径会被自动匹配：

/user/ 小王 /8888

其中"小王"会被解析到路由的 username 属性，"8888"会被解析到路由的 id 属性。

现在运行 Vue 工程，尝试在浏览器中输入如下格式的地址：

http://localhost:8080/#/user/ 小王 /8888

页面的加载效果如图 12-2 所示。

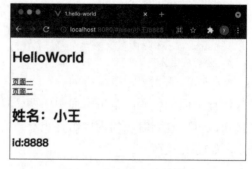

图 12-2 解析路由中的参数

需要注意，在使用带参数的路由时，对应相同组件的路由在进行导航切换时，相同的组件并不会被销毁再创建，这种复用机制使得页面的加载效率更高。但这也表明，页面切换时，组件的生命周期方法都不会被再次调用，如果需要通过路由参数来请求数据，之后渲染页面，需要特别注意，不能在生命周期方法中实现数据请求逻辑。例如修改 App.vue 组件的模板代码如下：

【源码见附件代码 / 第 12 章 /1.router_demo/src/App.vue】

```
<template>
    <h1>HelloWorld</h1>
    <p>
      <router-link to="/user/ 小王 /8888"> 小王 </router-link>
      <br/>
      <router-link to="/user/ 小李 /6666"> 小李 </router-link>
    </p>
    <router-view></router-view>
</template>
```

修改 UserDemo.vue 代码如下：

【源码见附件代码 / 第 12 章 /1.router_demo/src/components/UserDemo.vue】

```
<template>
    <h1> 姓名：{{$route.params.username}}</h1>
    <h2>id:{{$route.params.id}}</h2>
</template>
<script>
export default {
    mounted() {
        alert(' 组件加载，请求数据。路由参数为 name:${this.$route.params.username}
id:${this.$route.params.id}')
    }
```

```
};
</script>
```

我们模拟在组件挂载时根据路由参数来进行数据的请求，运行代码可以看到，单击页面上的链接进行组件切换时，User 组件中显示的用户名称的用户编号都会实时刷新，但是 alert 弹窗只有在 User 组件第一次加载时才会弹出，后续不会再弹出。对于这种场景，我们可以采用导航守卫的方式来处理，每次路由参数有更新，都会回调守卫函数，修改 UserDemo.vue 组件中的 JavaScript 代码如下：

【源码见附件代码 / 第 12 章 /1.router_demo/src/components/UserDemo.vue】

```
export default {
    beforeRouteUpdate(to, from) {
        console.log(to,from)
        alert(' 组件加载，请求数据。路由参数为 name:${to.params.username} id:${to.
params.id}')
    }
}
```

再次运行代码，当同一个路由的参数发生变化时，也会有 alert 弹出提示。beforeRouteUpdate 函数在路由将要更新时会被调用，该函数会传入两个参数，to 为更新后的路由对象，from 是更新前的路由对象。

12.2.2　路由匹配的语法规则

在进行路由参数匹配时，Vue Router 允许参数内部使用正则表达式来进行匹配。首先来看一个例子。在 12.2.1 节中，我们提供了 UserDemo 组件进行路由示范，将其修改如下：

【源码见附件代码 / 第 12 章 /1.router_demo/src/components/UserDemo.vue】

```
<template>
    <h1> 用户中心 </h1>
    <h1> 姓名：{{$route.params.username}}</h1>
</template>
<script>
</script>
```

同时，在 components 文件夹下新建一个名为 UserSetting.vue 的文件，在其中编写如下代码：

【源码见附件代码 / 第 12 章 /1.router_demo/src/components/UserSetting.vue】

```
<template>
    <h1> 用户设置 </h1>
    <h2>id:{{$route.params.id}}</h2>
</template>
<script>
</script>
```

我们将 UserDemo 组件作为用户中心页面来使用，而 UserSetting 组件作为用户设置页面来使用，这两个页面所需要的参数不同，用户中心页面需要用户名参数，用户设置页面需要用户编号参数。我们可以在 main.js 文件中定义路由如下：

【源码见附件代码 / 第 12 章 /1.router_demo/src/main.js】

```
const routes = [
    { path: '/user/:username', component:User },
    { path: '/user/:id', component:UserSetting }
]
```

你会发现，上面的代码中定义的两个路由除了参数名不同外，其格式完全一样，这种情况下，我们是无法访问用户设置页面的，所有符合 UserSetting 组件的路由规则同时也会符合 User 组件。为了解决这一问题，最简单的方式是加一个静态的前缀路径，例如：

```
const routes = [
    { path: '/user/info/:username', component:User },
    { path: '/user/setting/:id', component:UserSetting }
]
```

这是一个好方法，但并不是唯一的方法，对于本示例来说，用户中心页面和用户设置页面需要的参数类型有明显的差异，用户编号必须是数值，用户名不能是纯数字，因此我们可以通过正则约束来实现将不同类型的参数匹配到对应的路由组件，示例如下：

```
const routes = [
    { path: '/user/:username', component:User },
    { path: '/user/:id(\\d+)', component:UserSetting }
]
```

"/user/6666"这样的路由就会匹配到 UserSetting 组件，"/user/ 小王"这样的路由就会匹配到 User 组件。

在正则表达式中，符号"*"可以用来匹配 0 个或多个前面的指定的模式，符号"+"可以用来匹配 1 个或多个前面所指定的模式。在定义路由时使用这两个符号可以实现多级参数。在 components 文件夹下新建一个名为 CategoryDemo.vue 的示例组件，编写如下代码：

【源码见附件代码 / 第 12 章 /1.router_demo/src/components/CategoryDemo.vue】

```
<template>
    <h1> 类别 </h1>
    <h2>{{$route.params.cat}}</h2>
</template>
<script>
</script>
```

在 main.js 中增加如下路由定义：

```
{ path: '/category/:cat*', component:CategoryDemo}
```

需要注意，别忘记在 main.js 文件中对 CategoryDemo 组件进行引入。当我们采用多级匹配的方式来定义路由时，路由中传递的参数会自动转换成一个数组，例如路由 "/category/ 一级

/ 二级 / 三级"可以匹配到上面定义的路由，匹配成功后，cat 参数为一个数组，其中的数据为 ["一级"，"二级"，"三级"]。

有时候，页面组件需要的参数并不都是必传的，以用户中心页面为例，如果传了用户名参数，那么需要渲染登录后的用户中心状态，如果没有传用户名参数，那么可能需要渲染未登录时的状态。这时，可以将此 username 参数定义为可选的，示例如下：

```
{ path: '/user/:username?', component:User }
```

参数被定义为可选后，路由中不包含此参数的时候也可以正常匹配到指定的组件。

12.2.3　路由的嵌套

前面定义了很多路由，但是真正渲染路由的地方只有一个，即只有一个 <router-view></router-view> 出口，这类路由实际上都是顶级路由。在实际开发中，我们的项目可能非常复杂，除了根组件中需要路由外，一些子组件中可能也需要路由，Vue Router 提供了嵌套路由技术来支持这类场景。

以之前创建的 UserDemo 组件为例，假设组件中有一部分用来渲染用户的好友列表，这部分也可以用组件来完成。首先在 components 文件夹下新建一个名为 FriendsDemo.vue 的文件，编写代码如下：

【源码见附件代码 / 第 12 章 /1.router_demo/src/components/FriendsDemo.vue】

```
<template>
    <h1> 好友列表 </h1>
    <h1> 好友人数：{{$route.params.count}}</h1>
</template>
<script>
</script>
```

Friends 组件只会在用户中心使用，我们可以将其作为一个子路由进行定义。首先修改 UserDemo.vue 代码如下：

【源码见附件代码 / 第 12 章 /1.router_demo/src/components/UserDemo.vue】

```
<template>
    <h1> 用户中心 </h1>
    <h1> 姓名：{{$route.params.username}}</h1>
    <router-view></router-view>
</template>
<script>
</script>
```

需要注意，UserDemo 组件本身也是由路由管理的，我们在 User 组件内部使用的 <router-view></router-view> 标签实际上定义的是二级路由的页面出口。在 main.js 中定义二级路由如下：

【源码见附件代码 / 第 12 章 /1.router_demo/src/main.js】

```
const routes = [
  {
```

```
      path: '/user/:username?',
      component:User,
      children:[
        {
          path: 'friends/:count',
          component: FriendsDemo
        }
      ]
    }
]
```

需要注意，在定义路由时，不要忘记在
main.js 中引入此组件。之前我们在定义路由
时只使用了 path 和 component 属性，其实每
个路由对象本身也可以定义子路由对象，理
论上讲，可以根据自己的需要来定义路由嵌
套的层数，通过路由的嵌套可以更好地对路
由进行分层管理。如以上代码所示，当我们
访问如下路径时，页面效果如图 12-3 所示。

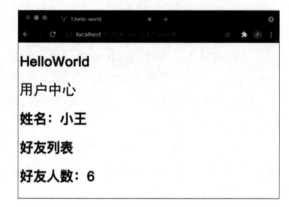

图 12-3 路由嵌套示例

/user/ 小王 /friends/6

12.3 页面导航

导航本身是指页面间的跳转和切换。router-link 组件就是一种导航组件。我们可以设置其属性
to 来指定要执行的路由。除了使用 route-link 组件外，还有其他的方式进行路由控制，任意可以添
加交互方法的组件都可以实现路由管理，本节将介绍通过函数的方式进行路由跳转。

12.3.1 使用路由方法

当我们成功向 Vue 应用注册路由后，在任何 Vue 实例中都可以通过 $route 属性访问路由
对象。通过调用路由对象的 push 方法可以向 history 栈中添加一个新记录。也就是说，用户可
以通过浏览器的返回按钮返回上一个路由 URL。

首先，修改 App.vue 文件代码如下：

【源码见附件代码 / 第 12 章 /1.router_demo/src/App.vue】

```
<template>
    <h1>HelloWorld</h1>
    <p>
      <el-button type="primary" @click="toUser">用户中心 </el-button>
    </p>
    <router-view></router-view>
```

```
</template>
<script>
export default {
  methods:{
    toUser() {
      this.$router.push({
        path:"/user/ 小王 "
      })
    }
  }
}
</script>
```

如以上代码所示，我们使用按钮组件代替之前的 router-link 组件，在按钮的单击方法中进行路由的跳转操作。push 方法可以接收一个对象，该对象中通过 path 属性配置其 URL 路径。push 方法也支持直接传入一个字符串作为 URL 路径，代码如下：

```
this.$router.push("/user/ 小王 ")
```

也可以通过路由名加参数的方式让 Vue Router 自动生成 URL，要使用这种方法进行路由跳转，在定义路由的时候需要对路由进行命名，代码如下：

```
const routes = [
  {
    path: '/user/:username?',
    name: 'user',
    component:User
  }
]
```

之后，可以使用如下方式进行路由跳转：

```
this.$router.push({
  name: 'user',
  params: {
    username:' 小王 '
  }
})
```

如果路由需要查询参数，那么可以通过 query 属性进行设置，示例如下：

```
// 会被处理成 /user?name=xixi
this.$router.push({
  path: '/user',
  query: {
    name:'xixi'
  }
})
```

需要注意，在调用 push 方法配置路由对象时，如果设置了 path 属性，则 params 属性会被自动忽略。push 方法本身也会返回一个 Promise 对象，我们可以用 Promise 对象来处理路由跳转成功之后的逻辑，示例如下：

```
this.$router.push({
  name: 'user',
  params: {
    username:' 小王 '
  }
}).then(()=>{
  this.$message({
    message: " 跳转成功 ",
    type: "success",
  });
})
```

12.3.2　导航历史控制

当使用 router-link 组件或 push 方法切换页面时，新的路由实际上会被放入 history 导航栈中，用户可以灵活地使用浏览器的前进和后退功能在导航栈路由中进行切换。对于有些场景，我们不希望导航栈中的路由增加，这时可以配置 replace 参数或直接调用 replace 方法来进行路由跳转，这种方式跳转的页面会直接替换当前的页面，即跳转前页面的路由从导航栈中删除。

```
this.$router.push({
  path: '/user/ 小王 ',
  replace: true
})
this.$router.replace({
  path: '/user/ 小王 '
})
```

Vue Router 也提供了另一个方法，让我们可以灵活地选择跳转到导航栈中的某个位置，示例如下：

```
// 跳转到后 1 个记录
this.$router.go(1)
// 跳转到后 3 个记录
this.$router.go(3)
// 跳转到前 1 个记录
this.$router.go(-1)
```

12.4　关于路由的命名

我们知道，在定义路由时，除了 path 之外，还可以设置 name 属性，name 属性为路由提供了名称，使用名称进行路由切换比直接使用 path 进行切换有很明显的优势，如避免硬编码 URL、可以自动处理参数的编码等。

12.4.1　使用名称进行路由切换

与使用 path 路径进行路由切换类似，router-link 组件和 push 方法都可以根据名称进行路由切换。以前面编写的代码为例，定义用户中心的名称为 user，使用如下方法可以直接进行切换：

```
this.$router.push({
    name: 'user',
    params:{
        username:" 小王 "
    }
})
```

使用 router-link 组件切换示例如下：

```
<router-link :to="{ name: 'user', params: { username: ' 小王 ' }}"> 小王 </router-link>
```

12.4.2　路由视图命名

路由视图命名是指对 router-view 组件进行命名，router-view 组件用来定义路由组件的出口，前面讲过，路由支持嵌套，router-view 可以进行嵌套。通过嵌套，允许 Vue 应用中出现多个 router-view 组件。但是对于有些场景，我们可能需要同级展示多个路由视图，例如顶部导航区和主内容区两部分都需要使用路由组件，这时就需要同级使用 router-view 组件，要定义同级的每个 router-view 要展示的组件，可以对其进行命名。

修改 App.vue 文件，将页面的布局分为头部和内容主体两部分，代码如下：

【源码见附件代码 / 第 12 章 /1.router_demo/src/App.vue】

```
<template>
    <el-container>
        <el-header height="80px">
            <router-view name="topBar"></router-view>
        </el-header>
        <el-main>
            <router-view name="main"></router-view>
        </el-main>
    </el-container>
</template>
```

在 mian.js 文件中定义一个新的路由，设置如下：

【源码见附件代码 / 第 12 章 /1.router_demo/src/main.js】

```
const routes = [
{
    path: '/home/:username/:id',
    components: {
        topBar: User,
```

```
        main: UserSetting
      }
    }
]
```

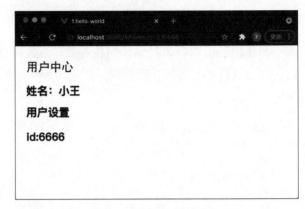
图 12-4　进行路由视图的命名

之前定义路由时，一个路径只对应一个组件，其实也可以通过 components 来设置一组组件，components 需要设为一个对象，其中的键表示页面中路由视图的名称，值为要渲染的组件，在上面的例子中，页面的头部会被渲染为 User 组件，主体部分会被渲染为 UserSetting 组件，如图 12-4 所示。

需要注意，对于没有命名的 router-view 组件，其名字会被默认分配为 default，如果编写组件模板如下：

```html
<template>
  <el-container>
    <el-header height="80px">
      <router-view name="topBar"></router-view>
    </el-header>
    <el-main>
      <router-view></router-view>
    </el-main>
  </el-container>
</template>
```

使用如下方式定义路由效果是一样的：

```javascript
const routes = [
  {
    path: '/home/:username/:id',
    components: {
      topBar: User,
      default: UserSetting
    }
  }
]
```

温馨提示：在嵌套的子路由中，也可以使用视图命名路由，对于结构复杂的页面，我们可以先将其按照模块进行拆分，梳理清晰路由的组织关系再进行开发。

12.4.3　使用别名

别名提供了一种路由路径映射的方式，也就是说我们可以自由地将组件映射到一个任意的路径上，而不用受到嵌套结构的限制。

首先，尝试为一个简单的一级路由设置别名，修改用户设置页面的路由定义如下：

```
const routes = [
  { path: '/user/:id(\\d+)', component:UserSetting, alias: '/setting/:id' }
]
```

之后，下面两个路径的页面渲染效果将完全一样：

```
http://localhost:8080/#/setting/6666/
http://localhost:8080/#/user/6666/
```

需要注意，别名和重定向并不完全一样，别名不会改变用户在浏览器中输入的路径本身，对于多级嵌套的路由来说，我们可以使用别名在路径上对其进行简化。如果原路由有参数配置，一定要注意别名也需要对应地包含这些参数。在为路由配置别名时，alias 属性可以直接设置为别名字符串，也可以设置为数组，同时配置一组别名，例如：

```
const routes = [
  { path: '/user/:id(\\d+)', component:UserSetting, alias: ['/setting/:id', '/
s/:id'] }
]
```

12.4.4　路由重定向

重定向也是通过路由配置来完成的，与别名的区别在于，重定向会将当前路由映射到另一个路由上，页面的 URL 会发生改变。例如，当用户访问路由 '/d/1' 时，需要页面渲染 '/demo1' 路由对应的组件，配置方式如下：

```
const routes = [
  { path: '/demo1', component: Demo1 },
  { path: '/d/1', redirect: '/demo1'},
]
```

redirect 也支持配置为对象，设置对象的 name 属性可以直接指定命名路由，例如：

```
const routes = [
  { path: '/demo1', component: Demo1, name:'Demo' },
  { path: '/d/1', redirect: {name : 'Demo'}}
]
```

上面的示例代码都是采用静态的方式配置路由重定向的，在实际开发中，更多时候会采用动态的方式配置重定向，例如对于需要用户登录才能访问的页面，当未登录的用户访问此路由时，会自动将其重定向到登录页面，下面的示例代码模拟了这一过程：

【源码见附件代码 / 第 12 章 /1.router_demo/src/main.js】

```
const routes = [
  { path: '/demo1', component: Demo1, name:'Demo' },
  { path: '/demo2', component: Demo2 },
  { path: '/d', redirect: to => {
      console.log(to) // to 是路由对象
      // 随机数模拟登录状态
      let login = Math.random() > 0.5
      if (login) {
```

```
            return { path:'/demo1'}
        } else {
            return { path:'/demo2'}
        }
    }
  }
]
```

12.5 关于路由传参

通过前面的学习，我们对 Vue Router 的基本使用已经有了初步的了解，在进行路由跳转时，可以通过参数的传递来进行后续的逻辑处理。在组件内部，之前使用 $route.params 的方式来获取路由传递的参数，这种方式虽然可行，但组件与路由紧紧地耦合在了一起，并不利于组件的复用。本节就来讨论一下路由的另一种传参方式——使用属性的方式进行参数传递。

还记得我们编写的用户设置页面是如何获取路由传递的 id 参数的吗？代码如下：

```
<template>
    <h1>用户设置 </h1>
    <h2>id:{{$route.params.id}}</h2>
</template>
<script>
</script>
```

由于之前在组件的模板内部使用了 $route 属性，这导致此组件的通用性大大降低，首先将其所有耦合路由的地方去除掉，修改如下：

```
<template>
    <h1>用户设置 </h1>
    <h2>id:{{id}}</h2>
</template>
<script>
export default {
    props: [
        'id'
    ]
}
</script>
```

现在，UserSetting 组件能够通过外部传递的属性来实现内部逻辑，后面需要做的只是将路由的传参映射到外部属性上。Vue Router 默认支持这一功能。路由配置方式如下：

```
const routes = [
  { path: '/user/:id(\\d+)', component:UserSetting, props:true }
]
```

在定义路由时，将 props 设置为 true，则路由中传递的参数会自动映射到组件定义的外部属性，使用十分方便。

对于有多个页面出口的同级命名视图，我们需要对每个视图的 props 单独进行设置，示例如下：

```
const routes = [
  {
    path: '/home/:username/:id',
    components: {
      topBar: User,
      default: UserSetting,
    },
    props: {topBar:true, default:true}
  }
]
```

如果组件内部需要的参数与路由本身并没有直接关系，也可以将 props 设置为对象，此时 props 设置的数据将原样传递给组件的外部属性，例如：

```
const routes = [
  { path: '/user/:id(\\d+)', component:UserSetting, props:{id:'000'} },
]
```

如以上代码所示，此时路由中的参数将被弃用，组件中获取到的 id 属性值将固定为"000"。

props 还有一种更强大的使用方式，可以直接将其设置为一个函数，在函数中返回要传递到组件的外部属性对象，这种方式动态性很好，示例如下：

```
const routes = [
  { path: '/user/:id(\\d+)', component:UserSetting, props:route => {
    return {
      id:route.params.id,
      other:'other'
    }
  }}
]
```

12.6 路由导航守卫

关于导航守卫，前面也使用过，顾名思义，导航守卫的主要作用是在进行路由跳转时决定通过此次跳转或拒绝此次跳转。在 Vue Router 中有多种方式来定义导航守卫。

12.6.1 定义全局的导航守卫

在 main.js 文件中，我们使用了 createRouter 方法来创建路由实例，此路由实例可以使用 beforeEach 方法来注册全局的前置导航守卫，之后当有导航跳转触发时，都会被此导航守卫所捕获，示例如下：

```
const router = createRouter({
    history: createWebHashHistory(),
```

```
      routes: routes         // 我们定义的路由配置对象
    })
router.beforeEach((to, from) => {
    console.log(to)          // 将要跳转到的路由对象
    console.log(from)        // 当前将要离开的路由对象
    return false             // 返回 true 表示允许此次跳转，返回 false 表示禁止此次跳转
})
app.use(router)
```

当注册的 beforeEach 方法返回的是布尔值时，其用来决定是否允许此次导航跳转，如以上代码所示，所有的路由跳转都将被禁止。

更多时候，我们会在 beforeEach 方法中返回一个路由配置对象来决定要跳转的页面，这种方式更加灵活，例如可以将登录态校验的逻辑放在全局的前置守卫中处理，非常方便。示例如下：

```
const routes = [
    { path: '/user/:id(\\d+)',name:'setting', component:UserSetting,
props:true},
    ]
const router = createRouter({
    history: createWebHashHistory(),
    routes: routes          // 我们定义的路由配置对象
})
router.beforeEach((to, from) => {
    console.log(to)          // 将要跳转到的路由对象
    console.log(from)        // 当前将要离开的路由对象
    if (to.name != 'setting') {   // 防止无限循环
        return {name:'setting',params:{id:"000"}}        // 返回要跳转到的路由
    }
})
```

与定义全局前置守卫类似，我们也可以注册全局的导航后置回调。与前置守卫不同的是，后置回调不会改变导航本身，但是其对页面的分析和监控十分有用。示例如下：

```
const router = createRouter({
    history: createWebHashHistory(),
    routes: routes // 我们定义的路由配置对象
})
router.afterEach((to, from, failure) => {
    console.log(" 跳转结束 ")
    console.log(to)
    console.log(from)
    console.log(failure)
})
```

路由实例的 afterEach 方法中设置的回调函数除了接收 to 和 from 参数外，还会接收一个 failure 参数，通过它开发者可以对导航的异常信息进行记录。

12.6.2　为特定的路由注册导航守卫

如果只有特定的场景需要在页面跳转过程中实现相关逻辑，那么可以为指定的路由注册导

航守卫。有两种注册方式，一种是在配置路由时进行定义，另一种是在组件中进行定义。

在对导航进行配置时，可以直接为其设置 beforeEnter 属性，示例如下：

```
const routes = [
{
  path: '/demo1', component: Demo1, name: 'Demo', beforeEnter: router => {
    console.log(router)
    return false
  }
}
]
```

如以上代码所示，当用户访问"/demo1"路由对应的组件时都会被拒绝掉。需要注意，beforeEnter 设置的守卫只有在进入路由时会触发，路由的参数变化并不会触发此守卫。

在编写组件时，我们也可以实现一些方法来为组件定制守卫函数，示例代码如下：

【源码见附件代码 / 第 12 章 /1.router_demo/src/components/DemoOne.vue】

```
<template>
  <h1>示例页面 1</h1>
</template>
<script>
export default {
  beforeRouteEnter(to, from) {
    console.log(to, from, "前置守卫");
    return true;
  },
  beforeRouteUpdate(to, from) {
    console.log(to, from, "路由参数有更新时的守卫");
  },
  beforeRouteLeave(to, from) {
    console.log(to, from, "离开页面");
  },
};
</script>
```

如以上代码所示，beforeRouterEnter 是组件的导航前置守卫，在路由将要切换到当前组件时被调用，在这个函数中，我们可以进行拦截操作，也可以重定向操作，需要注意此方法只有在第一次切换此组件时会被调用，路由参数的变化不会重复调用此方法。beforeRouteUpdate 方法在当前路由发生变化时会被调用，例如路由参数的变化都可以在此方法中捕获到。beforeRouteLeave 方法会在当前页面将要离开时被调用。还有一点需要特别注意，在 beforeRouteEnter 中不能使用 this 来获取当前组件实例，因为在导航守卫确认通过前，新的组件还没有被创建。如果真的需要在导航被确认时使用当前组件实例处理一些逻辑，那么可以通过 next 参数注册回调方法，示例如下：

```
beforeRouteEnter(to, from, next) {
  console.log(to, from, "前置守卫");
  next((w) => {
```

```
    console.log(w); // w 为当前组件实例
  });
  return true;
}
```

当前置守卫确认了此次跳转后，next 参数注册的回调方法会被执行，并且会将当前组件的实例作为参数传入。在 beforeRouteUpdate 和 beforeRouteLeave 方法中可以直接使用 this 关键字来获取当前组件实例，无须额外的操作。

下面总结一下 Vue Router 导航跳转的全过程。

步骤 01 导航被触发，可以通过 router-link 组件触发，也可以通过 $router.push 或直接改变 URL 触发。

步骤 02 在将要失活的组件中调用 beforeRouteLeave 守卫函数。

步骤 03 调用全局注册的 beforeEach 守卫。

步骤 04 如果当前使用的组件没有变化，那么调用组件内的 beforeRouteUpdate 守卫。

步骤 05 调用在定义路由时配置的 beforeEnter 守卫函数。

步骤 06 解析异步路由组件。

步骤 07 在被激活的组件中调用 beforeRouteEnter 守卫。

步骤 08 导航被确认。

步骤 09 调用全局注册的 afterEach 守卫。

步骤 10 触发 DOM 更新，页面进行更新。

步骤 11 调用组件的 beforeRouteEnter 函数汇总 next 参数注册的回调函数。

12.7 动态路由

到目前为止，我们所有使用到的路由都是采用静态配置的方式定义的，即先在 main.js 中完成路由的配置，再在项目中使用。但某些情况下，我们可能需要在运行的过程中动态地添加或删除路由，Vue Router 中也提供了方法支持动态地对路由进行操作。

在 Vue Router 中，动态操作路由的方法主要有两个，分别是 addRoute 和 removeRoute，addRoute 用来动态地添加一条路由，对应的 removeRoute 用来动态地删除一条路由。首先，修改 DemoOne.vue 文件如下：

```
<template>
  <h1> 示例页面 1</h1>
  <el-button type="primary" @click="click"> 跳转 Demo2</el-button>
</template>
<script>
import Demo2 from "./Demo2.vue";
export default {
  created() {
```

```
      console.log(this);
      this.$router.addRoute({
        path: "/demo2",
        component: Demo2,
      });
    },
    methods: {
      click() {
        this.$router.push("/demo2");
      },
    },
};
</script>
```

我们在 DemoOne 组件中布局了一个按钮元素，在 DemoOne 组件创建完成后，使用
addRoute 方法动态添加了一条路由，当单击页面上的按钮时，切换到 DemoTwo 组件。修改
main.js 文件中配置路由的部分如下：

```
const router = createRouter({
  history: createWebHashHistory(),
  routes: [
    {
      path: '/demo1', component: Demo1,
    }
  ]
})
```

尝试一下，如果直接在浏览器中访问 "/demo2" 页面，那么会报错，因为此时注册的路由
列表中并没有此项路由记录，但若先访问 "/demo1" 页面，再单击页面上的按钮进行路由跳转，
则能够正常跳转。

在下面几种场景下会触发路由的删除。

当使用 addRoute 方法动态地添加路由时，如果添加了重名的路由，旧的会被删除，例如：

```
this.$router.addRoute({
  path: "/demo2",
  component: Demo2,
  name:"Demo2"
});
this.$router.addRoute({
  path: "/d2",
  component: Demo2,
  name:"Demo2"
});
```

上面的代码中路径为 "/demo" 的路由将会被删除。

在调用 addRoute 方法时，它其实会返回一个删除回调，我们也可以通过此删除回调来直
接删除所添加的路由，代码如下：

```
let call = this.$router.addRoute({
  path: "/demo2",
  component: Demo2,
  name: "Demo2",
});
// 直接移除此路由
call();
```

另外，对于命名过的路由，也可以通过名称来对路由进行删除，示例如下：

```
this.$router.addRoute({
  path: "/demo2",
  component: Demo2,
  name: "Demo2",
});
this.$router.removeRoute("Demo2");
```

需要注意，当路由被删除时，其所有的别名和子路由也会同步被删除。在 Vue Router 中，还提供了方法来获取现有的路由，例如：

```
console.log(this.$router.hasRoute("Demo2"));
console.log(this.$router.getRoutes());
```

其中，hasRouter 方法用来检查当前已经注册的路由中是否包含某个路由，getRoutes 方法用来获取包含所有路由的列表。

12.8 小结与练习

本章介绍了 Vue Router 模块的使用方法，路由技术在实际项目开发中应用广泛，随着网页应用的功能越来越强大，前端代码也将越来越复杂。因此，如何高效、清晰地根据业务模块组织代码变得十分重要，路由就是一种非常优秀的页面组织方式，通过路由可以将页面按照组件的方式进行拆分，组件内只关注内部的业务逻辑，组件间通过路由来进行交互和跳转。

通过本章的学习，相信读者已经有了开发大型前端应用的基础能力，可以尝试模仿流行的互联网应用，通过路由来搭建一些页面进行练习，加油！

练习：在实际的应用开发中，只有一个页面的应用很少，页面间的组织与管理非常重要。读者能够简述路由管理在前段开发中解决了什么问题吗？

温馨提示：可以从解耦、模块化等方面进行分析。

Vue 状态管理

首先，Vue 框架本身就有状态管理的能力，在开发 Vue 应用页面时，视图上渲染的数据就是通过状态来驱动的。本章主要讨论基于 Vue 的状态管理框架 Vuex，Vuex 是一个专为 Vue 定制的状态管理模块，其集中式地存储和管理应用的所有组件的状态，使这些状态数据可以按照我们的预期方式变化。

当然，并非所有 Vue 应用的开发都需要使用 Vuex 来进行状态管理，对于小型的、简单的 Vue 应用，我们使用 Vue 自身的状态管理功能就已经足够，但是对于复杂度高、组件繁多的 Vue 应用，组件间的交互会使得状态的管理变得困难，这时就需要 Vuex 的帮助了。

本 章 学 习 内 容

- Vuex 框架的安装与简单使用。
- 多组件共享状态的管理方法。
- 多组件驱动同一状态的方法。

13.1 认识 Vuex 框架

Vuex 集中式管理所有组件的状态，相较于集中式而言，Vue 本身对状态的管理是独立式的，即每个组件只负责维护自身的状态。

13.1.1 关于状态管理

我们先从一个简单的示例组件来理解状态管理。使用 Vue CLI 工具新建一个名为 vuex-demo 的项目工程，为了方便测试，将默认生成的部分代码先清理掉，修改 App.vue 文件如下：

【源码见附件代码 / 第 13 章 /1.vuex_demo/src/App.vue】

```
<template>
  <HelloWorld />
```

```
</template>
<script>
import HelloWorld from './components/HelloWorld.vue'
export default {
  name: 'App',
  components: {
    HelloWorld
  }
}
</script>
```

修改 HelloWorld.vue 文件如下：

【源码见附件代码 / 第 13 章 /1.vuex_demo/src/components/HelloWorld.vue】

```
<template>
  <h1>计数器 {{ count }}</h1>
  <button @click="increment">增加</button>
</template>
<script>
export default {
  data() {
    return {
      count:0
    }
  },
  methods: {
    increment() {
      this.count ++
    }
  }
}
</script>
```

上面的代码逻辑非常简单，页面上渲染了一个按钮组件和一个文本标题，当用户单击按钮时，标题上显示的计数会自增。分析上面的代码，我们可以发现，在 Vue 应用中，组件状态的管理由如下 3 个部分组成。

1 状态数据

状态数据是指 data 函数中返回的数据，这些数据自带响应性，由其来对视图的展现进行驱动。

2 视图

视图是指 template 中定义的视图模板，其通过声明的方式将状态映射到视图上。

3 动作

动作是指会引起状态变化的行为，即上面代码的 methods 选项中定义的方法，这些方法用来改变状态数据，状态数据的改动最终驱动视图的刷新。

上面 3 个部分的协同工作就是 Vue 状态管理的核心，总体来看，在这个状态管理模式中，数据的流向是单向的、私有的。由视图触发动作，由动作改变状态，由状态驱动视图。此过程如图 13-1 所示。

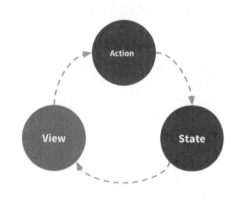

图 13-1　单向数据流使用图

单向数据流这种状态管理模式非常简洁，对于组件不多的简单 Vue 应用来说，这种模式非常高效，但是对于多组件复杂交互的场景，使用这种方式进行状态管理就会比较困难。我们来思考下面两个问题：

（1）有多个组件依赖于同一个状态。

（2）多个组件都可能触发动作变更一个状态。

对于问题（1），使用上面所述的状态管理方法很难实现，对于嵌套的多个组件，还可以通过传值的方式来传递状态，但是对于平级的多个组件，共享同一状态是非常困难的。

对于问题（2），不同的组件若要更改同一个状态，最直接的方式是将触发动作交给上层，对于多层嵌套的组件，则需要一层一层地向上传递事件，在最上层统一处理状态的更改，这会使代码的维护难度大大增加。

Vuex 就是在这种应用场景下产生的，在 Vuex 中，我们可以将需要组件间共享的状态抽取出来，以一个全局的单例模式进行管理。在这种模式下，视图无论在视图树中的哪个位置，都可以直接获取这些共享的状态，也可以直接触发修改动作来动态改变这些共享的状态。

13.1.2　安装与体验 Vuex

与前面使用过的模块的安装方式类似，使用 npm 可以非常方便地为工程安装 Vuex 模块，命令如下：

```
npm install vuex@next --save
```

在安装过程中，如果有权限相关的错误产生，可以在命令前添加 sudo。安装完成后，即可在工程的 package.json 文件中看到相关的依赖配置以及所安装的 Vuex 的版本，代码如下：

【源码见附件代码 / 第 13 章 /1.vuex_demo/package.json】

```
"dependencies": {
    "core-js": "^3.8.3",
    "vue": "^3.2.13",
    "vuex": "^4.0.2"
}
```

下面尝试体验 Vuex 状态管理的基本功能。首先仿照 HelloWorld 组件创建一个新的组件，命名为 HelloWorld2.vue，其功能是实现一个简单的计数器，代码如下：

【源码见附件代码 / 第 13 章 /1.vuex_demo/src/components/HelloWorld2.vue】

```
<template>
  <h1> 计数器 2:{{ count }}</h1>
  <button @click="increment"> 增加 </button>
</template>
<script>
export default {
  data() {
    return {
      count:0
    }
  },
  methods: {
    increment() {
      this.count ++
    }
  }
}
</script>
```

修改 App.vue 文件如下：

【源码见附件代码 / 第 13 章 /1.vuex_demo/src/App.vue】

```
<template>
  <HelloWorld />
  <HelloWorld2 />
</template>
<script>
import HelloWorld from './components/HelloWorld.vue'
import HelloWorld2 from './components/HelloWorld2.vue'
export default {
  name: 'App',
  components: {
    HelloWorld,
    HelloWorld2
  }
}
</script>
```

运行此 Vue 工程，在页面上可以看到两
组计数器，如图 13-2 所示。

此时，这两个计数器组件是相互独立的，
即单击第 1 个"增加"按钮只会增加第 1 个
计数器的值，单击第 2 个"增加"按钮只会
增加第 2 个计数器的值。如果需要让这两个
计数器共享同一个状态，且同时操作此状态，
就需要 Vuex 出马了。

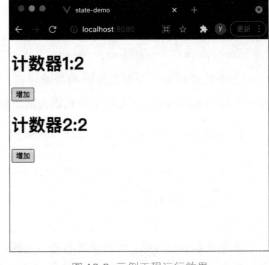

图 13-2　示例工程运行效果

    Vuex 框架的核心是 store, 即仓库。简单理解, store 本身就是一个容器, 在 store 内存储和管理应用中需要多组件共享的状态。Vuex 中的 store 非常强大, 其中存储的状态是响应式的, 若 store 中的状态数据发生变化, 则会自动反映到对应的组件视图上。并且, store 中的状态数据并不允许开发者直接进行修改, 改变 store 中的状态数据的唯一办法是提交 mutation 操作, 通过这样严格的管理, 可以更加方便地追踪每一个状态的变化过程, 帮助我们进行应用的调试。

    现在, 使用 Vuex 对上面的代码进行改写, 在 main.js 文件中编写如下代码:

【源码见附件代码 / 第 13 章 /1.vuex_demo/src/main.js】

```
import { createApp } from 'vue'
import App from './App.vue'
// 引入 createStore 方法
import { createStore } from 'vuex'
// 创建应用实例
const app = createApp(App)
// 创建 Vuex 仓库 store 实例
const store = createStore({
    // 定义要共享的状态数据
    state() {
        return {
            count:0
        }
    },
    // 定义修改状态的方法
    mutations: {
        increment(state) {
            state.count ++
        }
    }
})
// 注入 Vuex 的 store
app.use(store)
// 挂载应用
app.mount('#app')
```

    之后就可以在组件中共享 count 状态, 并且通过提交 increment 操作来修改此状态, 修改 HelloWorld 与 HelloWorld2 组件代码如下:

【源码见附件代码 / 第 13 章 /1.vuex_demo/src/components/HelloWorld1.vue】

```
<template>
  <h1>计数器 1:{{ this.$store.state.count }}</h1>
  <button @click="increment">增加</button>
</template>
<script>
export default {
  methods: {
    increment() {
      this.$store.commit('increment')
    }
```

```
  }
 }
</script>
```

可以看到，在组件中使用 $store 属性可以直接获取到 store 实例，此实例的 state 属性中存储着所有共享的状态数据，并且是响应式的，可以直接绑定到组件的视图进行使用。当需要对状态进行修改时，需要调用 store 实例的 commit 方法来提交变更操作，在这个方法中直接传入要执行更改操作的方法名即可。

再次运行工程，读者会发现页面上的两个计数器的状态已经能够联动起来。后面将讨论更多 Vuex 的核心概念。

13.2 Vuex 中的一些核心概念

本节主要讨论 Vuex 中的 5 个核心概念：state、getter、mutation、action 和 module。

13.2.1 Vuex 中的状态 state

我们知道，状态实际上就是应用中组件需要共享的数据。在 Vuex 中采用单一状态树来存储状态数据，也就是说我们的数据源是唯一的。在任何组件中，都可以使用如下方式来获取任何一个状态树中的数据：

```
this.$store.state
```

当组件中所使用的状态数据非常多时，这种写法就会显得有些烦琐，我们也可以使用 Vuex 中提供的 mapState 方法来将其直接映射成组件的计算属性进行使用。由于状态数据本身具有响应性，因此将其映射为计算属性后也具有响应性，使用计算属性和直接使用状态数据并无不同。示例代码如下：

```
<template>
  <h1>计数器 1:{{ count }}</h1>
  <button @click="increment">增加</button>
</template>
<script>
import {mapState} from 'vuex'
export default {
  methods: {
    increment() {
      this.$store.commit('increment')
    }
  },
  computed: mapState(['count'])
}
</script>
```

如果组件使用的计算属性的名字与 store 中定义的状态名字不一致，也可以在 mapState 中传入对象来进行配置，示例如下：

```
<template>
  <h1>计数器 1:{{ countData2 }}</h1>
  <button @click="increment">增加</button>
</template>
<script>
import {mapState} from 'vuex'
export default {
  methods: {
    increment() {
      this.$store.commit('increment')
    }
  },
  computed: mapState({
    // 通过字符串映射
    countData:'count',
    // 通过函数映射
    countData2(state) {
      return state.count
    }
  })
}
</script>
```

虽然使用 Vuex 管理状态非常方便，但是这并不意味着需要将组件所有使用到的数据都放在 store 中，这会使 store 仓库变得巨大且容易产生冲突。对于那些完全是组件内部使用的数据，还是应该将其定义为局部的状态。

13.2.2 Vuex 中的 Getter 方法

在 Vue 中，计算属性实际上就是 Getter 方法，当我们需要将数据处理过再进行使用时，就可以使用计算属性。对于 Vuex 来说，借助 mapState 方法，可以方便地将状态映射为计算属性，从而增加一些所需的业务逻辑。但是如果有些计算属性是通用的，或者说，这些计算属性是多组件共享的，此时在这些组件中都实现一遍这些计算方法就显得非常多余。Vuex 允许我们在定义 store 实例时添加一些仓库本身的计算属性，即 Getter 方法。

以 13.2.1 节编写的示例代码为基础，修改 store 定义如下：

【源码见附件代码 / 第 13 章 /1.vuex_demo/src/main.js】

```
const store = createStore({
    // 定义要共享的状态数据
    state() {
        return {
            count:0
        }
    },
```

```
     // 定义修改状态的方法
     mutations: {
         increment(state) {
             state.count ++
         }
     },
     getters: {
         countText (state) {
             return state.count + " 次 "
         }
     }
})
```

Getter 方法本身也是具有响应性的，当其内部使用的状态发生改变时，也会触发所绑定组件的更新。在组件中使用 store 的 Getter 数据方法如下：

【源码见附件代码 / 第 13 章 /1.vuex_demo/src/components/HelloWorld1.vue】

```
<template>
  <h1> 计数器 1:{{ this.$store.getters.countText }}</h1>
  <button @click="increment"> 增加 </button>
</template>
```

Getter 方法中也支持参数的传递，这时需要让其返回一个函数，在组件中对其进行使用时可以非常灵活，例如修改 countText 方法如下：

```
getters: {
    countText (state) {
        return (s)=>{
            return state.count + s
        }
    }
}
```

以如下方式对其进行使用即可：

```
this.$store.getters.countText(" 次 ")
```

对于 Getter 方法，Vuex 中也提供了一个方法来将其映射到组件内部的计算属性中，示例如下：

```
<template>
  <h1> 计数器 1:{{ countText(" 次 ") }}</h1>
  <button @click="increment"> 增加 </button>
</template>
<script>
import {mapGetters} from 'vuex'
export default {
  methods: {
    increment() {
      this.$store.commit('increment')
```

```
    }
  },
  computed: mapGetters([
    "countText"
  ])
}
</script>
```

13.2.3 Vuex 中的 Mutation

在 Vuex 中，修改 store 中的某个状态数据的唯一方法是提交 Mutation，Mutation 的定义非常简单，只需要将数据变动的行为封装成函数，配置在 store 实例的 mutations 选项中即可，在前面编写的示例代码中，我们曾使用 Mutation 来触发计数器数据的自增，定义的方法如下：

```
mutations: {
  increment (state) {
    // 变更状态
    state.count++
  }
}
```

在需要触发此 Mutation 时，需要调用 store 实例的 commit 方法进行提交，其中使用函数名标明要提交的具体修改指令，例如：

```
this.$store.commit('increment')
```

在调用 commit 方法提交修改的时候，也支持传递参数，如此可以使得 Mutation 方法变得更加灵活，例如上面的例子，我们可以将自增的大小作为参数，修改 Mutation 定义如下：

```
mutations: {
  increment(state, n) {
    state.count += n
  }
}
```

提交修改的相关代码示例如下：

```
this.$store.commit('increment', 2)
```

运行工程，可以发现计数器的自增步长已经变成了 2。虽然 Mutation 方法中参数的类型是任意的，但是最好使用对象来作为参数，这样做可以很方便地进行多参数的传递，也支持采用对象的方式进行 Mutation 方法的提交，例如修改 Mutation 定义如下：

```
mutations: {
  increment(state, payload) {
    state.count += payload.count
  }
}
```

之后，就可以使用如下风格的代码来进行状态修改的提交了：

```
this.$store.commit({
    type:'increment',
    count:2
})
```

其中，type 表示要调用的修改状态的方法名，其他的属性就是要传递的参数。

13.2.4　Vuex 中的 Action

Action 是将要接触到的一个新的 Vuex 的核心概念。我们知道，要修改 store 仓库中的状态数据，需要通过提交 Mutable 来实现，但是 Mutation 有一个很严重的问题：其定义的方法必须是同步的，即只能同步地对数据进行修改。在实际开发中，并非所有修改数据的场景都是同步的，例如从网络请求获取数据，之后刷新页面。当然，也可以将异步的操作放到组件内部处理，异步操作结束后再将修改提交到 store 仓库，但这样可能会使本来可以复用的代码要在多个组件中分别编写一遍。Vuex 中提供了 Action 来处理这种场景。

Action 与 Mutation 类似，不同的是，Action 并不会直接修改状态数据，而是对 Mutation 进行包装，通过提交 Mutation 来实现状态的改变，这样在 Action 定义的方法中，就允许包含任意一步操作。

以前面编写的示例代码为基础，修改 store 实例的定义如下：

```
const store = createStore({
    state() {
        return {
            count:0
        }
    },
    mutations: {
        increment(state, payload) {
            state.count += payload.count
        }
    },
    actions: {
// 模拟异步获取数据
        asyncIncrement(context, payload) {
            setTimeout(() => {
                context.commit('increment', payload)
            }, 3000);
        }
    }
})
```

可以看到，actions 中定义的 asyncIncrement 方法实际上是异步的，其中延迟了 3 秒才进行状态数据的修改。并且，Action 本身也是可以接收参数的，其第一个参数是默认的，是与 store 实例有着相同方法和属性的 context 上下文对象，第二个参数是自定义参数，由开发者定义，这与 Mutation 的用法类似。需要注意的是，在组件中使用 Action 时，需要通过 store 实例对象的 dispatch 方法来触发，例如：

```
this.$store.dispatch('asyncIncrement', {
    count:2
})
```

对于 Action 来说，其允许进行异步操作，但是并不是说必须进行异步操作，在 Action 中也可以定义同步的方法，只是在这种场景下，其与 Mutation 的功能完全一样。

13.2.5　Vuex 中的 Module

Module 是 Vuex 进行模块化编程的一种方式。前面分析过，在定义 store 仓库时，无论是其中的状态，还是 Mutation 和 Action 行为，都是共享的，我们可以将其理解为通过 store 实例来统一管理它们。在这种情形下，所有的状态都会集中到同一个对象中，虽然使用起来并没有什么问题，但是过于复杂的对象会使阅读和维护变得困难。为了解决此问题，Vuex 中引入了 Module 模块的概念。

Vuex 允许我们将 store 分割成模块，每个模块都拥有自己的 state、mutations、actions、getters，甚至可以嵌套拥有自己的子模块。下面来看一个例子。

首先修改 main.js 文件如下：

```
// 创建应用实例
const app = createApp(App)
// 创建模块
const module1 = {
    state() {
        return {
            count1:7
        }
    },
    mutations: {
        increment1(state, payload) {
            state.count1 += payload.count
        }
    }
}
const module2 = {
    state() {
        return {
            count2:0
        }
    },
    mutations: {
        increment2(state, payload) {
            state.count2 += payload.count
        }
    }
}
// 创建 Vuex 仓库 store 实例
const store = createStore({
```

```
    modules:{
        helloWorld1:module1,
        helloWorld2:module2
    }
})
// 注入 Vuex 的 store
app.use(store)
```

如以上代码所示，我们创建了两个模块，两个模块中分别定义了不同的状态和 Mutation 方法。在使用时，提交 Mutation 的方式和之前并没有什么不同，在使用状态数据时，则需要区分模块，例如修改 HelloWorld.vue 文件如下：

```
<template>
  <h1> 计数器 1:{{ this.$store.state.helloWorld1.count1 }}</h1>
  <button @click="increment"> 增加 </button>
</template>
<script>
export default {
  methods: {
    increment() {
      this.$store.commit({
        type:'increment1',
        count:2
      })
    }
  }
}
</script>
```

修改 HelloWorld2.vue 文件如下：

```
<template>
  <h1> 计数器 2:{{ this.$store.state.helloWorld2.count2 }}</h1>
  <button @click="increment"> 增加 </button>
</template>
<script>
export default {
  methods: {
    increment() {
      this.$store.commit({
        type:'increment2',
        count:2
      })
    }
  }
}
</script>
```

此时，两个组件使用各自模块内部的状态数据进行状态修改时，使用的也是各自模块内部的 Mutation 方法，这两个组件从逻辑上实现了模块的分离。

Vuex 模块化的本意是 store 进行拆分和隔离，读者可能已经发现了，目前虽然模块中的状态数据进行了隔离，但是实际上 Mutation 依然是共用的，在触发 Mutation 的时候，也没有进行模块的区分，如果需要更高的封装度与复用性，可以开启模块的命名空间功能，这样模块内部的 Getter、Action 以及 Mutation 都会根据模块的嵌套路径进行命名，实际上实现了模块间的完全隔离，例如修改模块定义如下：

```
const module1 = {
    namespaced: true,
    state() {
        return {
            count1:7
        }
    },
    mutations: {
        increment1(state, payload) {
            state.count1 += payload.count
        }
    }
}
const module2 = {
    namespaced: true,
    state() {
        return {
            count2:0
        }
    },
    mutations: {
        increment2(state, payload, root) {
            state.count2 += payload.count
            root.state.helloWorld1.cont += payload.count
        }
    }
}
```

此时这两个模块在命名空间上实现了分离，需要通过如下方式进行使用：

```
this.$store.commit({
    type:'helloWorld1/increment1',
    count:2
})
this.$store.commit({
    type:'helloWorld2/increment2',
    count:2
})
```

Vuex 中的 Module 还有一个非常实用的功能——支持进行动态注册，这样在编写代码时，可以根据实际需要来决定是否新增一个 Vuex 的 store 模块。要进行模块的动态注册，直接调用 store 实例的 registerModule 即可，示例如下：

```
const module2 = {
    namespaced: true,
    state() {
        return {
            count2:0
        }
    },
    mutations: {
        increment2(state, payload, root) {
            state.count2 += payload.count
            root.state.helloWorld1.cont += payload.count
        }
    }
}
// 创建 Vuex 仓库 store 实例
const store = createStore({
})
// 动态进行模块的注册
store.registerModule('helloWorld2', module2)
```

13.3 小结与练习

　　本章介绍了在 Vue 项目开发中常用的状态管理框架 Vuex 的应用。有效的状态管理可以帮助我们更加顺畅地开发大型应用。Vuex 的状态管理功能主要解决了 Vue 组件间的通信问题，让跨层级共享数据或平级组件共享数据变得非常容易。

　　至此，读者应该已经掌握了在 Vue 项目开发中所需要的所有技能，后面将通过一些实战项目帮助读者更好地对这些技能进行应用。

　　练习：大多时候，Vuex 管理的状态都是全局状态，Vue 组件内自己维护的状态是局部状态，请简述其间的异同和适用的场景。

　　温馨提示：可以从数据本身的用途方面进行思考。

第14章 ← Chapter 14

实战项目：开发一个学习笔记网站

到目前为止，我们已经学习了大量 Vue 项目开发的基础知识和实用技能，你有没有想过将这些知识整理成册，以便日后进行复习和查阅？现在已经是互联网时代，人们已经越来越少地使用纸质笔记，更多采用电子文档的方式来学习和记录。本章学以致用，尝试使用 Vue 来开发一个学习网站，当然，学习笔记网站的核心内容就是你的 Vue 学习心得。

14.1 网站框架的搭建

首先，分析一下想要搭建的学习笔记网站的基本结构，我们计划把在本书中学习的内容分成几个大的专题，例如 HTML 专题、CSS 专题、JavaScript 专题、Vue 专题、Element Plus 专题等，每个专题下可以记录很多篇学习笔记，从页面结构来看，可以使用头部导航来布局大专题，使用侧边栏来布局每个专题下的文章目录，页面的主体部分用来展示文章的详情。

使用如下指令新建一个 Vue 应用：

```
vue create study
```

在新建项目的过程中，会要求我们选择要使用的 Vue 版本，选择 Vue 3 即可。创建完成后，在新创建的项目目录下分别执行如下指令来安装所需要使用的依赖：

```
npm install element-plus --save
npm install axios vue-axios --save
npm install @element-plus/icons-vue --save
```

上面 3 个模块是开发 Vue 项目的标配，安装完成后，可以查看 package.json 文件，观察其是否全部安装成功，其中的 dependencies 选项示例如下：

【源码见附件代码 / 第 14 章 /study/package.json】

```
"dependencies": {
    "@element-plus/icons-vue": "^2.1.0",
    "axios": "^1.3.4",
    "core-js": "^3.8.3",
    "element-plus": "^2.3.1",
    "vue": "^3.2.13",
    "vue-axios": "^3.5.2"
}
```

由于本实验项目的页面结构比较简单，因此暂时无须使用 Vue Router 和 Vuex 模块。

将工程模板中默认的 main.js 文件修改如下：

【源码见附件代码 / 第 14 章 /study/src/main.js】

```
import { createApp } from 'vue'
import App from './App.vue'
import ElementPlus from 'element-plus'
import 'element-plus/dist/index.css'
// 引入图标
import * as ElementPlusIconsVue from '@element-plus/icons-vue'
const app = createApp(App)
// 遍历 ElementPlusIconsVue 中的所有组件进行注册
for (const [key, component] of Object.entries(ElementPlusIconsVue)) {
    // 向应用实例中全局注册图标组件
    app.component(key, component)
}
app.use(ElementPlus)
app.mount('#app')
```

本节只搭建 UI 框架，暂不引入其他模块。在工程的 components 文件夹下新建一些组件文件，用来支持网站的页面框架。

在 components 文件夹下新建一个名为 AppHeader.vue 的文件，用来作为页面头部导航组件，在其中编写代码如下：

【源码见附件代码 / 第 14 章 /study/src/components/AppHeader.vue】

```
<template>
  <el-container style="margin: 0; padding: 0">
    <el-header style="margin: 0; padding: 0">
      <div id="title">Vue 学习笔记 </div>
    </el-header>
    <el-main style="margin: 0; padding: 0">
      <el-menu
        mode="horizontal"
        background-color="#e8e7e3"
        text-color="#777777"
        active-text-color="#000000"
        :default-active="0"
      >
```

```
        <el-menu-item
          v-for="item in items"
          :index="item.index"
          :key="item.index"
        >
          <div id="text">{{ item.title }}</div>
        </el-menu-item>
      </el-menu>
    </el-main>
  </el-container>
</template>
<script>
export default {
  props: ["items"],
};
</script>
<style scoped>
#title {
  color: brown;
  font-size: 40px;
  font-weight: bold;
  font-family: Georgia, "Times New Roman", Times, serif;
}
#text {
  font-size: 20px;
}
</style>
```

此组件通过外部传入的 items 属性来进行导航元素的布局，本身十分简单。在 components
文件夹下再新建一个名为 AppBody.vue 的文件，用来作为网页的核心内容模块，其中包含两部
分：侧边栏部分和文章主体部分。在其中编写代码如下：

【源码见附件代码 / 第 14 章 /study/src/components/AppBody.vue】

```
<template>
  <el-container style="height: 100%">
    <el-aside width="200px" style="background-color: #f1f1f1">
      <div></div>
      <el-menu
        mode="vertical"
        background-color="#f1f1f1"
        text-color="#777777"
        active-text-color="#000000"
        default-active="0"
      >
        <el-menu-item
          v-for="item in items"
          :index="item.index"
          :key="item.index"
        >
          <div id="text">{{ item.title }}</div>
```

```
        </el-menu-item>
      </el-menu>
    </el-aside>
    <el-main>
    </el-main>
  </el-container>
</template>
<script>
export default {
  props: ["items"],
  components: {
  },
};
</script>
<style scoped>
.el-menu-item.is-active {
  background-color: #ffffff !important;
}
</style>
```

准备好组成页面的框架元素，下面只需要将其拼装在一起即可，在 components 文件夹下新建一个名为 AppHome.vue 的文件，用来组装 AppHeader 和 AppBody 组件，编写代码如下：

【源码见附件代码 / 第 14 章 /study/src/components/AppHome.vue】

```
<template>
  <el-container id="container">
    <el-header style="width: 100%" height="120px">
      <Header :items="navItems"></Header>
    </el-header>
    <el-main>
      <Body :items="bodyItems"></Body>
    </el-main>
    <el-footer>
      <div id="footer">{{ desc }}</div>
    </el-footer>
  </el-container>
</template>
<script>
import Header from "./AppHeader.vue";
import Body from "./AppBody.vue";
export default {
  components: {
    Header: Header,
    Body: Body,
  },
  data() {
    return {
      navItems: [
        {
          index: 0,
```

```
            title: "HTML 专题 ",
          },
          {
            index: 1,
            title: "CSS 专题 ",
          },
        ],
        bodyItems: [
          {
            index: 0,
            title: "HTML 简介 ",
          },
          {
            index: 1,
            title: "HTML 编辑器 ",
          },
        ],
        desc: " 版权所有，仅限学习使用，禁止传播！ ",
      };
    },
  };
</script>
<style scoped>
#container {
  margin-left: 150px;
  margin-right: 150px;
  margin-top: 30px;
  height: 800px;
}
#footer {
  text-align: center;
  background-color: bisque;
  height: 40px;
  line-height: 40px;
  color: #717171;
}
</style>
```

如以上代码所示，我们添加了一些测试数据，至此已经将一个学习笔记网站的页面基本搭建完成了，修改 App.vue 代码如下：

【源码见附件代码 / 第 14 章 /study/src/components/App.vue】

```
<template>
  <Home></Home>
</template>
<script>
import Home from "./components/AppHome.vue";
export default {
  name: "App",
  components: {
```

```
      Home: Home,
   },
};
</script>
```

运行此 Vue 工程,效果如图 14-1 所示。

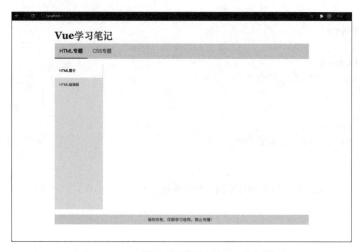

图 14-1　Vue 学习笔记网站的 UI 框架搭建

14.2　配置专题与文章目录

14.1 节,我们已经完成了网站页面的框架搭建,现在尝试使用配置化的方式来整理专题和文章。首先,计划采用 Markdown 格式记录学习笔记,静态的文章都将放在 Vue 工程的 public 目录下,以方便项目的访问。在整理文章时,采用二级目录结构,即在 public 文件夹下先新建一个名为 post 的文件,在 post 文件夹下再新建新的文件夹,这些文件夹的名称就是各个专题的名称,在每个专题文件夹下创建 Markdown 文件用来记录笔记。创建完成后的结构如图 14-2 所示。

图 14-2　文章数据的目录结构

在 src 文件夹下新建一个名为 tools 的文件夹,用来存放一些 JavaScript 工具文件,在其中创建一个名为 FileManager.js 的文件,用来进行项目数据配置工作。编写代码如下:

【源码见附件代码 / 第 14 章 /study/src/tools/FileManager.js】

```
import axios from "axios";
const FileManager = {
    path:process.env.BASE_URL + "post/", // 项目 public 文件夹下的 post 文件夹路径
    // 获取所有的主题栏目,后续增加可以继续配置
    getAllTopic: function() {
```

```
        return [
            "HTML 专题 ",
            "JavaScript 专题 "
        ]
    },
    // 获取某个主题下的所有文章，后续增加可以继续配置
    getPosts: function(topic) {
        switch (topic) {
            case 0:
                return [" 文本标签 ","HTML 基础元素 "];
            case 1:
                return [" 方法与属性 "," 语句与数据类型 "]

        }
    },
    // 获取某个文章的详细内容
    getPostContent: function(topicName, postName) {
        let url = this.path + topicName + '/' + postName + '.md';
        return new Promise((res, rej)=>{
            axios.get(url).then((response) => {
                console.log(response.data)
                res(response)
            },rej)
        })
    }
}
export default FileManager
```

如以上代码所示，当获取到文章的具体存放路径后，可以直接使用 axios 来获取文章数据。

当我们单击网页上的某个导航专题时，侧边栏对应的文章目录也需要进行联动改变，首先修改 AppHeader.vue 组件，为其中的导航菜单增加一个回调事件，代码如下：

【源码见附件代码 / 第 14 章 /study/src/components/AppHeader.vue】

```
<el-menu
  mode="horizontal"
  background-color="#e8e7e3"
  text-color="#777777"
  active-text-color="#000000"
  :default-active="0"
  @select="selectItem"
>
  <el-menu-item
    v-for="item in items"
    :index="item.index"
    :key="item.index"
  >
    <div id="text">{{ item.title }}</div>
  </el-menu-item>
</el-menu>
```

实现此 selectItem 方法如下：

【源码见附件代码 / 第 14 章 /study/src/components/AppHeader.vue】

```
selectItem(index) {
  this.$emit('selected', index)
}
```

此处采用自定义事件将组件内部的导航切换事件传递到父组件中，修改 AppHome.vue 文件中 Header 组件的配置如下：

【源码见附件代码 / 第 14 章 /study/src/components/AppHome.vue】

```
<Header :items="navItems" v-on:selected="changeSelected"></Header>
```

下面只需要从 FileManager 中读取数据，并通过状态来使头部导航栏和侧边栏保持联动即可，AppHome 组件的核心逻辑代码如下：

【源码见附件代码 / 第 14 章 /study/src/components/AppHome.vue】

```
<script>
import Header from "./AppHeader.vue";
import Body from "./AppBody.vue";
import FM from "../tools/FileManager.js"
export default {
// 组件挂载时，使用 FileManager 来获取当前所要展示的文章内容
  mounted () {
    FM.getPostContent('HTML 专题',' 文本标签 ').then((res)=>{
      console.log(res)
    })
  },
// 引用组件
  components: {
    Header: Header,
    Body: Body,
  },
  data() {
    return {
// 获取所有专题，返回的数据模型包括下标和专题名称
      navItems: FM.getAllTopic().map((item,ind)=>{
        return {
          index:ind,
          title:item
        }
      }),
      desc: " 版权所有，仅限学习使用，禁止传播！",
// 当前展示的专题
      currentTopicIndex:0
    };
  },
  methods: {
// 切换专题时调用的方法
```

```
        changeSelected(index) {
            this.currentTopicIndex = Number(index)
        }
    },
    computed : {
// 此计算属性用来获取当前专题下所有的文章列表
        bodyItems() {
            return FM.getPosts(this.currentTopicIndex).map((item,ind)=>{
                return {
                    index:String(ind),
                    title:item
                }
            })
        }
    }
};
</script>
```

运行代码，尝试单击切换导航栏上的专题，可以看到，侧边栏已经可以根据选择的专题进行联动更新了。下一节将尝试把文章的内容渲染到网页的主体部分。

14.3 渲染文章笔记内容

现在，我们已经将此学习笔记网站的整体页面结构开发完成了，并且可以通过 Axios 来获取本地的文章数据，这里的文章都是采用 Markdown 格式编写的。Markdown 是一种轻量级的标记语言，由于其易读易写的特点，已经成为目前非常流行的文档编写方式。更酷的是，通过 marked 库方便将 Markdown 格式的文档转换成 HTML 文档。

首先，使用如下命令为 Vue 工程安装 marked 工具库：

```
npm install marked --save
```

安装 marked 库后，在工程的 components 文件夹下新建一个名为 MarkDown.vue 的文件，在其中编写如下代码：

【源码见附件代码 / 第 14 章 /study/src/components/MarkDown.vue】

```
<template>
  <p v-html="data"></p>
</template>
<script>
// 引入 marked 库
import { marked } from "marked";
export default {
  // 提供外部属性来设置内容
  props:["content"],
  computed: {
    data() {
```

```
      // 计算属性，将外部设置的文章 Markdown 内容转换成 HTML
      return marked(this.content);
    },
  },
};
</script>
```

读者是否还记得，Vue 中的 v-html 可以将设置的 HTML 文档直接解析渲染到页面中。下面修改 AppBody.vue 文件，为其侧边栏导航增加选中事件，并通过属性侦听器来实时刷新展示的文章内容。完整的 AppBody 组件代码示例如下：

【源码见附件代码 / 第 14 章 /study/src/components/AppBody.vue】

```
<template>
  <el-container style="height: 100%">
    <el-aside width="200px" style="background-color: #f1f1f1">
      <div></div>
      <el-menu
        mode="vertical"
        background-color="#f1f1f1"
        text-color="#777777"
        active-text-color="#000000"
        :default-active="0"
        @select="selectItem"
      >
        <el-menu-item
          v-for="item in items"
          :index="item.index"
          :key="item.index"
        >
          <div id="text">{{ item.title }}</div>
        </el-menu-item>
      </el-menu>
    </el-aside>
    <el-main>
      <MarkDown :content="content"></MarkDown>
    </el-main>
  </el-container>
</template>
<script>
import MarkDown from "./MarkDown.vue";
import FileManager from '../tools/FileManager.js'
export default {
  mounted () {
    // 组件挂载的时候，加载默认的首篇文章
    FileManager.getPostContent(this.topic, this.items[this.currentIndex].
title).then((res)=>{
      this.content = res.data;
    })
  },
  // topic 为当前选中的专题名称
```

```
    props: ["items","topic"],
    data() {
      return {
        // 侧边栏当前选中的文章
        currentIndex:0,
        // 文档的 Markdown 内容
        content:""
      }
    },
    components: {
      MarkDown: MarkDown,
    },
    methods: {
      selectItem(index) {
        this.currentIndex = index
      }
    },
    watch: {
      // 监听选中的文章变化
      currentIndex: function(val) {
          FileManager.getPostContent(this.topic, this.items[val].title).
then((res)=>{
              this.content = res.data;
          })
      },
      // 监听选中的专题变化
      topic: function(val) {
          FileManager.getPostContent(val, this.items[this.currentIndex].title).
then((res)=>{
              this.content = res.data;
          })
      }
    }
};
</script>
<style scoped>
.el-menu-item.is-active {
  background-color: #ffffff !important;
}
</style>
```

至此，已经基本完成了"学习笔记网站"的核心内容。下面给出 AppHome.vue 组件的完整逻辑代码：

【源码见附件代码 / 第 14 章 /study/src/components/AppHome.vue】

```
<template>
  <el-container id="container">
    <el-header style="width: 100%" height="120px">
      <Header :items="navItems" v-on:selected="changeSelected"></Header>
    </el-header>
```

```
    <el-main>
      <Body :items="bodyItems" :topic="navItems[currentTopicIndex].title"></
Body>
    </el-main>
    <el-footer>
      <div id="footer">{{ desc }}</div>
    </el-footer>
  </el-container>
</template>
<script>
import Header from "./AppHeader.vue";
import Body from "./AppBody.vue";
import FM from "../tools/FileManager.js"
export default {
  components: {
    Header: Header,
    Body: Body,
  },
  data() {
    return {
      navItems: FM.getAllTopic().map((item,ind)=>{
        return {
          index:ind,
          title:item
        }
      }),
      desc: " 版权所有，仅限学习使用，禁止传播！ ",
      currentTopicIndex:0,
    };
  },
  methods: {
    changeSelected(index) {
      this.currentTopicIndex = index
    }
  },
  computed : {
    bodyItems() {
      return FM.getPosts(this.currentTopicIndex).map((item,ind)=>{
        return {
          index:ind,
          title:item
        }
      })
    }
  }
};
</script>
```

运行此 Vue 项目，效果如图 14-3 所示。

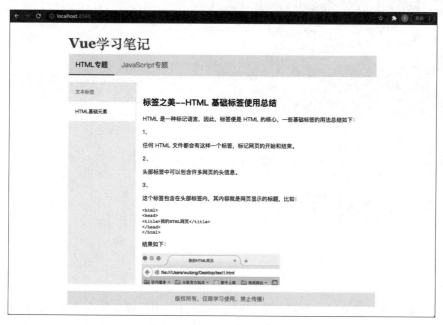

图 14-3 学习笔记网站效果图

14.4 小结与练习

本章完成了一个文档网站的开发，这个网站项目相对来说比较简单，并没有使用 Vue 的大部分功能，读者可以使用这个网站作为练习项目，下一章将介绍一个商业项目，以进一步提升读者的实际开发技能。

尝试练习本项目，并多添加一些笔记文章，这既是对本书学习过程的一种总结和记录，也能方便读者在日后使用的时候进行快速查阅。更重要的是，可以将此网站分享给志同道合的伙伴共同学习，共同进步。

练习：本章最终实现的应用并不完善，发挥自己的产品设计和开发能力，将它再完善一下吧！

温馨提示：可以尝试增加文章导出功能、添加评论与备注功能等。

第 15 章

实战项目：电商后台管理系统实战

第 14 章实战练习开发了一个学习笔记网站的项目。相比成熟的商业项目，此学习笔记网站项目尚显稚嫩，并且所使用的 Vue 技术也不够全面，页面的结构也不算复杂。本章将真正尝试一款大型商业项目的开发，使用 Vue 来完成一款功能完整的电商管理后台系统。

本电商系统包含用户登录、订单管理、商品管理、店长管理、财务管理和基础设置管理六大模块。本实战项目不涉及真实的商业数据，将采用测试数据进行页面展示，用户的登录也采用本地模拟的方式进行，不进行有效性校验。

15.1 用户登录模块开发

后台管理系统需要管理员权限才能进行操作，因此用户登录是一个必不可少的模块。在未登录状态下，后台管理系统的所有功能应该都是不可用的，对于这种场景，我们可以通过路由前置守卫来处理。

【源码见附件代码 / 第 15 章 /shop-admin】

需要注意，本项目比较复杂，所需要自定义的组件较多，在许多组件命名上都使用了单个单词进行命名，这实际上在 Vue 命名规范中是不太规范的，Vue 的规范检查推荐使用多个单词来命名组件，如果在编译项目时遇到关于命名的异常，可以在 vue.config.js 文件中关闭静态检查：

```
module.exports = {
    lintOnSave:false
}
```

15.1.1 项目搭建

首先，新建一个 Vue 工程，在终端执行如下示例命令：

```
vue create shop-admin
```

在创建工程的过程中，需要选择所使用的 Vue 版本，我们选择 3.x 版本即可。

在终端进入创建的工程目录下，执行如下命令来安装路由与状态管理模块：

```
npm install vue-router@4 --save
npm install vuex@next --save
```

安装完成后，检查 package.json 文件中的依赖选项是否正确添加了 Vue Router 和 Vuex 模块。确认无误后，开始工程项目基础入口的处理。

默认生成的 Vue 项目中有一个 HelloWorld.vue 文件，可以直接将此文件删除。在 components 文件夹下新建两个子文件夹，分别命名为 home 和 login，在 home 文件夹下新建一个名为 Home.vue 的文件，在 login 文件夹下新建一个名为 Login.vue 的文件。Home 组件用来渲染管理系统的主页，Login 组件用来渲染用户登录页面，为了显示方便，我们先简单实现这个两个组件如下：

Home：

```
<template>
    主页
</template>
<script>
export default {
    name:"Login"
}
</script>
```

Login：

```
<template>
    登录页面
</template>
<script>
export default {
    name:"Login"
}
</script>
```

下面对项目的入口进行一些管理，由于此后台系统的任何功能页面都需要登录后操作，因此需要使用路由来进行全局的页面管理，在每次页面跳转前都要检查当前的用户登录状态，如果是未登录状态，则要将页面重定向到登录页面。在工程的 src 文件夹下新建一个名为 tools 的文件夹，再在 tools 文件夹下新建一个名为 Storage.js 的文件，此文件用来进行全局状态配置，编写代码如下：

```
import { createStore } from 'vuex'
const Store = createStore({
    state () {
// 全局存储用户名和密码
```

```
            return {
                userName:"",
                userPassword:"",
            }
        },
        getters: {
// 进行是否登录的判断
            isLogin: (state) => {
                return state.userName.length > 0
            }
        }
    })
    export default Store;
```

如以上代码所示，模拟登录后，我们会对用户输入的用户名和密码进行存储，只要有用户名存在，我们就认为当前用户已经登录。当然，这只是方便我们学习的一种模拟登录方式，在实际的业务开发中，当用户输入用户名和密码后会请求后端服务接口，接口会返回用户的身份认证标识 token，在真实的应用程序中会通过 token 来判定用户的登录状态。

在 tools 文件夹下新建一个名为 Router.js 的文件，用来进行路由配置。编写代码如下：

```
import { createRouter, createWebHashHistory } from 'vue-router'
import Login from '../components/login/Login.vue'
import Home from '../components/home/Home.vue'
import Store from '../tools/Storage'
// 创建路由实例
const Router = createRouter({
    history:createWebHashHistory(),
    routes:[
        {
            path:'/login',
            component:Login,
            name:"login"
        },
        {
            path:'/home',
            component:Home,
            name:"home"
        }
    ]
})
// 路由守卫，当未登录时，非登录页面的任何页面都不允许跳转
Router.beforeEach((from) => {
    let isLogin = Store.getters.isLogin;
    if (isLogin || from.name == 'login') {
        return true;
    } else {
        return {name: 'login'}
    }
```

```
})
export default Router;
```

上面的代码中，我们暂时只配置了两个路由，分别对应管理后台的主页和用户登录页，并且使用全局的前置守卫进行页面跳转前的登录状态校验。

修改 App.vue 文件如下，为其添加路由的渲染出口：

```
<template>
  <router-view></router-view>
</template>
<script>
export default {
  name: 'App',
}
</script>
```

最后，在 main.js 文件中完成基本的初始化工作，代码如下：

```
import { createApp } from 'vue'
import Router from './tools/Router'
import Store from './tools/Storage'
import App from './App.vue'
const app = createApp(App)
app.use(Router)
app.use(Store)
app.mount('#app')
```

至此，我们已经创建了后台管理系统项目的入口框架，运行代码，无论输入什么样的页面路径，页面都会被重定向到登录页面，如图 15-1 所示。后面再来完善登录页面的展示和功能。

图 15-1 后台管理系统入口框架

15.1.2 用户登录页面开发

涉及 Vue 项目的页面开发，离不开 Element Plus 组件库，先为当前 Vue 项目引入 Element Plus 模块：

```
npm install element-plus --save
npm install @element-plus/icons-vue --save
```

在 main.js 文件中添加 Element Plus 模块的相关初始化代码：

```
// 引入 Element Plus 模块
import ElementPlus from 'element-plus'
// 引入 CSS 样式
import 'element-plus/dist/index.css'
// 引入图标
import * as ElementPlusIconsVue from '@element-plus/icons-vue'
const app = createApp(App)
```

```
// 遍历 ElementPlusIconsVue 中的所有组件进行注册
for (const [key, component] of Object.entries(ElementPlusIconsVue)) {
    // 向应用实例中全局注册图标组件
    app.component(key, component)
}
app.use(ElementPlus)
```

注意别忘了引入 Element Plus 对应的 CSS 样式文件。做完这些后，可以正式开始用户登录页面的开发。

首先修改 Storage.js 文件，为其添加两个修改用户状态的方法，代码如下：

```
const Store = createStore({
    state () {
        return {
            userName:"",
            userPassword:"",
        }
    },
    getters: {
        isLogin: (state) => {
            return state.userName.length > 0
        }
    },
    mutations: {
// 清除缓存的用户信息，登出使用
        clearUserInfo(state) {
            state.userName = "";
            state.userPassword = "";
        },
// 注册用户信息，登录使用
        registUserInfo(state,{name, password}) {
            state.userName = name;
            state.password = password;
        }
    }
})
```

后面会通过 store 对象提交 clearUserInfo 和 registUserInfo 这两个操作来模拟用户的注销和登录动作。

在 Login.vue 组件中完善用户登录页面，完整代码如下：

```
<template>
    <div id="container">
        <div id="title">
            <h1> 电商后台管理系统 </h1>
        </div>
        <div class="input">
            <el-input v-model="name" prefix-icon="User" placeholder=" 请输入用户名 ">
</el-input>
        </div>
```

```
            <div class="input">
                <el-input v-model="password" prefix-icon="Lock" placeholder=" 请输入
密码 " auto-complete="new-password" show-password></el-input>
            </div>
            <div class="input">
                <el-button @click="login" style="width:500px" type="primary"
:disabled="disabled"> 登录 </el-button>
            </div>
        </div>
    </template>
    <script>
    import Storage from '../../tools/Storage'
    import { ElMessage } from 'element-plus';
    export default {
        name:"Login",
        data() {
            return {
                name:"",
                password:""
            }
        },
        computed: {
    // 进行输入的有效性检查，用户名和密码必须都不为空才允许登录
            disabled(){
                return this.name.length == 0 || this.password.length == 0;
            }
        },
        methods: {
    // 用户登录的方法
            login() {
                Storage.commit("registUserInfo",{
                    name:this.name,
                    password:this.password
                })
                ElMessage({
                    message:' 登录成功 ',
                    type:'success',
                    duration:3000
                })
                setTimeout(() => {
                    this.$router.push({name:"home"})
                }, 3000);
            }
        }
    }
    </script>
    <style scoped>
    #container {
        background: #595959;
        background-image: url("~@/assets/login_bg.jpg");
        height: 100%;
```

```
        width: 100%;
        position: absolute;
    }
    #title {
        text-align: center;
        color: azure;
        margin-top: 200px;
    }
    .input {
        margin: 20px auto;
        width: 500px;
    }
    }
</style>
```

此用户登录页面本身并不复杂，当登录成功后，我们让路由跳转到后台管理系统的主页。需要注意，上面的代码中使用到的背景图片素材放在 Vue 工程的 assets 文件夹下，读者可以将其替换成任意喜欢的背景。运行工程，效果如图 15-2 所示。

图 15-2 开发完成的用户登录页面

可以尝试输入任意的用户名和密码，单击"登录"按钮后会执行登录操作，页面会跳转到后台管理系统的首页。当然，目前管理后台的首页还没有任何内容，15.2 节再来进行首页的开发。

15.2 项目主页搭建

前面完成了电商管理后台的登录页面，本节将搭建管理系统的主页框架。

15.2.1 主页框架搭建

总体来说，电商后台管理系统还是略显复杂的，其包含商品管理、订单管理、店铺管理等多个管理模块，我们可以通过嵌套路由的方式来管理主页中的管理模块。首先在 Router.js 文件中修改路由的定义，新增订单管理模块的路由如下：

```
{
    path:'/home',
    component:Home,
    name:"home",
    children:[
        {
            path:'order/:type',// 0 是普通订单，1 是秒杀订单
            component:Order,
            name:"Order"
        }
    ],
    redirect:'/home/order/0'
}
```

对于订单模块，参数 type 用来区分类型，本电商后台管理系统支持普通订单和秒杀订单两种商品订单。当用户登录完成后，访问系统主页时，默认将其重定向到订单模块。

电商系统的主页中需要包含一个侧边栏菜单和一个主体功能模块。侧边栏用来进行主体功能模块的切换，修改 Home.vue 中的模板代码如下：

```
<template>
    <el-container id="container">
        <el-aside width="250px">
            <el-container id="top">
                <img style="width:25px;height:25px;margin:auto;margin-
right:0;" src="~@/assets/logo.png"/>

                <div style="margin:auto;margin-left:10px;color:#ffffff;font-
size:17px">
                    电商后台管理
                </div>
            </el-container>
            <el-menu
            :default-active="$route.path"
            style="height:100%"
            background-color="#545c64"
            text-color="#fff"
            active-text-color="#ffd04b"
            @select="selectItem">
            <el-sub-menu index="1">
                <template #title>
                <el-icon><List/></el-icon>
                <span> 订单管理 </span>
                </template>
                <el-menu-item index="/home/order/0"> 普通订单 </el-menu-item>
                <el-menu-item index="/home/order/1"> 秒杀订单 </el-menu-item>
            </el-sub-menu>
            <el-sub-menu index="2">
                <template #title>
                <el-icon><Shop/></el-icon>
                <span> 商品管理 </span>
```

```html
                    </template>
                    <el-menu-item index="/home/goods/0"> 普通商品 </el-menu-item>
                    <el-menu-item index="/home/goods/1"> 秒杀商品 </el-menu-item>
                    <el-menu-item index="/home/goods/2"> 今日推荐 </el-menu-item>
                    <el-menu-item index="/home/category"> 商品分类 </el-menu-item>
                </el-sub-menu>
                <el-sub-menu index="3">
                    <template #title>
                    <el-icon><Avatar/></el-icon>
                    <span> 店长管理 </span>
                    </template>
                    <el-menu-item index="/home/ownerlist"> 店长列表 </el-menu-item>
                    <el-menu-item index="/home/ownerreq"> 店长申请审批列表 </el-menu-item>
                    <el-menu-item index="/home/ownerorder"> 店长订单 </el-menu-item>
                </el-sub-menu>
                <el-sub-menu index="4">
                    <template #title>
                    <el-icon><Ticket/></el-icon>
                    <span> 财务管理 </span>
                    </template>
                    <el-menu-item index="/home/tradeinfo"> 交易明细 </el-menu-item>
                    <el-menu-item index="/home/tradelist"> 财务对账单 </el-menu-item>
                </el-sub-menu>
                <el-sub-menu index="5">
                    <template #title>
                    <el-icon><Tools/></el-icon>
                    <span> 基础管理 </span>
                    </template>
                    <el-menu-item index="/home/data"> 数据统计 </el-menu-item>
                </el-sub-menu>
                </el-menu>
            </el-aside>
            <el-main>
                <!-- 这里用来渲染具体的功能模块 -->
                <router-view></router-view>
            </el-main>
        </el-container>
    </template>
```

如以上代码所示，在侧边栏导航中，我们将所有包含的功能模块都添加进来了，不同的功能模块会对应不同的组件，后面只需要逐个模块进行开发即可。需要注意，为了保证导航栏的选中栏目与当前页面路由相匹配，我们将导航 item 的 index 设置为路由的 path，并将 el-menu 组件的 default-active 属性绑定到当前路由的 path 属性上，这样就自动实现了联动效果，非常方便。

在 components 文件夹下新建一个名为 order 的子文件夹，并在其内新建一个名为 Order. vue 的文件，用来简单演示本节所编写代码的效果。在 Order.vue 文件中编写如下代码：

```
<template>
    <h1>{{$route.path}}:{{this.$route.params}}</h1>
</template>
<script>
export default {
}
</script>
```

将此组件在 Router.js 文件中引用。运行工程代码，效果如图 15-3 所示。

图 15-3　后台管理系统框架搭建

现在，已经完成了管理系统的框架搭建，后面在进行具体功能模块开发时，只需要专注各个模块组件内部的逻辑即可。

15.2.2　完善注销功能

15.2.1 节已经基本将后台管理系统的主页部分搭建完成了，但是还有一个细节尚未完善：缺少用户注销的功能。本节来将此功能补充完善。关于模拟登录与注销操作的方法，之前在 Storage.js 文件中已经封装过了，我们只需要在主页添加一个公用的头视图，在其中布局一个注销按钮即可。

修改 Home.vue 文件中的 el-main 组件如下：

```
<el-main style="padding:0">
    <!-- 添加一个通用的头部 -->
    <el-header style="margin:0;padding:0;" height="80px">
        <el-container style="background-color:blanchedalmond;margin:0;padding:
0;height:80px">
            <div style="margin: auto;margin-left:100px"><h1>欢迎您登录后台管理系统,
管理员用户! </h1></div>
```

```
            <div style="margin: auto;margin-right:50px"><el-button
type="primary" @click="logout">注销</el-button></div>
        </el-container>
    </el-header>
    <!-- 这里用来渲染具体的功能模块 -->
    <router-view></router-view>
</el-main>
```

logout 方法实现如下：

```
logout() {
    Storage.commit('clearUserInfo');
    this.$router.push({name:'login'})
}
```

运行工程，可以看到主体功能模块的上方已经添加了一个公用的头视图，单击其中的"注销"按钮会清空登录数据，返回登录页面，如图 15-4 所示。

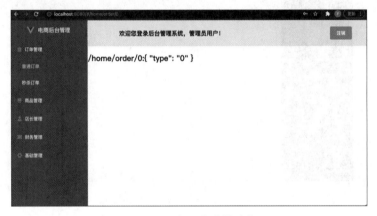

图 15-4　添加用户注销功能

15.3　订单管理模块开发

本节将开发电商后台管理系统中的第一个功能模块：订单管理模块。由于此实战项目不包含后端和数据库相关功能，为了完整地完成前端功能，因此将采用模拟数据进行逻辑演示。

15.3.1　使用 Mock.js 进行模拟数据的生成

Mock.js 是一款小巧的 JavaScript 模拟数据生成器，在 Vue 项目中，我们可以使用 Mock.js 生成随机数据，方便在前端开发过程中调试页面功能。首先安装 Mock.js 模块：

```
npm install mockjs --save
```

安装完成后，在项目的 src 文件夹下新建一个名为 mock 的子文件夹，在其中新建一个名为 Mock.js 的文件，编写代码如下：

```
import mockjs from "mockjs";
const Mock = {
    // 模拟获取订单数据
    // type: 订单类型, 0 为普通订单, 1 为秒杀订单
    getOrder(type) {
        let array = [];
        for (let i = 0; i < mockjs.Random.integer(5,10); i ++) {
            array.push(mockjs.mock({
                'name':type == 0 ? '普通商品 ' : "秒杀商品" + i,
                'price':mockjs.Random.integer(20,500) + '元',
                'buyer':mockjs.Random.cname(),
                'time':mockjs.Random.datetime('yyyy-MM-dd A HH:mm:ss'),
                'role':mockjs.Random.boolean(),
                'state':mockjs.Random.boolean(),
                'payType':mockjs.Random.boolean(),
                'source':mockjs.Random.url(),
                'phone':mockjs.mock(/\d{11}/)
            }))
        }
        return array;
    }
}
export default Mock;
```

以上代码提供了一个获取订单列表的 getOrder 方法，此方法将返回生成的模拟数据，关于 Mock.js 模块的使用语法此处不再详细介绍，读者只需要了解通过上面的方法将返回一组模拟的订单数据即可。

现在，尝试运行此项目，在控制台打印 getOrder 方法返回的数据，即可体会到 Mock.js 模块的强大之处。

15.3.2 编写工具类与全局样式

在编写具体的功能模块前，可以先分析一下这些功能模块是否有可以通用的部分。有些样式是可以通用的，例如容器样式、输入框样式等，我们可以将这些可通用的样式定义为全局样式，这样在之后编写其他功能模块时就会方便很多。另外，对于一些工具方法，也可以将其整合到一个单独的 JavaScript 模块中，方便复用。

首先在 App.vue 文件中编写如下样式代码，这些 CSS 样式都是全局生效的：

```
<style>
body {
  height: 100%;
  width: 100%;
  position: absolute;
  margin: 0;
  padding: 0;
  background-color: #f1f1f1;
}
```

```css
.content-container {
  background-color: white;
  padding: 20px;
  margin: 20px;
  border-radius: 10px;
  min-width:1200px;
  display:inline-block;
  width:90%;
}
.input-tip {
  margin: 0 10px;
  line-height: 40px;
}
.input-field {
  margin-right: 40px;
}
.content-row {
  margin-bottom: 20px;
}
</style>
```

后面在编写 HTML 模板时，对于这些通用样式直接使用即可。

在工程的 tools 文件夹下新建一个名为 Tools.js 的文件，编写代码如下：

```javascript
const Tools = {
    // 导出文件
    exportJson(name, data) {
        var blob = new Blob([data]); // 创建 blob 对象
        var link = document.createElement("a");
        link.href = URL.createObjectURL(blob); // 创建一个 URL 对象并传给 a 元素的
href
        link.download = name; // 设置下载的默认文件名
        link.click();
    }
}
export default Tools;
```

我们暂时只实现一个导出 JSON 文件的方法，在订单管理模块的订单导出相关功能中会使用这个方法。

15.3.3　完善订单管理页面

前面已经做完了所需的准备工作，要完成订单管理页面，剩下的无非是搭建 HTML 模板结构，将数据绑定到对应的页面元素上，最后为可交互的页面元素绑定事件，实现事件函数。Order.vue 文件中完整的示例代码如下：

```html
<template>
    <div class="content-container" direction="vertical">
        <!-- input -->
        <div>
```

```
<el-container class="content-row">
    <div class="input-tip">
        商品名称：
    </div>
    <div class="input-field">
        <el-input v-model="queryParams.goods"></el-input>
    </div>
    <div class="input-tip">
        收货人：
    </div>
    <div class="input-field">
        <el-input v-model="queryParams.consignee"></el-input>
    </div>
    <div class="input-tip">
        支付时间：
    </div>
    <div class="input-field">
        <el-date-picker
        type="daterange"
        range-separator=" 至 "
        start-placeholder=" 开始日期 "
        end-placeholder=" 结束日期 "
        v-model="queryParams.payTime">
        </el-date-picker>
    </div>
</el-container>
<el-container class="content-row">
    <div class="input-tip">
        用户名称：
    </div>
    <div class="input-field">
        <el-input v-model="queryParams.name"></el-input>
    </div>
    <div class="input-tip">
        手机号：
    </div>
    <div class="input-field">
        <el-input v-model="queryParams.phone"></el-input>
    </div>
    <div class="input-tip">
        发货时间：
    </div>
    <div class="input-field">
        <el-date-picker
        type="daterange"
        range-separator=" 至 "
        start-placeholder=" 开始日期 "
        end-placeholder=" 结束日期 "
        v-model="queryParams.sendTime">
        </el-date-picker>
    </div>
</el-container>
</div>
```

```html
        <div class="content-row">
            <el-container>
                <el-button type="primary" @click="requestData"> 筛选 </el-button>
                <el-button type="danger" @click="clear"> 清空筛选 </el-button>
                <el-button type="primary" @click="exportData"> 导出 </el-button>
                <el-button type="primary" @click="dispatchGoods"> 批量发货 </el-button>
                <el-button type="primary" @click="exportDispatchGoods"> 下载批量发货样单 </el-button>
            </el-container>
        </div>
        <!-- list -->
        <div>
            <el-tabs type="card" @tab-click="handleClick">
                <el-tab-pane label=" 全部 "></el-tab-pane>
                <el-tab-pane label=" 未支付 "></el-tab-pane>
                <el-tab-pane label=" 已支付 "></el-tab-pane>
                <el-tab-pane label=" 待发货 "></el-tab-pane>
                <el-tab-pane label=" 已发货 "></el-tab-pane>
                <el-tab-pane label=" 支付超时 "></el-tab-pane>
            </el-tabs>
            <el-table
            ref="multipleTable"
            :data="orderList"
            tooltip-effect="dark"
            style="width: 100%"
            @selection-change="handleSelectionChange">
                <el-table-column
                type="selection"
                width="55">
                </el-table-column>
                <el-table-column
                label=" 商品 "
                width="100"
                prop="name">
                </el-table-column>
                <el-table-column
                label=" 总价 / 数量 "
                width="100"
                prop="price">
                </el-table-column>
                <el-table-column
                label=" 买家信息 "
                width="100"
                prop="buyer">
                </el-table-column>
                <el-table-column
                label=" 交易时间 "
                width="200"
                prop="time">
                </el-table-column>
```

```
                <el-table-column
                label=" 分销信息 "
                width="100"
                >
                    <template #default="scope">
                        <el-tag size="default" :type="scope.row.role ? '' :
'info'">{{ scope.row.role ? ' 经理 ' : ' 分销员 ' }}</el-tag>
                    </template>
                </el-table-column>
                <el-table-column
                label=" 状态 "
                width="100">
                    <template #default="scope">
                        <el-tag size="default" :type="scope.row.state ?
'success' : 'danger'">{{ scope.row.state ? ' 已完成 ' : ' 未完成 ' }}</el-tag>
                    </template>
                </el-table-column>
                <el-table-column
                label=" 操作 "
                width="200">
                    <template #default="scope">
                        <el-button size="small" type="danger" @click="deleteIt
em(scope.$index)"> 删除 </el-button>
                        <el-button size="small" type="primary" @
click="callUser(scope.row)"> 联系客户 </el-button>
                    </template>
                </el-table-column>
                <el-table-column
                label=" 支付方式 "
                width="100">
                    <template #default="scope">
                        <el-tag size="default">{{ scope.row.payType ? ' 微信 ' :
' 支付宝 ' }}</el-tag>
                    </template>
                </el-table-column>
                <el-table-column
                label=" 来源 "
                width="200"
                prop="source">
                </el-table-column>
            </el-table>
        </div>

    </div>
  </template>
  <script>
  import Mock from '../../mock/Mock'
  import Tools from '../../tools/Tools'
  export default {
      data() {
          return {
              // 订单列表数据
              orderList:[],
```

```
            // 筛选订单的参数
            queryParams:{
                goods:"",
                consignee:"",
                phone:"",
                name:"",
                payTime:"",
                sendTime:""
            },
            // 当前选中的订单对象
            multipleSelection:[]
        }
    },
    mounted () {
        this.orderList = Mock.getOrder(this.$route.params.type);
    },
    // 路由更新时刷新数据
    beforeRouteUpdate (to) {
        this.orderList = Mock.getOrder(to.params.type);
    },
    methods : {
        // 模拟请求数据
        requestData() {
            this.$message({
                type:'success',
                message:'筛选请求参数：' + JSON.stringify(this.queryParams)
            })
            this.orderList = Mock.getOrder(this.$route.params.type);
        },
        // 切换 Tab 刷新数据
        handleClick(tab) {
            this.$message({
                type:'success',
                message:'切换 tab 刷新数据：' + tab.props.label
            })
            this.orderList = Mock.getOrder(this.$route.params.type);
        },
        // 清空筛选项
        clear() {
            this.queryParams = {
                goods:"",
                consignee:"",
                phone:"",
                name:"",
                payTime:"",
                sendTime:""
            }
            this.orderList = Mock.getOrder(this.$route.params.type);
        },
        // 导出订单
        exportData() {
            Tools.exportJson('订单 .json', JSON.stringify(this.orderList));
        },
```

```
        // 导出选中的发货单
        exportDispatchGoods() {
            Tools.exportJson('发货单 .json', JSON.stringify(this.
multipleSelection));
        },
        // 处理多选
        handleSelectionChange(val) {
            this.multipleSelection = val;
        },
        // 进行发货
        dispatchGoods() {
            this.$message({
                type:'success',
                message:'发货商品: ' + JSON.stringify(this.multipleSelection)
            })
        },
        // 删除订单
        deleteItem(item) {
            this.orderList.splice(item, 1)
        },
        // 联系用户
        callUser(item) {
            console.log(item)
            this.$message({
                type:'success',
                message:'联系客户: ' + item.phone
            })
        }
    }
}
</script>
```

上面的代码中并没有特别复杂的逻辑, 且每个方法的功能都有注释。运行工程, 效果如图 15-5 所示。现在已经完成了订单模块前端开发完整的功能, 读者可以尝试操作体验一下订单管理的各个功能, 需要的数据都是模拟的, 但交互流程已经非常完整。

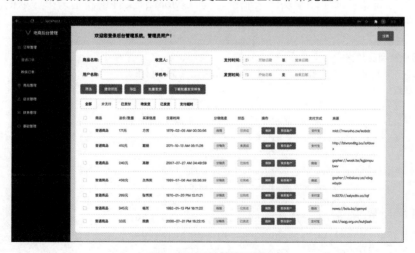

图 15-5 订单管理页面

15.4 商品管理模块的开发

有了订单模块开发的经验，相信读者再来编写商品管理功能模块会非常容易。商品管理模块与订单管理模块的开发过程基本类似，先布局页面，再将获取到的数据绑定到页面上，最后处理用户交互即可。相比订单管理模块，商品管理模块的新增商品功能会略微复杂一些。

15.4.1 商品管理列表页的开发

首先，在工程的 components 文件夹下新建一个 goods 子文件夹，在其中创建两个 Vue 组件文件，分别命名为 Goods.vue 和 AddGoods.vue，本节先进行商品列表页的开发，对于 AddGoods.vue 文件先不进行处理。

在 Router.js 文件中注册新创建的这两个组件，首先引入组件：

```
import Goods from '../components/goods/Goods.vue'
import AddGoods from '../components/goods/AddGoods.vue'
```

在 home 路由下新增两个子路由：

```
{
    path:'goods/:type',// 0 是普通商品，1 是秒杀商品，2 是今日推荐
    component:Goods,
    name:"Goods"
},
{
    path:'addGoods/:type',// 0 是普通商品，1 是秒杀商品，2 是今日推荐
    component:AddGoods,
    name:"AddGoods"
}
```

在开始编写商品管理功能模块的代码前，先在 Mock.js 文件中新增一个获取商品数据的方法，代码如下：

```
// 模拟获取商品数据
// type：商品类型，1 为普通订单，2 为秒杀订单，3 为今日推荐
getGoods(type) {
    let array = [];
    for (let i = 0; i < mockjs.Random.integer(5,10); i ++) {
        array.push(mockjs.mock({
            'name':(type == 0 ? '普通商品 ' : type == 1 ? "秒杀商品":"今日推荐") + i,
            'img':mockjs.Random.dataImage('60x100', '商品示例图'),
            'price':mockjs.Random.integer(20,500) + '元',
            'sellCount':mockjs.Random.integer(10,100),
            'count':mockjs.Random.integer(10,100),
            'back':mockjs.Random.integer(10,100),
            'backPrice':mockjs.Random.integer(0,5000) + '元',
            'owner':mockjs.Random.cname(),
```

```
            'time':mockjs.Random.datetime('yyyy-MM-dd A HH:mm:ss'),
            'state':mockjs.Random.boolean()
        }))
    }
    return array;
}
```

下面给出完整的商品列表页面 Goods.vue 中的代码：

```
<template>
    <div class="content-container" direction="vertical">
        <!-- input -->
        <div>
            <el-container class="content-row">
                <div class="input-tip">
                    商品名称：
                </div>
                <div class="input-field">
                    <el-input v-model="queryParams.name"></el-input>
                </div>
                <div class="input-tip">
                    商品编号：
                </div>
                <div class="input-field">
                    <el-input v-model="queryParams.id"></el-input>
                </div>
                <div class="input-tip">
                    商品分类：
                </div>
                <div class="input-field">
                    <el-select v-model="queryParams.category" placeholder=" 请
选择分类 ">
                        <el-option v-for="item in categories" :key="item"
:label="item" :value="item">
                        </el-option>
                    </el-select>
                </div>
            </el-container>
            <el-container class="content-row">
                <div class="input-tip">
                    是否上架：
                </div>
                <div class="input-field">
                    <el-select v-model="sellModeString">
                        <el-option key="0" label=" 否 " :value="0"></el-option>
                        <el-option key="1" label=" 是 " :value="1"></el-option>
                        <el-option key="2" label=" 全部 " :value="2"></el-
option>
                    </el-select>
                </div>
                <div class="input-tip">
```

```
                是否过期：
                </div>
                <div class="input-field">
                    <el-select v-model="expModeString">
                        <el-option key="0" label=" 否 " :value="0"></el-option>
                        <el-option key="1" label=" 是 " :value="1"></el-option>
                        <el-option key="2" label=" 全部 " :value="2"></el-
option>
                    </el-select>
                </div>
            </el-container>
        </div>
        <!-- button -->
        <div class="content-row">
            <el-container>
                <el-button type="primary" @click="requestData"> 检索 </el-
button>
                <el-button type="primary" @click="clear"> 显示全部 </el-button>
                <el-button type="success" @click="addGoods"> 新增商品 </el-
button>
            </el-container>
        </div>
        <!-- list -->
        <div>
            <el-table
            :data="goodsData"
            tooltip-effect="dark"
            style="width: 100%">
                <el-table-column
                label=" 商品 "
                width="100">
                    <template #default="scope">
                        <div style="text-align:center"><el-image :src="scope.
row.img" style="width: 60px; height: 100px"/></div>
                        <div style="text-align:center">{{scope.row.name}}</
div>
                    </template>
                </el-table-column>
                <el-table-column
                label=" 价格 "
                width="100"
                prop="price">
                </el-table-column>
                <el-table-column
                label=" 销量 "
                width="100"
                prop="sellCount">
                </el-table-column>
                <el-table-column
                label=" 库存 "
                width="100"
```

```
                    prop="count">
                    </el-table-column>
                    <el-table-column
                    label=" 退款数量 "
                    width="100"
                    prop="back">
                    </el-table-column>
                    <el-table-column
                    label=" 退款金额 "
                    width="100"
                    prop="backPrice">
                    </el-table-column>
                    <el-table-column
                    label=" 操作 "
                    width="100"
                    prop="name">
                        <template #default="scope">
                            <el-button @click="operate(scope.row)" :type="scope.
row.state ? 'danger':'success'">{{scope.row.state ? ' 下架 ':' 上架 '}}</el-button>
                        </template>
                    </el-table-column>
                    <el-table-column
                    label=" 管理员 "
                    width="100"
                    prop="owner">
                    </el-table-column>
                    <el-table-column
                    label=" 更新时间 "
                    width="200"
                    prop="time">
                    </el-table-column>
                </el-table>
            </div>
        </div>
    </template>
    <script>
    import Mock from '../../mock/Mock'
    export default {
        data() {
            return {
                goodsData:[],
                // 模拟分类数据
                categories:[
                    " 全部 ",
                    " 男装 ",
                    " 女装 "
                ],
                queryParams:{
                    name:"",
                    id:"",
                    category:"",
```

```
                    sellMode:2, //0 表示否，1 表示是，2 表示全部
                    expMode:2,
                }
            }
        },
        computed: {
            sellModeString: {
                get() {
                    if (this.queryParams.sellMode == 2) {
                        return '全部'
                    }
                    return this.queryParams.sellMode == 0 ? '否' : '是'
                },
                set(val) {
                    this.queryParams.sellMode = val
                }
            },
            expModeString: {
                get() {
                    if (this.queryParams.expMode == 2) {
                        return '全部'
                    }
                    return this.queryParams.expMode == 0 ? '否' : '是'
                },
                set(val) {
                    this.queryParams.expMode = val
                }

            }
        },
        // 组件挂载时获取数据
        mounted () {
            this.goodsData = Mock.getGoods(this.$route.params.type);
        },
        // 路由更新时刷新数据
        beforeRouteUpdate (to) {
            this.goodsData = Mock.getGoods(to.params.type);
        },
        methods: {
            // 获取数据的方法
            requestData() {
                this.$message({
                    type:'success',
                    message:'筛选请求参数：' + JSON.stringify(this.queryParams)
                })
                this.goodsData = Mock.getGoods(this.$route.params.type);
            },
            // 进行上架、下架操作
            operate(item) {
                item.state = !item.state;
            },
```

```
        // 清空筛选项
        clear() {
            this.queryParams = {
                name:"",
                id:"",
                category:"",
                sellMode:2,
                expMode:2,
            }
            this.goodsData = Mock.getGoods(this.$route.params.type);
        },
        // 新增商品
        addGoods() {
            this.$router.push({name:'AddGoods',params:{type:this.$route.
params.type}})
        }
    }
}
</script>
```

此页面没有过多的交互逻辑，需要注意的是，如果数据本身无法直接支持页面的渲染，那么需要转换后才能使用，我们可以通过创建新的计算属性来实现。运行当前工程，商品列表页面如图 15-6 所示，读者可以尝试单击页面中的交互元素检验对应的方法是否正确执行。

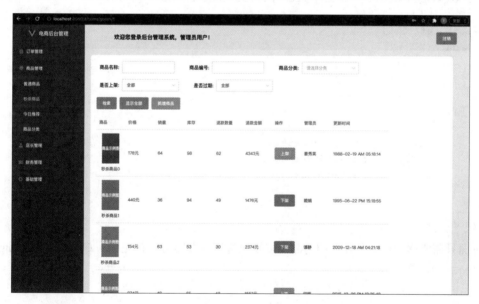

图 15-6　商品管理页面

15.4.2　新增商品之基础配置

在商品管理列表页有一个"新增商品"按钮，单击后会跳转到"新增商品"页面，在此页面需要对商品的诸多属性进行设置，可以使用 el-tab 组件将商品设置分成几个模块，如基础设置、价格库存设置和详情设置等。每一个设置模块都可以封装成一个独立的组件。

首先，在工程的 goods 文件夹下新建一些文件，包括 GoodsBaseSetting.vue、GoodsPriceSetting.vue 和 GoodsDetailSetting.vue，在 AddGoods.vue 中引入这 3 个子组件即可。在 AddGoods.vue 中编写如下代码：

```
<template>
    <div class="content-container" direction="vertical">
        <el-tabs v-model="activeTab" type="card" @tab-click="handleClick">
        <el-tab-pane label=" 基础设置 " name="1">
            <base-setting></base-setting>
        </el-tab-pane>
        <el-tab-pane label=" 价格库存 " name="2">
            <price-setting></price-setting>
        </el-tab-pane>
        <el-tab-pane label=" 商品详情 " name="3">
            <detail-setting></detail-setting>
        </el-tab-pane>
    </el-tabs>
    </div>
</template>
<script>
import GoodsBaseSetting from './GoodsBaseSetting.vue'
import GoodsPriceSetting from './GoodsPriceSetting.vue'
import GoodsDetailtSetting from './GoodsDetailSetting.vue'

export default {
    data() {
        return {
            activeTab:"1"
        }
    },
    components:{
        BaseSetting:GoodsBaseSetting,
        PriceSetting:GoodsPriceSetting,
        DetailSetting:GoodsDetailtSetting
    }
}
</script>
```

下面只需要逐一对每个独立的商品设置模块进行开发即可，首先编写 GoodsBaseSetting 组件的代码如下：

```
<template>
    <div>
        <el-container class="content-row">
            <div class="input-tip">商品名称 :</div>
            <div class="input-field">
                <el-input v-model="queryParams.name"></el-input>
            </div>
        </el-container>
        <el-container class="content-row">
```

```
            <div class="input-tip"> 商品简介 :</div>
            <div class="input-field">
                <el-input type="textarea" :rows="3" v-model="queryParams.
desc"></el-input>
            </div>
        </el-container>
        <el-container class="content-row">
            <div class="input-tip"> 商品封面 :</div>
                <el-upload :auto-upload="false" :limit="1" list-type="picture-
card">
                    <el-icon><Plus/></el-icon>
                </el-upload>
        </el-container>
        <el-container class="content-row">
            <div class="input-tip"> 列表图片 :</div>
                <el-upload :auto-upload="false" :limit="5" list-type="picture-
card">
                    <i class="el-icon-plus"></i>
                </el-upload>
        </el-container>
        <el-container class="content-row">
            <div class="input-tip"> 上架日期 :</div>
            <div class="input-field">
                <el-date-picker type="daterange" range-separator=" 至 " start-
placeholder=" 开始日期 " end-placeholder=" 结束日期 " v-model="queryParams.timeRange">
                </el-date-picker>
            </div>
        </el-container>
        <el-container class="content-row">
            <div class="input-tip"> 商品分类 :</div>
            <div class="input-field">
                <el-select v-model="queryParams.category">
                    <el-option key="0" label=" 男装 " :value="0"></el-option>
                    <el-option key="1" label=" 男鞋 " :value="1"></el-option>
                    <el-option key="2" label=" 围巾 " :value="2"></el-option>
                </el-select>
            </div>
            <div style="margin-top:6px">
                <el-button type="primary" size="small" round> 添加分类 </el-
button>
            </div>
        </el-container>
        <el-container class="content-row">
            <el-button type="success" plain @click="submit"> 提交 </el-button>
            <div style="margin-left:40px"></div>
            <el-button type="warning" plain @click="cancel"> 取消 </el-button>
        </el-container>
    </div>
</template>
<script>
export default {
```

```
data() {
    return {
        queryParams:{
            name:"",
            desc:"",
            timeRange:"",
            category:0
        }
    }
},
methods: {
    cancel() {
        this.$router.go(-1)
    },
    submit() {
        this.$message({
            type:'success',
            message:'设置商品基本属性: ' + JSON.stringify(this.queryParams)
        })
    }
}
}
</script>
```

运行的代码，效果如图 15-7 所示。

图 15-7 新增商品的基础设置功能

15.4.3 新增商品之价格和库存配置

价格和库存配置模块相对简单，只需要布局一些输入框来接收用户的输入配置即可。在 GoodsPriceSetting.vue 中编写如下代码：

```
<template>
    <div>
        <div class="title">
```

```
    <div style="line-height:35px;margin-left:20px"> 价格设置 </div>
</div>
<el-container class="content-row">
    <div class="input-tip"> 市场价 :</div>
    <div class="input-field">
        <el-input v-model="queryParams.maketPrice"></el-input>
    </div>
</el-container>
<el-container class="content-row">
    <div class="input-tip"> 展示价 :</div>
    <div class="input-field">
        <el-input v-model="queryParams.showPrice"></el-input>
    </div>
</el-container>
<el-container class="content-row">
    <div class="input-tip"> 积分数 :</div>
    <div class="input-field">
        <el-input v-model="queryParams.coin"></el-input>
    </div>
</el-container>
<el-container class="content-row">
    <div class="input-tip"> 成本价 :</div>
    <div class="input-field">
        <el-input v-model="queryParams.price"></el-input>
    </div>
</el-container>
<el-container class="content-row">
    <div class="input-tip"> 限购数 :</div>
    <div class="input-field">
        <el-input v-model="queryParams.limit"></el-input>
    </div>
</el-container>
<div class="title">
    <div style="line-height:35px;margin-left:20px"> 库存设置 </div>
</div>
<el-container class="content-row">
    <div class="input-tip"> 库存数量 :</div>
    <div class="input-field">
        <el-input v-model="queryParams.count"></el-input>
    </div>
</el-container>
<el-container class="content-row">
    <div class="input-tip"> 基础销量 :</div>
    <div class="input-field">
        <el-input v-model="queryParams.sellCount"></el-input>
    </div>
</el-container>
<el-container class="content-row">
    <div class="input-tip"> 浏览数量 :</div>
    <div class="input-field">
        <el-input v-model="queryParams.viewCount"></el-input>
```

```
                    </div>
                </el-container>
                <el-container class="content-row">
                    <el-button type="success" plain @click="submit"> 提交 </el-button>
                    <div style="margin-left:40px"></div>
                    <el-button type="warning" plain @click="cancel"> 取消 </el-button>
                </el-container>
            </div>
        </template>
        <script>
        export default {
            data () {
                return {
                    queryParams: {
                        marketPrice:0,
                        showPrice:0,
                        coin:0,
                        price:0,
                        limit:0,
                        count:0,
                        sellCount:0,
                        viewCount:0
                    }
                }
            },
            methods: {
                cancel(){
                    this.$router.go(-1);
                },
                submit() {
                    this.$message({
                        type:'success',
                        message:' 设置价格与库存: ' + JSON.stringify(this.queryParams)
                    })
                }
            }
        }
        </script>
        <style scoped>
        .title {
            background-color:#e1e1e1;
            height: 35px;
            margin-bottom: 15px;
        }
        </style>
```

运行代码，效果如图 15-8 所示。

图 15-8　新增商品价格和库存设置

15.4.4　新增商品之详情设置

商品的详情定制性较强，通常在上架商品时进行定制化的设置。商品详情可以采用富文本编辑器来进行编辑。富文本编辑器可以提供将富文本转换成 HTML 文本的功能，使用起来十分方便。虽然看起来一款富文本编辑器支持各种样式的文本、图片、超链接等，实现比较复杂，但是互联网上有很多优秀的富文本插件可以直接使用，无须我们重复开发。

首先，在 Vue 工程目录下执行如下指令安装 wangeditor 富文本编辑器插件：

```
npm install wangeditor --save
```

安装成功后，在 goods 文件夹下新建一个名为 GoodsEdit.vue 的文件，在其中编写如下代码：

```
<template>
  <div id="wangeditor">
    <div ref="editorElem" style="text-align:left;"></div>
  </div>
</template>
<script>
import E from "wangeditor";
export default {
  name: "Editor",
  data() {
    return {
      editor: null,
      editorContent: ''
    };
  },

  mounted() {
    this.editor = new E(this.$refs.editorElem);
    // 编辑器的事件，每次改变会获取其 HTML 内容
```

```
        this.editor.config.onchange = this.contentChange
        this.editor.config.menus = [
          // 菜单配置
          'head',                    // 标题
          'bold',                    // 粗体
          'fontSize',                // 字号
          'fontName',                // 字体
          'italic',                  // 斜体
          'underline',               // 下画线
          'strikeThrough',           // 删除线
          'foreColor',               // 文字颜色
          'backColor',               // 背景颜色
          'link',                    // 插入链接
          'list',                    // 列表
          'justify',                 // 对齐方式
          'quote',                   // 引用
          'emoticon',                // 表情
          'image',                   // 插入图片
          'table',                   // 表格
          'code',                    // 插入代码
          'undo',                    // 撤销
          'redo'                     // 重复
        ];
        this.editor.create();         // 创建富文本实例
      },
    methods: {
      contentChange(html) {
        this.editorContent = html;
        this.$emit('contentChange', this.editorContent);
      }
    }
  }
}
</script>
```

上面的代码有着详细的注释，通过一些简单的配置即可使用此富文本组件，修改 GoodsDetailSetting.vue 文件的代码如下：

```
<template>
    <div style="margin-bottom:20px">
        <goods-edit @contentChange="contentChange"></goods-edit>
    </div>
    <el-container class="content-row">
        <el-button type="success" plain @click="submit">提交</el-button>
        <div style="margin-left:40px"></div>
        <el-button type="warning" plain @click="cancel">取消</el-button>
    </el-container>
</template>
<script>
import GoodsEdit from './GoodsEdit.vue'
export default {
    data() {
```

```
            return {
                content:""
            }
        },
        components: {
            GoodsEdit:GoodsEdit
        },
        methods: {
            contentChange(content) {
                this.content = content;
            },
            cancel() {
                this.$router.go(-1)
            },
            submit() {
                this.$message({
                    type:'success',
                    message:' 设置详情 HTML: ' + this.content
                })
            }
        }
    }
}
</script>
```

运行代码，商品详情编辑页如图 15-9 所示。

图 15-9　商品详情编辑页示例

15.4.5　添加商品分类

商品分类管理模块相对简单，只需要通过一个列表来展示已有的分类，并提供对应的删除和新增分类功能即可。在 goods 文件夹下新建一个名为 GoodsCategory.vue 的文件，编写如下示例代码：

```
<template>
    <div class="content-container" direction="vertical">
        <el-container class="content-row">
            <el-button type="primary" @click="addCategory">添加分类 </el-button>
        </el-container>
        <div>
            <el-table :data="categoryList" tooltip-effect="dark" style="width: 100%">
                <el-table-column label=" 分类 ID" width="100" prop="id"></el-table-column>
                <el-table-column label=" 分类名称 " width="100" prop="name"></el-table-column>
                <el-table-column label=" 分类负责人 " width="500" prop="manager"></el-table-column>
                <el-table-column label=" 操作 " width="200" prop="time">
                    <template #default="scope">
                        <el-button size="small" @click="deleteCategory(scope.$index)">删除 </el-button>
                    </template>
                </el-table-column>
            </el-table>
        </div>
    </div>
</template>
<script>
export default {
    data() {
        return {
            categoryList:[
                {id:1231, name:" 男装 ", manager:" 管理员用户 01"},
                {id:1131, name:" 男鞋 ", manager:" 管理员用户 01"},
                {id:1031, name:" 帽子 ", manager:" 管理员用户 01"}
            ]
        }
    },
    methods: {
        deleteCategory(index) {
            this.categoryList.splice(index,1)
        },
        addCategory() {
            this.$prompt(' 请输入分类名 ',' 新增分类 ',{
                confirmButtonText: ' 确定 ',
                cancelButtonText: ' 取消 ',
            }).then(({value})=>{
                this.categoryList.push({
                    id:1000,
                    name:value,
                    manager:" 管理员用户 01"
                })
            });
```

```
        }
      }
    }
}
</script>
```

运行代码，效果如图 15-10 所示。不要忘记在 Router.js 中补充对应的路由配置，并且为新增商品模块中的新增分类添加对应的跳转功能。

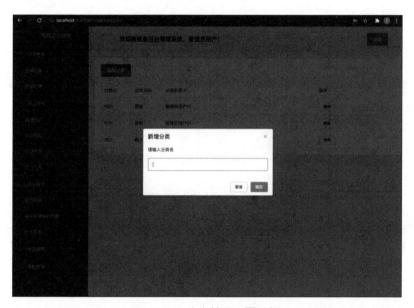

图 15-10　分类管理页面示例

15.5　店长管理模块的开发

店长管理模块用来对店长进行统计、审核等操作，技术上都是通过列表来展示店长相关信息，通过检索条件与后端数据接口交互来获取数据。开发此模块在技术上并没有太大的难度。

15.5.1　店长列表开发

首先在工程的 components 文件夹下新建一个名为 manager 的子文件夹，用来存放店长管理的相关组件。在 manager 文件夹下新建 3 个文件，分别命名为 ManagerList.vue、ManagerOrder.vue 和 ManagerReqList.vue。

我们先进行店长列表模块的开发。首先在 Mock.js 中添加一个新的方法，用来模拟店长数据：

```
getManagerList() {
    let array = [];
    for (let i = 0; i < mockjs.Random.integer(5,10); i ++) {
        array.push(mockjs.mock({
            'people':mockjs.Random.csentence(),
            'weixin':mockjs.Random.string(7, 10),
```

```
                'state':mockjs.Random.boolean(),
                'income':mockjs.Random.integer(0,500000) + '元',
                'back':mockjs.Random.integer(0,1000) + '元',
                'backPrice':mockjs.Random.integer(0,5000) + '元',
                'source':'站内',
                'customer':mockjs.Random.integer(0,50),
                'time':mockjs.Random.datetime('yyyy-MM-dd A HH:mm:ss'),
        }))
    }
    return array;
}
```

将新建的 3 个组件注册到对应的路由中，在 Router.js 文件中添加如下路由配置：

```
{
    path:'ownerlist',
    component:ManagerList,
    name:'ManagerList'
},
{

    path:'ownerreq',
    component:ManagerReqList,
    name:'ManagerReqList'

},
{

    path:'ownerorder',
    component:ManagerOrder,
    name:'ManagerOrder'
}
```

编写 ManagerList.vue 组件的代码如下：

```
<template>
    <div class="content-container" direction="vertical">
        <div>
            <el-container class="content-row">
                <div class="input-tip">店长手机:</div>
                <div class="input-field">
                    <el-input v-model="queryParams.phone"></el-input>
                </div>
                <div class="input-tip">店长昵称:</div>
                <div class="input-field">
                    <el-input v-model="queryParams.name"></el-input>
                </div>
                <div class="input-tip">店长状态:</div>
                <div class="input-field">
                    <el-select v-model="queryParams.state" placeholder="请选择">
                        <el-option key="1" label="后台开通" value="1"></el-option>
                        <el-option key="2" label="站外申请" value="2"></el-option>
```

```
                            </el-select>
                        </div>
                    </el-container>
                    <el-container class="content-row">
                        <el-button type="primary" @click="search">搜索 </el-button>
                        <el-button type="primary" @click="clear">清空搜索条件 </el-
button>
                    </el-container>
                </div>
                <div>
                    <el-table
                    :data="managerList"
                    tooltip-effect="dark"
                    style="width: 100%">
                        <el-table-column label=" 分销人信息 " width="200" prop="people">
</el-table-column>
                        <el-table-column label=" 微信信息 " width="150" prop="weixin"></
el-table-column>
                        <el-table-column label=" 状态 " width="100">
                            <template #default="scope">
                                <el-tag :type="scope.row.state ? 'success' : ''">
{{scope.row.state ? ' 激活 ' : ' 审核中 '}}</el-tag>
                            </template>
                        </el-table-column>
                        <el-table-column label=" 收入总额 " width="100" prop="income"></
el-table-column>
                        <el-table-column label=" 退款 " width="100" prop="back"></el-
table-column>
                        <el-table-column label=" 来源 " width="100">
                            <template #default="scope">
                                <el-tag>{{scope.row.source}}</el-tag>
                            </template>
                        </el-table-column>
                        <el-table-column label=" 客户数 " width="100" prop="customer"></
el-table-column>
                        <el-table-column label=" 更新时间 " width="200" prop="time"></
el-table-column>
                    </el-table>
                </div>
            </div>
    </template>
    <script>
    import Mock from '../../mock/Mock'
    export default {
        data() {
            return {
                queryParams:{phone:"", name:"", state:""},
                managerList:[]
            }
        },
        mounted() {
```

```
        this.managerList = Mock.getManagerList()
    },
    methods: {
        search() {
            this.$message({type:'success', message:'请求参数：' + JSON.
stringify(this.queryParams)
            });
            this.managerList = Mock.getManagerList();
        },
        clear() {
            this.queryParams = {phone:"", name:"", state:""};
            this.managerList = Mock.getManagerList();
        }
    }
}
</script>
```

运行代码，效果如图 15-11 所示。

图 15-11　店长管理页面示例

15.5.2　店长审批列表与店长订单

通过前面几个功能模块的开发，相信读者对开发后台管理相关的商业项目已经非常熟悉了，完善店长审批列表页面和店长订单页面非常容易，这两个功能页面在技术上没有特别的要求，本节不再完整地提供示例代码，在本书附带的资料中有此电商项目的完整代码可供读者参考。

下面给出店长审批列表页面和店长订单页面的效果图，如图 15-12 和图 15-13 所示。

图 15-12　店长审批列表页面示例

图 15-13　店长订单页面示例

15.6　财务管理与数据统计功能模块开发

　　订单管理、商品管理和店长管理是电商后台管理系统中最为重要的功能模块。财务明细模块主要用来统计收入与支出，将数据使用列表进行展示即可。基础管理模块中提供了整体的数据统计功能，可以使用开源的图表模块来实现。

15.6.1 交易明细与财务对账单

交易明细与财务对账单都是简单的列表页面，由于篇幅限制，详细的代码这里不再提供，本书的附加资料中提供了本项目完整的代码供读者参考。这里只展示页面最终的样式，如图 15-14 和图 15-15 所示。

图 15-14 交易明细页面示例

图 15-15 财务对账单页面示例

15.6.2 数据统计模块开发

数据统计模块是此电商后台管理系统的最后一个功能模块，此模块需要使用一个图表绘制的工具，可以使用 ECharts 模块实现图表绘制。首先在工程根目录下执行如下指令来安装 ECharts：

```
npm install echarts --save
```

安装完成后，在工程中的 financial 文件夹下新建一个名为 Charts.vue 的文件，编写如下代码：

```
<template>
    <div ref="chart"></div>
</template>
<script>
import * as echarts from 'echarts';
export default {
    props:['xData','data'],
    watch: {
        xData(){
            this.refresh()
        },
        data() {
            this.refresh()
        }
    },
    mounted() {
        this.refresh()
    },
    methods: {
        refresh() {
            let chart = echarts.init(this.$refs.chart);
            chart.clear()
            chart.setOption({
                xAxis:{
                    data:this.xData
                },
                yAxis: {
                    type: 'value'
                },
                series:{
                    name:this.name,
                    type:'line',
                    data:this.data
                }
            });
        }
    }
}
</script>
```

Charts 是我们自定义的一个图表组件，在 financial 文件夹下新建一个名为 DataCom.vue 的文件，进行常规的路由配置后，在其中编写如下代码：

```html
<template>
    <div class="content-container" direction="vertical">
        <el-container class="content-row">
            <div class="info">总交易额：{{this.data.allTra}}</div>
            <div class="info">秒杀交易额：{{this.data.speTra}}</div>
            <div class="info">普通商品交易额：{{this.data.norTra}}</div>
            <div class="info">累计用户数：{{this.data.userCount}}</div>
            <div class="info">分销总用户数：{{this.data.managerCount}}</div>
        </el-container>
        <el-container class="content-row">
            <el-radio-group @change="changeType" v-model="type">
                <el-radio-button label="总交易额"></el-radio-button>
                <el-radio-button label="商品交易额"></el-radio-button>
                <el-radio-button label="新用户销量"></el-radio-button>
                <el-radio-button label="访客转化率"></el-radio-button>
                <el-radio-button label="下单转化率"></el-radio-button>
                <el-radio-button label="付款转化率"></el-radio-button>
                <el-radio-button label="流水"></el-radio-button>
            </el-radio-group>
        </el-container>
        <charts id="charts" :xData="xData" :data="chartsData"></charts>
        <div class="realTime">
            <div class="info">
                实时数据 - 更新时间：{{data.time}}
            </div>
            <el-container class="content-row">
                <div class="block">
                    <div class="title">付款金额：10000</div>
                    <div class="subTitle">当日：1900</div>
                    <div class="subTitle">昨日：1020</div>
                </div>
                <div class="block">
                    <div class="title">支付订单数：1000</div>
                    <div class="subTitle">当日：100</div>
                    <div class="subTitle">昨日：130</div>
                </div>
                <div class="block">
                    <div class="title">付款人数：503</div>
                    <div class="subTitle">当日：102</div>
                    <div class="subTitle">昨日：300</div>
                </div>
                <div class="block">
                    <div class="title">付款转换率：70</div>
                    <div class="subTitle">当日：50</div>
                    <div class="subTitle">昨日：70</div>
                </div>
            </el-container>
```

```html
        <el-container class="content-row">
            <div class="block">
                <div class="title">访客数：105310</div>
                <div class="subTitle">当日：10310</div>
                <div class="subTitle">昨日：20032</div>
            </div>
            <div class="block">
                <div class="title">访问次数：1022440</div>
                <div class="subTitle">当日：101230</div>
                <div class="subTitle">昨日：1022120</div>
            </div>
            <div class="block">
                <div class="title">新增用户：500</div>
                <div class="subTitle">当日：300</div>
                <div class="subTitle">昨日：200</div>
            </div>
            <div class="block">
                <div class="title">累计用户：1542200</div>
                <div class="subTitle">当日：154220</div>
                <div class="subTitle">昨日：154200</div>
            </div>
        </el-container>
    </div>
  </div>
</template>
<script>
import Charts from './Charts.vue'
import Mock from '../../mock/Mock'
export default {
    data() {
        return {
            xData:["8月1日","8月2日","8月3日","8月4日","8月5日","8月6日"],
            chartsData:[],
            name:" 销量 ",
            type:" 总交易额 ",
            data:{}
        }
    },
    components:{
        Charts:Charts
    },
    mounted() {
        this.chartsData = Mock.getChartsData()
        this.data = Mock.getTradeData()
    },
    methods: {
        changeType() {
            this.chartsData = Mock.getChartsData()
        }
    }
```

```
  }
</script>
<style scoped>
  #charts {
    width: 1200px;
    height: 400px;
  }
  .info {
    margin: 15px 40px;
    font-size: 20px;
    color:#777777;
  }
  .realTime {
    border: #777777 solid 1px;
    width: 1200px;
    height: 300px;
  }
  .block {
      margin: auto;
      width:300px;
      padding: 10px 30px;
  }
  .title {
      font-size: 20px;
      color:#777777;
      margin-bottom: 5px;
  }
  .subTitle {
      font-size: 18px;
      color: #777777;
      margin-top: 3px;
  }
</style>
```

现在，还需要一些模拟数据的支持，在 Mock.js 文件中添加两个新的数据模拟方法，代码如下：

```
getChartsData() {
    let array = [];
    for (let i = 0; i < 6; i ++) {
        array.push(mockjs.Random.integer(0,100))
    }
    return array;
},
getTradeData() {
    return mockjs.mock({
        'allTra':mockjs.Random.integer(10000,50000),
        'speTra':mockjs.Random.integer(0,5000),
        'norTra':mockjs.Random.integer(0,5000),
        'userCount':mockjs.Random.integer(0,1000),
        'managerCount':mockjs.Random.integer(0,100),
```

```
                'time':mockjs.Random.datetime('yyyy-MM-dd A HH:mm:ss'),
        })
    }
}
```

运行代码，效果如图 15-16 所示。

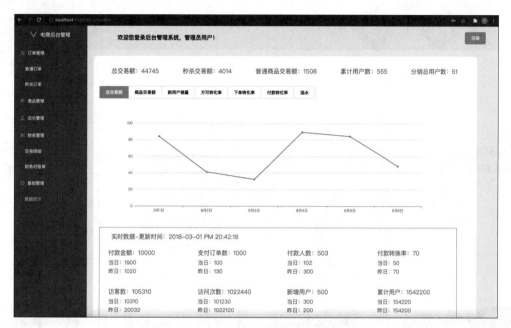

图 15-16 数据统计页面示例

至此，我们已经使用 Vue 完成了一个完整的电商后台管理系统。此项目虽然略微复杂了一些，但是可以帮助读者积累一些宝贵的实践经验。在动手实现的过程中遇到任何问题，都可以参考本书附带资料中的代码资源。也可以从如下网址找到完整的项目代码：https://gitee.com/jaki/shop-admin。

读者也可以访问如下网址直接体验项目成果：http://jaki.gitee.io/shop-admin/。

15.7　小结与练习

本章完成了一款较大型的、完整的电商后台项目。相信通过此项目的练习，读者已经具备了使用 Vue 开发完整商业项目的能力。然而，学习之路任重而道远，书山有路勤为径，学海无涯苦作舟。只有通过不断地实践练习，才能真正掌握 Vue 项目开发方方面面的技能。对于感兴趣的读者，可以找一些目前流行的大型互联网 Web 项目进行模仿练习。

练习：本章实现的电商网站虽然比较完整，但是定制性很差，读者能否将其功能做成配置化的？尝试重构一下此项目，让其更加灵活易用。

温馨提示：提高灵活性的关键是解耦，尝试从某些耦合严重的模块下手重构。